自衛隊の島嶼戦争

資料集・陸自「教範」で読むその作戦

小西　誠 編著

目 次

- ●はじめに 「東シナ海戦争」を誘発する
  　　　　　自衛隊の南西シフト下の「島嶼防衛」態勢　　4
- ●資料解説
  情報公開請求で捉えた陸自教範で記述される「島嶼防衛」戦　　10

- ●情報公開法で捉えた「島嶼防衛戦」資料
  陸自最高教範『野外令』の「離島の作戦」　　陸上幕僚監部　　18
  陸自教範『離島の作戦』　　　　　　　　　　陸上幕僚監部　　37
  陸自教範『地対艦ミサイル連隊』　　　　　　陸上幕僚監部　　153
  「自衛隊の機動展開能力向上に係る調査研究」　統合幕僚監部　　296
  「日米の『動的防衛協力』について」　防衛政策局日米防衛協力課　332
  「日米の動的防衛協力について」別紙 統合幕僚監部防衛計画部　340
  「沖縄本島における恒常的な共同使用に係る陸上部隊の配置」
  　　　　　　　　　　　別紙2 統合幕僚監部防衛計画部　345

注　表紙カバーの図・写真は、防衛白書・陸自サイトから転載。

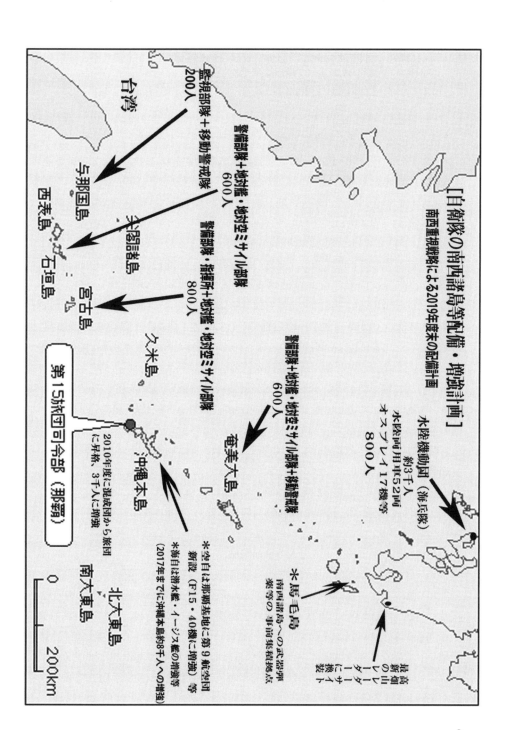

「東シナ海戦争」を誘発する
##　　自衛隊の南西シフト下の「島嶼防衛」態勢

正確な判断が必要な「戦争の危機」

　2017年の4月以降、政府・メディアは、凄まじい勢いで朝鮮半島での戦争危機を煽っている。全国においても、地域や子どもたちを巻き込んだ「ミサイル避難訓練」まで始まった。この狙いは、まさしく国民全体に「戦争の恐怖」を植え付け、実際の「戦争動員態勢」を作り出すことにあることは明らかである。

　しかし、今にでも朝鮮半島での戦争が起こるかのような日本の風景と比較して、韓国は冷静だ。なぜなら、朝鮮半島での全面戦争は、朝鮮(北朝鮮)の崩壊だけでなく韓国の全面崩壊さえ引き起こすからだ。

　現実に、朝鮮は、弾道ミサイルなど使うまでもなく、その通常砲弾はソウルに届き、短距離・中距離ミサイルは、韓国南部に配置・稼働する25基の原発を破壊できる。つまり、もはや韓国国内では(日本も同様だが)、戦争は不可能になっている。言い換えると、朝鮮は「韓国を人質」にしているからこそ、アメリカを相手にして、瀬戸際政策を進めることが出来るし(要求は米朝の平和条約締結)、アメリカもまた、この事態を認識しているからこそ、同様な瀬戸際政策(砲艦外交)を行っているのだ。

　したがって、朝鮮半島では、2010年に見られた一定の軍事衝突はあり得るが、全面戦争はあり得ない。この正確な状況認識なしに、いたずらに朝鮮半島での戦争の危機を煽るのは、安倍政権の戦争態勢に組み込まれることになるだけだ。歴史は、いずれの支配者も「戦争の危機」を叫びながら、民衆をそれに動員していく。

南西重視戦略下の約1・5万人の事前配備

　さて、メディアが煽る「朝鮮半島の戦争危機」とは異なり、実は本当の戦争の危機が、ヒタヒタと迫っていることをほとんどの国民が知らない。その本当の危機は、「東シナ海戦争」(東中国海、便宜上記述)にある。

　新聞もテレビも、ほとんど報じない、この「東シナ海戦争」の危機とは、「尖閣戦争」ではない。それは、これから述べる自衛隊の軍事力配置で一見明らかだ。同様に、この軍事力配置を見れば、自衛隊の「戦略目標」が朝鮮半島ではないことも一見して明白だ。

現在、自衛隊では南西シフト（南西重視戦略）と呼ばれる、与那国島・石垣島・宮古島・沖縄本島・奄美大島・馬毛島・九州への新配備が、急ピッチで進行している。

　その態勢は、与那国島に陸自の沿岸監視隊・空自の移動警戒隊、合わせて約200人、石垣島に対艦・対空ミサイル部隊・警備部隊約600人、宮古島に対艦・対空ミサイル部隊とその司令部、警備部隊合わせて約800人、奄美大島に対艦・対空ミサイル部隊、警備部隊、移動警戒隊合わせて約600人などの、当面の部隊として合計約2200人の新配備が始まっている。

　これに、佐世保の水陸機動団約3千人（＋オスプレイ17機＋水陸両用戦車52両）と沖縄本島の増強部隊約2千人が加わり、現沖縄配備部隊（現在8050人）と合わせると約1・5万人強の南西諸島への事前配置という大部隊だ（種子島近海にある馬毛島に、南西諸島投入のための「事前集積拠点」としての陸海空の基地設置が決定）。

　この南西シフト下の新配備は、与那国島では2016年3月に完了し、奄美大島では、2016年から駐屯地の整地工事が大々的に始まり、宮古島では、2017年冬以後にも駐屯地工事着工が予定され、石垣島では、駐屯地建設予定地が2017年5月に発表されている（同島の平得大俣地区など）

　そして、この急ピッチで始まっている自衛隊配備・工事に対して、現地の島人たちの必死の孤立した闘いが始まっている。間違いなく、この先島諸島などの闘いは、辺野古・高江を上回る闘いに発展するだろうし、そのようにせねばならない。

　さて、これら自衛隊新配備の目的は何か？　産経新聞などでは「尖閣対処」として危機を煽るのだが、実際はその軍事力の配置で分かるがそれとは全く異なる。「尖閣」は、国民を煽動するには好都合というだけだ。現実に尖閣危機が生じたのは、2012年の日本政府による同島の国有化後である。しかし、これら自衛隊の先島などの配備構想は、それ以前の2000年から始まり（陸自教範『野外令』改定による「離島の作戦」の策定）、2004年の防衛計画大綱などで「島嶼防衛戦」として公表され、その直後からは島嶼防衛演習「ヤマサクラ」などの日米共同演習が、毎年のように繰り返されている。

琉球列島弧を「万里の長城」に例える

　地図では一見明らかだが、先島から沖縄を経て九州南部に至る琉球列島弧―このちょうど中国大陸の大陸棚にかかる線を、米軍と自衛隊は（中国も）「第1列

島線」と呼んでいる。つまり、先島から九州に至る、この琉球列島線へ沿った自衛隊の新配備の目的は、大隅海峡・宮古海峡などで中国側を東シナ海に封じ込める海峡阻止作戦（軍事的には通峡阻止作戦）だ。アメリカでは、この列島線を「天然の要塞」「万里の長城」（米海軍大学トシ・ヨシハラ教授）と見立てて、中国軍だけでなく同国の民間商船をも封じ込めるとしている。

この目的のために、与那国・石垣・宮古島・沖縄本島・奄美への、琉球列島弧に沿って陸自の対艦・対空ミサイル部隊を主力とする部隊が配置される（沖縄本島は既配備）。要するに、ミサイル部隊をこの琉球列島線にズラリと並べて、中国軍への海峡阻止・封鎖作戦を行う、中国を東シナ海内へ封鎖するということだ。同時に、世界NO.1という海自の機雷をこの琉球列島線の全ての海峡にばらまき、米海軍に次ぐ世界NO.2と言われる、海自の潜水艦隊・イージス、対潜哨戒機部隊が、中国軍を大陸棚の内外で待ち構える、というわけだ。

ただ、ご覧の通り、琉球列島弧─第1列島線の南端には、フィリピンのバシー海峡があり、ここも中国の太平洋への通路になっており、したがって、フィリピンの獲得を巡る、日米と中国の攻防が激しくなっている。現在の南シナ海を巡る攻防も、この中国の経済・貿易ルートの封鎖のための争いである。

というのは、すでにアメリカは、2010年からマラッカ海峡封鎖を目的とする沿岸戦闘艦の配備（シンガポール、チャンギ軍港）を開始し、渡洋能力のない中国軍への、この海峡での封鎖態勢をつくり出している。これが、米軍の最近発表された、エア・シーバトルに替わるオフショア・コントロールという戦略だ。つまり、中国を経済的・政治的・軍事的に、東シナ海の中国沿岸に封じ込めるという戦略である。

このように見てくると、多くの人々はかつて似たような戦略を耳にしたことがあるだろう。冷戦下での、旧ソ連を封じ込める「三海峡防衛論」「日本列島不沈空母論」だ。この冷戦下の対ソ抑止戦略を、そのまま当てはめたのが中国脅威論＝対中抑止戦略に基づく、琉球列島弧の海峡封鎖作戦であり、島嶼防衛戦争である（北方シフトから南西シフトへ）。

対ソ抑止戦略下の三海峡防衛論との比較

この対ソ抑止戦略下の「三海峡防衛論」では、三海峡を封鎖する自衛隊に対し、旧ソ連は海峡突破のため、北海道の一部占領を狙うとしたが、同様に琉球列島弧の海峡封鎖作戦でも、自衛隊は敵の「先島諸島占領」を想定する。琉球列島弧─

東シナ海に封じ込められた中国が、先島などに配備された「ミサイル部隊を無力化」するために、海峡突破作戦―上陸作戦を敢行するというのだ。

そして、かかる中国側の上陸作戦に対し自衛隊は、先述の事前配備部隊に加えて、緊急増援部隊３個機動師団・４個機動旅団（約４万人）の新編成を決定（新中期防衛力整備計画）、すでにその編成が始まっている。

だが、自衛隊制服組によるアジア太平洋戦争下の島嶼防衛戦―サイパン、テニアン、沖縄などの研究によっても、また現実的にも「島嶼の防衛」は実際は不可能とされている。その原因は、宮古島を始めこれらの島々は、面積も小さく縦深もなく、防御戦に適していないとされる。つまり、島々の防衛には「上陸可能地点への全周防御」が必要だが、それは兵力的に不可能ということであり、また、島嶼防衛戦における南西諸島の「全島防御」も、分断された地域では現実には不可能であるということだ。

戦前、宮古島約３万人、石垣島約１万人、沖縄本島約７万人の日本軍が配備された。宮古島・石垣島では空襲だけであったが、沖縄本島では、その４倍以上の米軍によっていとも簡単に上陸を許してしまった。これは、サイパン、テニアンなどの島嶼防衛戦でも同様である。

このような研究の結果、今日自衛隊が策定したのは、「事前配備・緊急増援・奪回」という島嶼防衛戦の「三段階作戦」である。その戦略の軸は、宮古島などの島々があらかじめ敵に占領されることが想定されているということだ。

こうして、「占領した敵からの奪回」を担う部隊が、今年度中に発足する水陸機動団（佐世保の西部方面普通科連隊の１個から３個連隊［旅団］への増強・日本型海兵隊）である。

付け加えると、今年度発足の水陸機動団には、２個連隊が増強されるが、この配備先に予定されているのが、沖縄のキャンプ・ハンセン、キャンプ・シュワブである。この理由は、すでに2006年の沖縄ロードマップで、同基地の日米共同使用が決定されていることもある。しかし、それ以上に大きな要因がある。それは、水陸機動団が先島諸島への「奪回作戦」を行うには、九州から先島諸島までの距離は、「戦略的脆弱性」をもつということだ。つまり、兵力の動員・機動においても自衛隊に不利だけでなく、その兵站線が長大過ぎるということである。このキャンプ・ハンセンなどへの配置計画は、すでに、防衛省・自衛隊の文書で明らかになっている（後述）。

「東シナ海戦争」となる島嶼防衛戦

　このような、島嶼防衛戦による島々の「占領・奪回」で明らかなのは、その凄まじい破壊だ。この戦闘で島々には、一木一草も生えなくなる。それは配備されるミサイル部隊を見れば一目瞭然である。ミサイル部隊は、全てが車載式の移動型のミサイルであり、島中を移動し、発射→隠蔽→発射→偽装を繰り返すのだ。これは、中国側から発射される巡航・弾道ミサイルからの攻撃を避けるためだ（ミサイル戦は、唯一中国軍側に優位性がある）。

　ミサイル戦争に加えて、島々には彼我双方の海と空からの絨毯砲爆撃が始まる。周知のように現代戦の勝敗は、海上・航空優勢の確保で決まるから、島々の内外で凄まじい破壊戦が行われる。

　すでに述べたが、これら戦争全体を米軍・自衛隊は、オフショア・コントロール戦略＝海洋限定戦争と称する。つまり、米軍の介入を必要最小限とし（本土の戦場化の回避）、自衛隊を主力として戦う東シナ海戦争（先島戦争）だ。

　この東シナ海戦争は、法的にも政治的にも、自衛隊を主とし、米軍を従とする戦争である。もちろん、全体の戦争は、日米共同作戦であるが、日米のガイドラインの規定からして「日本防衛」には、自衛隊が主力となるのである。もっとも、戦術的にも、中国の圧倒的に優勢な弾道ミサイル攻撃を避けるため、在沖米軍・米空母機動部隊などは、グアム以遠に一時的に撤退することが予定されている。

　そして、「海洋限定戦争」「先島戦争」というのは、米中・日中の経済の相互依存性の中で、戦争を「中国に戦略的打撃を与えない程度に押さえ込む」という、意味があるとされている。

　これは、現実離れしているかのように見えるが、残念ながら島嶼防衛戦争はリアルだ。少なくとも、自衛隊の先島配備が完了すれば一挙に事態は悪化する。自衛隊の新配備は、国境線への実戦部隊の投入であり、中国には戦争挑発と映るのだ。中国側にとって琉球列島弧の海峡封鎖態勢は、中国軍だけではなく民間商船も封じ込められることであり、その世界貿易をも遮断されるということだ。

　現在始まっている事態は、米日中のアジア太平洋の覇権争い、軍事外交である（砲艦外交、朝鮮への威嚇外交を見よ）。これはまた、東アジア・南アジアでの激しい軍拡競争として始まろうとしている。だからこそ、この島嶼防衛戦なるものが、限定されるとするのは間違いである。この戦争は、当初は「限定」されるかも知れない。だが、中国側の軍事力増強とともに、紛れもなく東シナ海戦争＝太平洋戦争へと拡大していくだろう。その行き着く先は？

重要なのは、現情勢は一定の事態では、偶発的な戦争として現出するということだ。現在でも「尖閣」を巡る緊張の中で、日中の空軍機同士は、「ミサイルのロックオン」や「チャフ散布」（アルミ片による電波妨害）を繰り返している。この事態は、自衛隊の先島諸島配備完了という状況の中で、一気に一触即発の緊張状態へ突入しかねない。
　また、決定的なのは、日中間にはこの偶発的衝突を防ぐ「海空連絡メカニズム」（ホットライン）さえ確立していない（米中は2014年確立）。したがって、自衛隊が想定するように、島嶼防衛戦争は、平時から有事へ、シームレス（途切れなく）に発展していくことになる。

南西諸島の「無防備地域」宣言
　このような自衛隊の先島―南西配備が急激に進行し、戦争の危機が訪れているなかで、先島―沖縄―奄美の民衆が生き残るには、先島諸島などの「無防備地域宣言」を行う以外にはない。この宣言により、一切の島々の軍事化を拒むべきである。これは国際法で認められた非武装地域の宣言であり、歴史上にも幾多の例がある。そして、重要なのは「無防備地域」を宣言した場所への攻撃は、国際法違反になることだ。
　実際に沖縄は、1944年3月、日本軍が上陸し要塞化するまでは、国際的にも認められた無防備地域であった。これは、1922年のワシントン海軍軍縮条約で、日本の提案によって「島嶼の要塞化禁止」が締結されたことによる。アジア太平洋地域では、サイパン、テニアン、グアム、パラオ、奄美大島などと同様、先島を含む沖縄全島が無防備地域に指定されたのだ。だが、日本は1934年、この条約を破棄し、1936年に条約から脱退し、沖縄などの要塞化を推し進めていったのだ。この結果は、あの戦争での唯一の悲惨な地上戦が沖縄で引き起こされ、宮古島などの先島諸島においても、激しい空爆に見舞われたのだ。
　重要なことは、この時代でさえもアジア太平洋地域の島嶼を巡る軍拡の危機に対して、各国の島嶼の非軍事化が推し進められたということだ。
　もちろん、無防備地域宣言は、これだけでは事足りない。日本と中国の、政治的・経済的結びつきのいっそうの強まりとともに、社会的・文化的にも交流を深め、この宣言を契機として相互に信頼を醸成していくことが必要である。
（「はじめに」は、雑誌「アジェンダ」（2017年秋号）の拙稿を一部修正して転載）

資料解説　情報公開請求で捉えた　　　　　陸自「教範」で記述される「島嶼防衛」戦

大改定された陸自教範『野外令』

　本書で最初に紹介するのが、陸自の最高教範『野外令』である。自衛隊には、作戦・戦闘や日常の訓練・演習に欠かせない教範（教科書）が多数あるが（例えば『師団』『普通科連隊』など）、陸自では、これら教範のもっとも基本になるのが『野外令』である。

　「野外令は、その目的は、教育訓練に一般的準拠を与えるものであり、その地位は、陸上自衛隊の全教範の基準となる最上位の教範である」（野外令改正理由書・2000年9月）とされ、旧日本陸軍で言えば『作戦要務令』にあたる。

　2000年1月、『野外令』は、およそ15年ぶりに改定された。旧『野外令』は、1957年に制定され、68年、85年の二度にわたり改定、最新の2000年の改定版は、全体の構成として85年版を踏襲しているが、頁数はもっと増え、全文は440頁の厚さになった。

　この新『野外令』は、冒頭の「はしがき」に「本書は、部内専用であるので次の点に注意する」として、「用済み後は、確実に焼却する」と明記している。つまり、新『野外令』は、旧『野外令』と異なり、部内においてのみ閲覧するという、事実上の「秘」文書の扱いとなった。

　前記『野外令改正理由書』は、その改定理由について「旧令で主として対象としていた特定正面に対する強襲着上陸侵攻のほか、多数地点に対する分散奇襲着上陸侵攻、離島に対する侵攻、ゲリラ・コマンドウ単独攻撃及び航空機・ミサイル等による経空単独攻撃の多様な脅威への対応が必要になった」「離島に対する単独侵攻の脅威に対応するため、方面隊が主作戦として対処する要領を、新規に記述した」と特筆している。

　つまり、ここでは自衛隊創設以来初めて、「方面隊が主作戦として対処」する島嶼防衛作戦が策定され、任務化されたということだ。また、島嶼防衛作戦と同時に、これも自衛隊史上初めてという「上陸作戦」が策定されたのである。

　『野外令』の「離島の作戦」の内容は、本文を参照していただきたいが、現在自衛隊の戦略である「事前配置による要領」「奪回による要領」の島嶼防衛の基本的作戦が、すでに記述されている。

そして、もう一つの重要な改定は、冷戦時代の自衛隊では概念さえなかった「上陸作戦」が策定されたことだ。これは、「奪回による要領」の中で記述されている。すなわち、「敵の侵攻直後の防御態勢未定に乗じた継続的な航空・艦砲等の火力による敵の制圧に引き続き、空中機動作戦及び海上輸送作戦による上陸作戦を遂行し、海岸堡を占領する」と。

　重大なことは、こうした『野外令』による離島防衛―島嶼防衛作戦、上陸作戦の策定が、先島―南西諸島への自衛隊配備の始まる16年も前に、すでに**日米制服組による主導下で、冷戦後の新たな日米の戦略**として打ち出されていたということだ。というのは、『野外令』の改定・制定は、1997年の日米ガイドラインに基づく、新たな日米共同作戦態勢下の戦略として策定されたからだ。この背景にあるのが、東西冷戦終了後の日米のアジア太平洋戦略の再編（日米安保再定義）であった。

　そして、今回の『野外令』改定で追加されたのが、419頁の「警備」（間接侵略）の項目である。これは悪名高い「間接侵略論」として自衛隊の創設以来大論議されてきたものだ。つまり、国内の反戦平和勢力・労働運動団体・左翼勢力を「仮想敵国のスパイ」として位置づけ、武力鎮圧の対象にしてきたからである。この「仮想敵国の使嗾による間接侵略」（戦争反対などのデモ・ストライキなど）は、もちろん、自衛隊の治安出動で対処するということになる。

　問題は、自衛隊法第3条、第78条の「自衛隊の主要任務」に定められてはいたが、具体的規定を欠いていたこの「間接侵略論」（治安出動）が、島嶼防衛戦においても陸自の作戦として策定されたことだ。これはかなり重大なことである。つまり、島嶼防衛戦において、新たに自衛隊を配備する与那国島・石垣島・宮古島・奄美大島などの住民が、治安弾圧の対象とされたことになる。これこそ、まさしく沖縄戦において、住民をスパイとして処刑した歴史の再現である。これが島嶼防衛戦の本質なのである。

教範『離島の作戦』に見る島嶼防衛戦

　この改定『野外令』に基づき作成されたのが、陸自教範『離島の作戦』（2013年2月、陸上幕僚監部）である。

　同書は初めに、「本書は、師団・旅団を主対象とするとともに、方面隊、連隊等に関する所要の事項を含めて、離島の作戦における運用原則、指揮実行上の原則及び具体的な運用要領について記述し、教育訓練の一般的準拠を付与すること

を目的とする」と記述する。つまり、ここで大事なのは「離島の作戦」は、**師団・旅団という戦闘単位**を軸とする方面隊の戦闘として策定されていることであり、現在の先島諸島などへ配備予定の「警備部隊」規模（約350人）の戦闘ではないことが、あらかじめ明確に記述されていることだ。

続いて教範は、「（離島の）作戦の主眼」として「部隊を事前に配置するとともに、敵の活動を早期に察知し、速やかに部隊を機動及び展開させることにより対処」とし、この「運用原則」として「①情報の優越②戦闘力の集中及び機動・分散③総合火力の発揮」などを重視することを記述する。

特にここでは、②の「離島の地域的特性及び敵の侵攻要領から、戦闘力の集中」が必要とされ（全周防御）、このための「航空部隊を主体とした防空体制の下、海上部隊による海上優勢の確保及び民間輸送力を含めた陸海空のあらゆる輸送手段を活用した迅速な機動により、敵の侵攻に先んじて戦闘部隊を事前に配置」し、「統合輸送を含む兵站基盤の確立」が必要と強調されている。

また、「重視事項」として「早期からの情報収集」や「迅速な作戦準備」とともに「緊密な統合作戦の遂行」が明記され、この指揮統制下の「海上・航空優勢の確保」「輸送力の確保」が謳われている。

「作戦一般の要領」の項では、「基本的な対処要領」として、陸自教範『野外令』に記述されていた「事前配置による対着上陸作戦」と「奪回作戦」（着上陸作戦）が記述され、奪回作戦では、「海上作戦輸送による着上陸作戦及び空中機動作戦」が明記されている。

さて、教範『離島の防衛』では、『野外令』の「離島」項目にはなかった「日米共同作戦」が記述されているのが重要だ。それによると、日米共同作戦は「連合作戦の一形態であり」その指揮関係は、「統一指揮による場合と協同による場合があるが、日米共同作戦においては協同により行われる」とする。ここにわざわざ日米「協同」作戦を明記したのは、島嶼防衛戦が日米ガイドラインに基づいて、自衛隊が主体として行う作戦であり、米軍が補完するという関係上から、「協同」作戦態勢を強調したということだ。

もう一つ特筆すべきことは、「島嶼防衛戦」における住民避難の問題である。ここでは、最後の「民事」の項で「作戦準備に支障のない範囲で主として住民の先行避難等の適切な支援を行い」、「敵の不意急襲的な侵攻により、住民が離島に取り残される可能性がある場合は、●●●●（墨塗り）、住民の島外への避難活動等については地方公共団体等を支援する」とする。墨塗りの部分は、たぶん「山

地・洞窟への避難」ということだろう。
　この住民避難に続き、離島の作戦における「住民混在下の作戦」「現地での物資調達」「土地の収用」「治安の維持」「報道協定」と記述される。
注　本教範の74〜76頁、81〜86頁、88〜89頁、93〜95頁、107〜116頁、129頁、付録全頁が墨塗りされている他、一部の行に墨塗があることに注意（1頁全部の墨塗りは削除した）。

島嶼防衛戦主役の地対艦ミサイル連隊

　教範『地対艦ミサイル連隊』は、初めて公開される文書である。すでに、宮古島などの先島諸島において、この地対艦ミサイル部隊の配備が決定されている。ミサイル部隊のおおよその作戦展開は想定できるが、実際の部隊展開については、おそらく、この教範で初めて知ることになる。
　まず、教範は制定した目的を、「本書は、地対艦ミサイル連隊の運用の基本的原則、対海上火力運用及び連隊長以下の指揮実行の要領を記述し、教育訓練に関する一般的準拠を与える」とする。
　そして、教範の「総説」では、地対艦ミサイル部隊の任務と能力及び限界を、以下のように記述する。
　「地対艦ミサイル部隊は、対艦火力により敵艦船を海上で撃破」し、「昼夜、海上の広域に対し長射程かつ正確な対艦火力を発揮」するが、「限界」もあるとされる。だが、教範の限界の箇所は、**全面的に墨塗りされている**。おそらく、この記述内容については、対艦ミサイルの射程の限界、また対艦ミサイル自体のレーダーの到達範囲に限界があることから、海自の対潜哨戒機との連携なしには、戦力が充分に発揮できないとされていることだ。
　「総論」には、また「運用の要則」として「対艦戦闘組織の確立」「艦船情報の取得」「重点的な火力の発揮」「統合運用による緊密な協同」「強靱性の保持」が謳われているが、特に「地対艦ミサイル部隊は、海上・航空自衛隊と緊密に協同して、海上の遠距離における艦船情報（彼我識別を含む）の入手」が必要とされ、海自・空自との「対艦射撃の分担、統制・調整・連絡・通信の調整」と「火力の相互の助長及び補完」が重要という。つまり、友軍（味方の軍）との相撃ちを避け、協同して作戦を行うということである。
　特徴的な記述は、地対艦ミサイル部隊は「局地的な航空優勢を獲得」することが重要であり、そうでなければ「ミサイル発射の弾道の秘匿には限界」があり、「特

に敵航空機等に対空レーダーは容易に発見される」し、「ミサイル射撃の爆風は、容易に陣地を暴露し、その秘匿には限界」があり、「特に離島等展開地域が制限される状況では、顕著である」とされる。さらに、「海上・航空自衛隊との協同射撃時において、協同する航空機等の飛行安全」に限界があると記述されているが、この箇所は1行墨塗りされているから、同士討ちの危険が大きいと推測される。

　教範では、地対艦ミサイル部隊の運用として「敵戦闘艦群に対する対海上火力戦闘」「敵輸送艦等に対する対海上火力戦闘」、「海空作戦、機雷戦における対海上火力戦闘」などの任務を与えているが、地対艦ミサイル部隊に「周辺海域の防衛」として「海上交通路の防衛」の任務も付与されている。

　さらに「島しょ部への侵攻対処」としての主眼は、「遠距離においては、海上・航空自衛隊と密接に連携して地対艦ミサイル火力を発揮し、一方着上陸侵攻部隊に対しては、主に輸送艦・揚陸艦等に対して火力を発揮して、敵艦船を減殺・撃破し、敵の着上陸の遅延及び戦闘力を減殺する」とする。とりわけ、「奪回作戦」での着上陸戦闘では、地対艦ミサイル火力が隣接島嶼から可能であれば、「隣接島しょに陣地占領させ、敵艦船に火力を発揮させる」とする。つまり、島嶼防衛戦における奪回のための着上陸作戦においては、隣接する島へ上陸ないし占領し、その位置からの地対艦ミサイル部隊の支援攻撃が想定されているのである。

　以下、教程では、地対艦ミサイル連隊の「連隊長の指揮・部隊運用・陣地占領（作戦地域展開）・射撃・警戒・兵站」などが記述されている。連隊運用に続き、地対艦ミサイル中隊の運用が記述されているが、連隊の記述と重なるので本書では省略した。

　ただし、省略した「射撃中隊」の中に、「誘導弾の取扱い」という重要な項目がある。ここでは「誘導弾は、精密な部品、多量の推進薬等から構成されており不適切な取扱いは故障発生の原因となり、かつ重大な事故の発生により戦闘力を損耗する」とし、「弾薬の事故は、爆発、暴発、過早破裂等であり、通常、大きな被害を伴う」と記述されている。この前後の誘導弾（ミサイル）の「受領及び集積・保管」の箇所が墨塗りされていることから、ミサイル自体の取扱いは重要な事故をともなう危険があるということだ。

注　なお、91・92頁は全頁が墨塗りで削除。また、129〜177頁、180〜220頁の「中隊の運用」は「連隊の運用」と内容が重なり、付録は墨塗りで本書では割愛した。

先島諸島への「機動展開」に関する自衛隊の調査・研究

防衛省統合幕僚監部発行の『自衛隊の機動展開能力向上に係る調査研究』(2014年3月13日、取扱注意)は、島嶼防衛戦における先島諸島などへの戦闘部隊・兵站物資をいかにして輸送するのかを研究調査したものである(全文411頁)。島嶼防衛戦での、大規模な輸送作戦―機動展開を調査した文書では、初めて作成されたといえよう。

まず、文書の「調査の目的・背景」では、「自衛隊では、島嶼防衛等の事態発生に備えて、部隊を迅速かつ確実に展開できるよう、海上における機動展開能力を向上させることが喫緊の課題」となっているとあり、事態発生時に「民間輸送力を効果的かつ効率的に活用する仕組みを導入することが需要」としている。

また、この調査の目的は、「防衛所要に民間輸送力を活用することが可能か検証」し「市場環境の調査、民間事業者の意欲」などの調査を行うとしている。

そして、本文では、日本におけるフェリーなどの民間船舶の実状からその規模、船会社の財政状況などの実態まで調べ上げ、有事にどのようにこれらの船を徴用し借り上げていくかを研究する。この中では、英米でのこれら民間船舶の軍事動員の状況も調査・研究されている。

さて、この統幕による「機動展開能力向上」の具体的な作戦対象地域が、先島―南西諸島を対象としていることは明らかだ。文書の冒頭の「調査の前提」でも、以下のように明記されている。

「本事業で想定する防衛所要とそれらに対応した船舶の概要は以下の通り」として、「隊員及び車両については、旅客フェリーによる輸送を想定し、特に事態発生時等においては、南西諸島への長距離運行が求められる場面も想定されることから、このうち長距離航路への就航船舶・大型船舶を対象とした」とし、また「火薬弾薬や燃料については、法令上の制約があり、旅客フェリーでの輸送が困難となる可能性があることから、南西諸島への長距離運航が可能な貨物RoRo船(船の前後に出入口)、一般貨物船、コンテナ船、タンカーを検討の対象とした」と。

こうして、この調査では、沖縄本島と離島の全ての港湾施設の調査・分析が行われているが、特に石垣港・宮古島平良港・与那国島祖納港などについては、具体的検討がなされている。「南西諸島の港湾施設の概要」(70頁)、「宮古島、石垣島、与那国の港湾施設・機材」(別冊2-2-1)などでは、それぞれの港の水深、岸壁長、特徴(1万トン級船舶が入港可能か)などが詳細に調べ上げられている。

そして、この南西諸島への機動展開調査が結論づけるのは、「人」の問題であ

る。つまり、有事への民間船舶・船員の強制的徴集が法律的に可能であるとしても、もっと自在に平時から訓練・演習でも活用できる要員が必要となる。ここで、提言されているのが、予備自衛官の活用である。

　もともと、陸自などと異なり、海自では予備自衛官制度は充分ではない（基地警備などが対象）。つまり、有事に船舶を操舵する予備自衛官を必要とするのだが、これに対応する提案が「民間船員を**予備自衛官補**」とし活用する新たな制度である。この調査研究後、直ちに海自に予備自衛官補の制度が導入され、自衛隊の勤務経験がなくとも、民間船員を10日間の訓練で予備自衛官補に任命するということになった（2016年）。

　しかし、これには全国の船員組合が猛反対している。言うまでもなく、アジア太平洋戦争で、日本海軍に匹敵する戦死者を出したのが民間の船員たちであった（6万人以上の死者）。このような歴史的経緯から、船員組合は「会社に予備自衛官になれと言われたら、船員は断るのが難しく、事実上の徴用」だとして、反対の意思を表明している（先の海自予備自衛官補の導入などは、この機動展開能力調査研究についての文書が、一般的それではなく実戦的調査研究であることを示している）。

　最後に、「有事対応パターン整理」（別冊資料）では、戦闘地域←前線基地（先島諸島）←近接地域（鹿児島・航路）←本土（航路）という図が示されているが、この図にあるように「機動展開研究」は、明らかに先島諸島への展開を調査したことが示されている。また、「モデルケース」では、鹿児島県志布志港が本土の部隊・兵站の中継地として示されており、事前集積拠点として決定されている馬毛島（種子島近辺）だけでなく、志布志港周辺がもう一つの事前集積拠点として確保されることが推測される。

注　本書への収録は、本文・別冊とも多量であるから、必要箇所のみ収録した。

沖縄本島の米軍基地への自衛隊の新たな配置

　さて、この情報公開請求に基づく新たな開示の中で提出されてきたのが、沖縄本島での自衛隊と米軍の共同使用に係わる一連の文書である。それは以下の文書である。「日米の『動的防衛協力』について」（防衛省防衛制作局日米防衛協力課）「日米の動的防衛協力について」別紙1（統合幕僚監部防衛計画部）、「沖縄本島における恒常的な共同使用に係わる陸上部隊の配置」別紙2（同）。

　この中で、見過ごしてはならないのが、統合幕僚監部防衛計画部発行の「沖縄

本島における恒常的な共同使用に係わる陸上部隊の配置」別紙２という文書だ。これは、「琉球新報」などが2015年にその一部を報じたのだが（同年３月４日付、また同年３月17日付「赤旗」）、それによると2017年中に新設される日本型海兵隊―水陸機動団・３個連隊の、増設される２個連隊のうち、沖縄本島のキャンプ・ハンセンとキャンプ・シュワブに、それぞれ普通科連隊、普通科中隊を配備し、またハンセンには陸自の補給支処、嘉手納弾薬庫には陸海空自衛隊共通の弾薬支処という兵站部隊を置くというものだ。

　現在、新設される長崎県佐世保市の水陸機動団の増設連隊を巡っては、五島列島の福江島などが誘致運動を繰り広げているが、南西シフトの「奪回作戦」に予定されている水陸機動団からすれば、その距離的脆弱性（長距離機動）からして、当然のように沖縄本島の米軍基地に置くことを狙うであろう。

　実際に、2006年の「沖縄に関する特別行動委員会」（SACO合意）に基づく「再編実施のためのロードマップ」においても、日米基地の共同使用が明記され、特にキャンプ・ハンセンについては、すでに先行的に共同使用が行われている。

　沖縄本島における水陸機動団の増設連隊の配備は、先島諸島への奪回作戦への対応もあるが、さらに重要なのが在沖米海兵隊の主力である第31海兵遠征隊（31MEU）との連携の重視であり、陸自と米海兵隊の一体化である。西部方面普通科連隊は、発足以来一貫して米海兵隊との共同訓練を行っている。

　ところで、米海兵隊普天間基地の「移転」、辺野古新基地建設に係わる問題であるが、アメリカは在沖海兵隊のグアムなどへの大規模な移動を決定していることは明らかだが、それにも関わらずなぜ辺野古新基地が必要とされるのか、沖縄の人々から大きな疑問が提示されている。特に日本政府は、海兵隊の沖縄への引き留めに必死のようであり、辺野古新基地建設も同様だ。

　この理由は、今や明白となったが、辺野古新基地は米軍というよりも自衛隊の「南西シフト」の拠点として位置付けられているのだ。この「沖縄本島における恒常的な共同使用に係わる陸上部隊の配置」という文書は、これを決定的に裏付けるものだ。だからこそ、防衛省・自衛隊は、この文書のほとんど全頁を墨塗り状態にしてきたのだ。

　こうしてみると、先島諸島などだけでなく沖縄本島での陸自の大増強が、一段と激しくなることに注意を喚起したい。

注　「日米の動的防衛協力について」の３・４頁、別紙１の４～６頁は全頁が墨塗りのため削除した。

陸自教範 1 － 00 － 01 － 11 － 2

野外令

陸上幕僚監部

平成 12 年 1 月

陸上自衛隊教範第 1 － 00 － 01 － 11 － 2 号

陸自教範野外令を次のように定め、平成 12 年 4 月 1 日から使用する。
陸自教範 1 － 00 － 01 － 60 － 1 野外令は、平成 12 年 3 月 31 日限り廃止する。

平成 12 年 1 月 21 日

陸上幕僚長　陸将　磯島恒夫

配布　陸上自衛隊印刷補給隊の出版物補給通知による。

はしがき

第1　目的及び記述範囲

　本書は、方面隊及び師団・旅団に焦点を当てて国土防衛戦における陸上自衛隊の作戦・戦闘に関する基本的原則を記述し、教育訓練の一般的準拠を与えることを目的とする。

第2　使用上の注意事項

　本書は、統合幕僚会議教範、「野外幕僚勤務」、「用語集」、関係法規等と関連して使用することが必要である。

第3　改正意見の提出

　本書の改正に関する意見は、陸上幕僚長（教育訓練部長気付）に提出するとともに、陸上自衛隊幹部学校長に通知するものとする。

第4　本書は、部内専用であるので次の点に注意する。

1　教育訓練の準拠としての目的以外には使用しない。
2　**用済み後は、確実に焼却する。**

（ゴシック・傍点は編著者）

目次
はしがき
巻頭　綱領及び戦いの原則
第1編　国家安全保障と陸上自衛隊
第1章　総説　第1節　安全保障と防衛・・・・・・・・・・・1
第2節　我が国の防衛・・・・・・・・・・・・・・・・・2
第2章　防衛力と自衛隊・・・・・・・・・・・・・・・3
第3章　国土防衛戦　第1節　概説・・・・・・・・・6
第2節　日米共同作戦・・・・・・・・・・・・・・・7
第3節　統合作戦・・・・・・・・・・・・・・・・・9
第4節　陸上防衛戦略・・・・・・・・・・・・・・11
第4章　陸上自衛隊の構成　第1節　陸上幕僚監部・・・13
第2節　部隊　第1款　部隊の編成・・・・・・・・13
第2款　編制部隊及び編合部隊・・・・・・・・・・14
第3款　編組部隊・・・・・・・・・・・・・・・・16
第4款　職種部隊等・・・・・・・・・・・・・・・17
第3節　機関・・・・・・・・・・・・・・・・・・25
第2編　指揮　第1章　総説・・・・・・・・・・・27
第2章　指揮官・・・・・・・・・・・・・・・・・29
第3章　指揮の実行　第1節　状況判断及び決心・・・・32
第2節　計画・・・・・・・・・・・・・・・・・・34
第3節　命令・・・・・・・・・・・・・・・・・・35
第4節　実行の監督・・・・・・・・・・・・・・・36
第5節　報告・通報・・・・・・・・・・・・・・・37
第4章　指揮所・・・・・・・・・・・・・・・・・39
第3編　作戦・戦闘の基盤的機能
（中略）
第4編　作戦戦闘
（中略）
第5編　陸上防衛作戦
（中略）
第3章　防衛作戦の実施　第1節　概説・・・・・・・・・363

第2節　対着上陸作戦　第1款　要説・・・・・・・・・363
第2款　計画の策定・・・・・・・・・・・・・366
第3款　作戦指導・・・・・・・・・・・・・・373
第4款　後方支援・・・・・・・・・・・・・・379
第3節　内陸部の作戦　第1款　要説・・・・・・・382
第2款　計画の策定・・・・・・・・・・・・・385
第3款　作戦指導・・・・・・・・・・・・・・386
第4款　後方支援・・・・・・・・・・・・・・389
第4節　離島の作戦　第1款　要説・・・・・・・391
第2款　計画の策定・・・・・・・・・・・・・393
第3款　作戦指導・・・・・・・・・・・・・・400
第4款　後方支援・・・・・・・・・・・・・・403
第5節　対ゲリラ・コマンドウ作戦（以下中略）
第7節　警備
第1款　要説・・・・・・・・・・・・・・・・419
第2款　計画の策定・・・・・・・・・・・・・408
第3款　対処指導・・・・・・・・・・・・・・422

（以下、付録略）

戦いの原則

戦いの原則は、戦勝を獲得するための基本となる原則である。
この原則の適用に当たっては、「之が運用の妙は、一の其の人に存す。」と言われるように、いたずらに形式に陥ることを戒め、よくその本質を理解し、戦いの特性及び千変万化する状況に応じて総合的に運用し、常に創意を凝らし、もって戦勝の方途を求めなければならない。

目標　戦いの究極の目的は、敵の戦意を破砕して戦勝を獲得するにある。戦いにおいては、目的に対して決定的な意義を有し、かつ、達成可能な目標を確立し、その達成を追求しなければならない。

主動　主動性の保持は、戦勢を支配して戦勝を獲得するため、極めて重要である。攻勢は、主動性を確保して決定的成果を収め得る最良の方策である。やむを得ず

受動に陥った場合においても、あらゆる手段を尽くして、早期に主動性を奪回しなければならない。

集中　有形・無形の各種戦闘力を総合して、敵に勝る威力を緊要な時期と場所に集中発揮することは、戦勝を獲得するため、極めて重要である。　全般において劣勢であっても、情勢の推移を的確に予測し、手段を尽くして決勝点において優勢を占めなければならない。

経済　限られた力で戦勝を獲得するためには、あらゆる戦闘力を有効に活用しなければならない。このため、目的を効率的に達成する方策を追求するとともに、決勝点以外に使用する戦闘力を必要最小限にとどめることが特に重要である。

統一　統一は、すべての努力を総合して共通の目標に指向するため、極めて重要である。統一は、権限を一人の指揮官に付与した場合に最も確実となる。また、関係部隊間の緊密な調整と積極的な協力は、統一を助長する。

機動　機動は、所望の時期と場所に、所要の戦闘力を集中又は分散して有利な態勢を確立するため、極めて重要である。機動は、運動力の発揮、地形・気象の克服、火力の発揚、適切な兵站支援等により発揮される。

奇襲　奇襲は、敵の意表に出てその均衡を崩し、戦勝を獲得するため、極めて重要である。敵の予期しない時期・場所・方法等で打撃すること及び敵に対応のいとまを与えないことは、奇襲成功の要件である。奇襲は、適切な情報活動、秘匿・欺騙、戦略・戦術の創造、迅速機敏な行動、地形・気象の克服等により達成される。

保全　保全は、脅威に対して我が部隊等の安全と行動の自由を確保するため、極めて重要である。適切な情報、警戒及び防護は、保全のための基本的な手段である。保全においては、敵の奇襲を防止するための方策が重要である。

簡明　戦いは、錯誤と混乱を伴うのが常態である。このため、戦いにおいては、すべて簡明を基調としなければならない。明確な目標の確立は、簡明の基本である。

第3章　防衛作戦の実施
第4節　離島の作戦
第1款　要説
離島の作戦の目的
離島の作戦の目的は、海上・航空部隊と協同し、侵攻する敵を速やかに撃破して離島を確保するにある。

離島の作戦の特性
1　離隔した作戦地域
離島は海により本土と離隔しており、その特性は、離隔距離、港湾・空港施設の有無、住民の存否等により大きく異なる。また、離島の作戦は、気象・海象に大きく制約を受ける。
2　不意急襲的な侵攻
敵は、離島を占領するため、通常、上陸侵攻と降着侵攻を併用して主動的かつ不意急襲的に侵攻する。
したがって、我の作戦準備に大きな制約を受ける。
3　統合的かつ多様な作戦
離島の作戦は、離島への機動、離島における戦闘、住民への対応等から、海上・航空部隊等と連携した輸送・着上陸、又は対着上陸等の作戦、部外支援等、統合的かつ多様な作戦となる。

離島の作戦の重視事項
1　情報の獲得
敵の離島侵攻の機先を制する事前配置の処置及び奪回を含む多様な作戦からなる離島の作戦を整斉と遂行するためには、離島の地形、気象・海象、敵情等に関する確実かつ早期からの情報の獲得が重要である。このため、経空・経海による地上偵察、航空偵察、関係部外機関等・島民の協力等あらゆる手段を活用することが必要である。
2　迅速な作戦準備
侵攻する敵を速やかに撃破するためには、状況の緊迫に即応して、適切かつ迅速に作戦準備を実施することが重要である。このため、陸上最高司令部、海上・航空部隊等と緊密な連携を図るとともに、関係部隊等に対して早期に企図を明示し、

準備の余裕を与えることが必要である。
3　緊密な統合作戦の遂行
(1) 指揮・統制組織の確立
陸上・海上・航空部隊の戦闘力等を統合発揮するためには、指揮・統制組織を確立することが重要である。このため、作戦準備段階の当初から、指揮・統制組織を確立するとともに、作戦、情報、通信、兵站等の各分野にわたり、責任及び権限を明確にして統制及び調整を適切にし、海上・航空部隊と緊密な連携を保持することが必要である。
(2) 海上・航空優勢の確保
離島の作戦においては、海上・航空部隊と緊密に連携し、適時に海上・航空優勢を確保することが重要である。このため、作戦の各段階における海上・航空優勢の確保の時期、地域等について密接に調整し、作戦の遂行を確実にすることが必要である。
4　柔軟性の保持
敵の侵攻の時期・場所・要領の不明、気象・海象の不確実性等、あらゆる状況に対応するためには、作戦の全般にわたり柔軟性を保持することが重要である。このため、複数の機動手段の準備、予備隊の保持、迅速な部隊の転用等に努めることが必要である。
5　強靭な作戦基盤の確立
(1) 離島の作戦においては、情報収集、離島への機動、離島における作戦及び海上・航空部隊等との連携のため、確実な通信の確保が重要である。このため、基地通信組織に野外通信組織を連接し、海上・航空部隊等と統合一貫した通信組織を構成することが必要である。この際、無線通信、衛星通信及び部外通信を活用した迅速な通信確保に留意する。
(2) 作戦を密接に支援するためには、兵站支援地域、後方連絡線等作戦支援基盤を、状況に即応して、迅速に設定することが重要である。このため、既存の施設の活用に努めるとともに、航空科部隊、兵站部隊等の展開のための十分な地積を確保することが必要である。
6　関係部外機関との連携
侵攻に伴う被害等から住民の安全を確保するためには、関係部外機関との連携が重要である。このため、早期から関係部外機関と密接に連携し、情勢の推移に即応した住民避難等の部外支援について、十分な調整を実施することが必要である。

第2款　計画の策定
要旨
計画の策定に当たっては、任務、海上・航空部隊等との協同要領等に基づき、離島の特性、敵の可能行動、我が部隊の状況、海上・航空部隊等の能力、関係部外機関等の状況等を考慮して対処要領を決定し、関係部隊等に対して必要な行動の準拠を明らかにする。
2　離島を防衛するための基本的な対処要領には、所要の部隊を事前に配置して確保する要領(以下「事前配置による要領」という。)と奪回により確保する要領(以下「奪回による要領」という。)がある。対処に当たっては、努めて事前配置による要領を追求するが、やむを得ず敵に占領された場合は、奪回による要領により離島を確保する。

事前配置による要領
1　対処要領
任務に基づき、所要の部隊を敵の侵攻に先んじて、速やかに離島に配置して作戦準備を整え、侵攻する敵を対着上陸作戦により早期に撃破する。この際、海上・航空部隊等と協同して、海上及び空中における早期撃破に努めるとともに、状況により、予備隊等の増援により離島配置部隊を強化する。
2　計画の主要事項
　計画には、作戦のための編成、離島への機動、対着上陸作戦、通信、作戦支援基盤の設定、海上・航空部隊等との協同等の必要な事項を含める。
3　作戦のための編成
作戦のための編成においては、対着上陸作戦を基礎とし、離島配置部隊、戦闘支援部隊、予備隊及び後方支援部隊に区分して編成するとともに、統合通信組織等の指揮・統制組織を構成する。この際、離島配置部隊には独立戦闘能力の付与に努めるとともに、離島の特性、予想される敵の侵攻規模・要領、使用できる部隊、作戦準備期間等を考慮して編成する。
4　離島への機動
(1) 離島への機動においては、離島における対着上陸作戦準備の促進を重視して、所要の部隊を努めて早期に離島に展開する。この際、膨大な移動所要を短期間に充足するため、十分な輸送力を確保するとともに、一元的な統制により効率的な輸送を実施する。

(2) 機動の要領は、離島の港湾・空港施設、侵攻の脅威の度、部隊の特性、利用できる輸送手段等を考慮して、海上輸送、航空輸送、これらの掩護態勢等について定める。この際、侵攻の脅威の度に応じ、移動の効率性を重視するか、機動梯隊ごとに独立戦闘能力を付与して、離島における戦闘力発揮の容易性を重視するかを適切に定める。

5　対着上陸作戦
(1) 対着上陸作戦においては、各離島配置部隊ごとの独立戦闘能力の付与及び全周の防御を重視して、部隊を配置するとともに、海上・航空部隊等と協同して、敵の着上陸部隊を撃破する。この際、対海上・海上・航空等火力による早期からの敵戦力の減殺及び敵の侵攻正面に対する予備隊の増強を重視する。
(2) 予備隊は、離島の特性、気象・海象、敵情、我が配置、利用できる機動手段等を考慮して配置する。この際、海上・航空部隊との連携及び航空科部隊の配置を適切にして、状況に即応した予備隊の展開ができるようにする。
(3) 航空科部隊の展開地は、離島との離隔度、気象、敵情、我が配置等を考慮して設定し、ヘリコプター火力・空中機動力の柔軟な指向及び部隊の根拠地としての機能を確保する。
6　通信無線通信、衛星通信及び部外通信を主体として、離島配置部隊との通信の確保及び対着上陸作戦における海上・航空部隊等との統合一貫した通信組織を計画する。この際、離島配置部隊の通信力を強化して、通信の独立性を保持させるとともに、作戦準備間に努めて強固な通信を構成させる。
7　作戦支援基盤の設定
(1) 作戦支援基盤は、離島との離隔度、港湾・空港施設の有無、敵の脅威の度、離島配置部隊の規模・種類、使用できる後方支援部隊、期待できる海上・航空部隊等の支援等を考慮して設定する。状況に応じ、前方作戦支援基盤を設ける。この際、離島配置部隊には、事前集積による支援を努める。
(2) 作戦支援基盤地域においては、前方支援地域、端末地等を構成する。この際、作戦支援基盤の設定の当初から、対空掩護の態勢を確立する。
8　海上・航空部隊との協同
海上・航空部隊との協同においては、海上・航空優勢の確保、敵の増援等に対する海上・航空阻止、火力支援、情報、離島への機動・兵站支援・住民避難等のための輸送、救難等について明らかにする。

奪回による要領
1　対処要領
敵の侵攻直後の防御態勢未完に乗じた継続的な航空・艦砲等の火力による敵の制圧に引き続き、空中機動作戦及び海上作戦輸送による上陸作戦を遂行し、海岸堡を占領する。じ後、後続部隊を戦闘加入させて、速やかに敵部隊を撃破する。状況により、空中機動作戦を主体として、海岸堡を占領することなく速やかに敵部隊を撃破する場合がある。
2　計画の主要事項
計画には、作戦のための編成、着上陸作戦、後続部隊の攻撃、通信、作戦支援基盤の設定、海上・航空部隊等との協同等必要な事項を含める。
3　作戦のための編成
作戦のための編成においては、離島に対する空中機動作戦及び海上作戦輸送による上陸作戦を基礎とし、着上陸部隊、戦闘支援部隊、予備隊及び後方支援部隊に区分して編成するとともに、統合通信組織等の指揮・統制組織を編成する。この際、離島の特性、敵の勢力・編組・配置、使用できる部隊、作戦準備期間等を考慮する。
4　予行
着上陸段階を重視するとともに、着上陸の時期・場所・要領、海象・気象、敵情、海上・航空支援火力等を考慮して、計画の適否、各部隊に対する計画の徹底、通信の確認等に関する予行を計画し、作戦の遂行を確実にする。この際、対情報処置を適切にする。

5　着上陸作戦
(1) 基本的要領
海上・航空優勢の獲得の下、増援部隊を阻止して敵部隊を孤立化させるとともに、航空・艦砲等の火力による敵の制圧に引き続き、空中機動作戦及び海上作戦輸送による上陸作戦を遂行し、海岸堡を占領する。この際、侵攻着後からの継続的な敵部隊の制圧、増援部隊の阻止による孤立化及び離島への戦闘力の推進を迅速にするための港湾・空港等の早期奪取が重要である。
(2) 指揮・統制の責任区分
着上陸部隊は、海上・空中機動間においては、通常、海上・航空部隊の統制を受ける。

(3) 情報
ア　情報活動に当たっては、離島に侵攻した敵の勢力・編組・配置、増援部隊、着上陸のための港湾・空港・ヘリポート等の状況の解明を重視する。
イ　地上偵察においては、偵察部隊を直接離島に配置して敵情等の解明を行う。偵察部隊の運用に当たっては、情勢の緊迫に応じて、努めて敵の侵攻前に配置する。やむを得ず敵の侵攻後に配置する場合には、経海・経空のあらゆる手段を用いて隠密に離島に潜入させる。この際、関係部外機関等及び島民との連携に努める。
ウ　海上・航空偵察においては、離島の状況、敵の増援部隊等の解明を重視する。
(4) 搭載
ア　搭載は、離島への着上陸後の戦闘計画を基準として計画する。
イ　海上作戦輸送による上陸作戦においては、上陸後の戦闘及び主力の攻撃を考慮し、海上部隊の定める搭載全般予定を基準として、乗船部隊の部隊区分、乗船艦船の割当て、搭載区域、搭載予定等を明らかにする。
ウ　空中機動作戦の搭載計画については、「第4編第7章第4節　空中機動作戦」を適用する。
(5) 離島への機動
空中機動作戦及び海上作戦輸送による上陸作戦における機動梯隊は、離島における戦闘力発揮の容易性を重視して、機動梯隊ごとに独立戦闘能力を付与する。この際、海上・航空部隊等と連携して、作戦実施間の海上・航空優勢を獲得し機動の安全を図る。
(6) 着上陸戦闘
ア　着上陸の実施時期・場所は、港湾・空港等の早期奪取を重視するとともに、離島の地形、気象・海象、敵部隊の制圧状況、海上・航空支援火力、揚陸能力等を考慮して定める。
イ　空中機動作戦及び海上作戦輸送による上陸作戦は、状況に応じて、同時又は逐次に実施して海岸堡を占領する。
ウ　海岸堡の確保においては、離島の地形、港湾・空港等の位置、敵主火力の射程、後続部隊の収容等を考慮し、空中機動作戦と海上作戦輸送による上陸作戦を連携して、所要の地域を確保する。
エ　火力運用
(ア) 着上陸前においては、敵の侵攻直後の防御態勢未完の脆弱な時期から着上

陸の開始まで、継続的に航空・艦砲等の火力を敵部隊に集中して制圧し、孤立した敵部隊の戦闘意志を喪失させる。
(イ) 着上陸直前においては、着上陸のための港湾・海岸・空港・ヘリポート等周辺の敵部隊の制圧を重視する。
(ウ) 着上陸直後においては、当初野戦特科火力の発揮が制約されるため、ヘリコプター・航空・艦砲等の火力により密接に支援する。
(エ) 火力の統制・調整においては、着上陸前後の時期を重視し、野戦特科・ヘリコプター・航空・艦砲等の火力を適切に統制・調整する。この際、統制権者、統制の時期・場所・要領等を明確にする必要がある。
オ　空域の統制においては、空中機動作戦実施時期を重視し、高射特科部隊、航空科部隊等を適切に統制・調整して、空中機動作戦等の円滑な遂行を図る。
6　後続部隊の攻撃
(1) 後続部隊の推進
確保した海岸堡の港湾・空港等を活用して、海上作戦輸送及び航空輸送により戦闘力の推進を図る。この際、戦車・野戦特科部隊等の揚陸支援態勢の設定及び後続部隊の海上配置又は作戦支援基盤地域等における前方配置を重視して迅速な推進を図る。
(2) じ後の攻撃
着上陸部隊の海岸堡の占領に引き続き、敵に対応のいとまを与えないように後続部隊を迅速に戦闘加入させ、速やかに敵を撃破する。
7　通信無線通信及び衛星通信を主体として、着上陸部隊との通信の確保及び着上陸作戦における海上・航空部隊等との統合一貫した通信組織を計画する。この際、着上陸部隊の戦闘のための編成に応じて、通信力を強化するとともに、企図秘匿のため、通信に関する統制を適切に計画する。
8　作戦支援基盤の設定
着上陸作戦における作戦支援基盤は、作戦部隊を密接に支援するため、努めて前方において支援できるように配置を適切にする。この際、航空科部隊の離島における火力支援、輸送、補給等の行動の容易性、対空戦闘部隊・航空部隊等による対空掩護及び後方連絡線の確保を重視する。

第3款　作戦指導
対処の基本

情勢の緊迫に応じて、先行的に作戦準備を実施する。敵の離島侵攻に先んじて、所要部隊の事前配置又は情報収集部隊の展開を実施する。敵の侵攻に際しては、対着上陸作戦により早期に侵攻する敵を撃破する。やむを得ず敵に占領された場合は、着上陸作戦により海岸堡を確保し、じ後、後続部隊の攻撃により速やかに敵部隊を撃破し、離島を奪回する。いずれの場合にあっても、敵の侵攻に迅速に対応し、占領の既成事実化を阻止する。この際、住民の事前避難のための部外支援に留意する。

事前配置による要領の場合
1　要旨　敵の侵攻に際しては、侵攻正面を早期に解明して、侵攻する離島に対する配備変更、予備隊の増援、航空等火力の重点指向等を状況に即応して柔軟に行い、侵攻する敵を早期に撃破する。
2　作戦準備の実施
(1) 作戦準備に当たっては、敵の離島侵攻に先んじて所要の部隊を事前配置するため、早期から作戦準備に着手するとともに、陸上最高司令部、海上・航空部隊等と密接な連携を保持して敵の侵攻兆候の察知に努める。
(2) 離島への機動は、海上・航空部隊と緊密に連携して実施し、迅速に部隊を展開させる。この際、海上・航空優勢の確保により機動間の安全を図る。
(3) 作戦支援基盤の設定は、努めて早期から実施し、配置部隊の作戦準備を促進する。
3　対着上陸作戦の実施
対着上陸作戦に当たっては、ヘリコプター・航空・艦砲等火力の迅速な重点指向と離島配置部隊の強靭な戦闘により、敵部隊の着上陸前後の弱点を捕捉して撃破する。状況に応じて、侵攻のない離島の配置部隊の転用及び予備隊の増援により、敵が侵攻する離島の配置部隊を強化し、柔軟な作戦を遂行する。　この際、気象・海象、彼我の状況、機動手段等を考慮して、配備変更及び増援の実施時期・要領を適切にする。
4　事前配置部隊での撃破が困難な場合　事前配置部隊での撃破が困難な状況においても、じ後の奪回行動に必要な最小限度の要域を確保させるとともに、港湾・空港等の利用を妨害し奪回を容易にする。

奪回による要領の場合
1　要旨　敵の侵攻に際しては、事態に即応して作戦準備を促進するとともに、侵攻直後の防御態勢未完の時期から、航空・艦砲等の火力により継続的に敵の制圧を実施する。着上陸作戦の実施に当たっては、空中機動作戦及び海上作戦輸送による上陸作戦により、迅速に離島に海岸堡を占領する。じ後、後続部隊を戦闘加入させて速やかに敵部隊を撃破する。この際、事前の綿密な調整及び実施の確実な統制に留意する。
2　作戦準備の実施
(1) 作戦準備に当たっては、敵の離島侵攻に先んじて、努めて情報収集部隊を配置するとともに、奪回のため早期から作戦準備に着手する。この際、侵攻正面・時期、敵の勢力・編組及び陣地・障害の程度の解明を重視する。
(2) 着上陸作戦の開始時期の決定においては、着上陸時期を基準とし、気象・海象、敵侵攻部隊の状況、海上・航空優勢の獲得、空中機動作戦及び海上作戦輸送による上陸作戦の準備等を考慮して、好機を捕捉するように決定する。この際、陸上最高司令部、海上・航空部隊等と緊密に調整する。
(3) 予行は、作戦の特性、使用可能な時間、訓練の練度等を考慮し、時期・場所・要領を適切にして実施する。この際、目的を明確にするとともに、企図の秘匿に留意する。
(4) 搭載においては、着上陸作戦の開始に伴い、着上陸部隊は速やかに搭載地域に移動し、所定の時期までに搭載を完了する。この際、輸送部隊の統制の下、着上陸時において迅速に戦闘力の発揮ができるように搭載するとともに、企図の秘匿に留意する。
3　着上陸作戦の実施
(1) 敵部隊の制圧等
ア　敵の侵攻に当たっては、侵攻着後の敵の防御態勢未完に乗じて減殺を図るため、海上・航空部隊等と緊密に連携して、努めて早期から敵部隊を制圧する。敵の制圧効果は着上陸の成否を左右するため、制圧の徹底を図るとともに、着上陸前における着上陸地域の制圧状況の把握を確実にする。
イ　敵部隊の増援に対しては、海上・航空部隊等と連携して、海上及び空中において阻止し、離島に侵攻した敵部隊の孤立化を図る。
(2) 着上陸戦闘
ア　空中機動作戦と海上作戦輸送による上陸作戦を同時に実施する場合は、各着

上陸正面に対する十分な火力支援を確保するとともに、空中機動作戦部隊と海上作戦輸送による上陸作戦部隊を密接に連携させる。
　イ　海岸堡の確保において状況有利な場合は、海岸堡を占領することなく、一挙に敵部隊を撃破する。
　ウ　着上陸時の火力支援においては、海上・航空部隊等と緊密に連携するとともに、ヘリコプター火力を最大限に発揮して敵部隊の制圧を実施する。
後続部隊の攻撃　後続部隊の攻撃については、「第4編第3章　攻撃」を適用する。
　5　離島奪回後の行動
陸上最高司令部と緊密な連携を図るとともに、敵の可能行動、部隊の状況等を考慮して、離島への配置、部隊交代、撤収等について、じ後の行動を明らかにする。

第4款　後方支援
兵站
　1　兵站支援要領
先行的な準備による所要の補給品の確保及び事前集積、後方連絡線の維持、あるいは兵站組織の前方推進等により作戦を継続的に支援する。
　2　事前配置による要領の場合
作戦構想に応じ、事前配置部隊に対し、補給、整備、衛生等の兵站部隊を配属するとともに、補給品の事前集積、必要に応じ一括割当補給を実施して、長期間にわたる独立作戦能力を付与する。併せて海上・航空部隊及び関係部外機関等と緊密に連携して、努めて後方連絡線を維持し、緊要な補給品の補給及び傷病者の後送を行うとともに、あらかじめ空輸等の強行手段を準備する。また、離島における現地調達は、民需を考慮し、慎重に行う。
　3　奪回による要領に場合
通常、作戦準備期間が限定されるため、先行的に海上・航空部隊及び関係部外機関等と輸送手段の確保、端末地設定等に関する調整を実施するとともに、弾薬・燃料等所要の補給品を確保し、作戦正面に集中できるように準備する。この際、離島作戦に伴う特殊所要特に航空燃料・搭載弾薬、空中投下器材、輸送資材、水等の補給に留意する。作戦構想の具体化に伴い、速やかに着上陸作戦支援のための兵站組織の構成に着手し、作戦支援基盤地域に前方支援地域を推進するとともに、所要の地域に方面前進兵站基地、端末地等を設定する。
　この際、前方支援地域は、ヘリコプターの行動範囲内で、かつ、着上陸部隊の

発進基地の近傍に設定する。また、端末地及び発進基地には、必要に応じ、海上・航空部隊と調整し、補給品等の梱包・搭載を統制する端末地業務専門部隊を編成・配置し、あるいは海上輸送の端末地には、所要の船舶をもって補給品の海上集積ができれば有利である。着上陸作戦開始後は、当初、着上陸部隊に増強した兵站部隊・補給品により支援し、海岸堡の占領に伴い、逐次、所要の兵站部隊を推進するとともに補給品を追送し、継続的に支援する。この際、傷病者の後送を含み、あらかじめ強行支援を準備する。

人事
1　人事支援要領
支援基盤の早期確立及び独立作戦能力の付与により、作戦間における支援を確保する。この際、作戦の特性から、指揮官の卓越した統御と適切な指揮により隊員に国土防衛の信念を堅持させ、規律の維持及び士気の高揚を図ることが必要である。
2　事前配置による要領の場合
作戦構想に基づき、事前配置部隊に対して所要の要員を事前補充するとともに、人事部隊を配属して独立作戦能力を付与する。作戦間は、必要に応じ、指揮官・重要特技者等の補充のため、空輸等の強行手段を準備する。
3　奪回による要領の場合
　作戦構想に基づき、作戦支援基盤地域に速やかに人事支援基盤を構成する。着上陸作戦開始後、海岸堡の占領に伴い、逐次人事部隊を推進し、支援を継続する。この際、あらかじめ空輸等による指揮官、重要特技者等の補充及び戦没者の後送を準備する。
部外連絡協力及び広報　敵の離島侵攻に先んじて、適時に必要な情報を関係部外機関に通報して、先行的な住民避難等ができるように支援する。　やむを得ず敵に占領された場合は、住民の島内等避難に努め、作戦行動に伴う被害及び部隊行動への影響を局限する。　また、地方公共団体等と連携した適切な広報により、住民に必要な事項を周知させ、住民の安全及び作戦への信頼を確保する。

第7節　警備　第1款　要説

5376　警備の目的
1　警備の目的は、敵の遊撃活動、間接侵略事態等に適切に対処して地域の秩序を早期に回復し、全般の作戦の遂行を容易にする。
2　本節においては、**間接侵略事態対処**を対象として取り上げ、敵の遊撃活動への対処については、「第4編第8章第5節　対遊撃戦」等を準用する。

5377　警備の特性
1　多様な様相
　間接侵略事態の様相は、多種多様である。突発的に生起又は次第に顕在化し、同時に多発あるいは連続して生起することがある。また、地域的にも局地的な事態から広範囲にわたる事態があり、その程度も非武装の軽度な様相から武装化した勢力による一般戦闘行動に準ずるような様相まで、多様な事態が予想される。
2　識別困難な勢力が主体
　間接侵略事態の主体の勢力は、識別が困難であり、地域と密着した関係部外機関の協力なくしては、対処が困難である。また、武器使用に当たっては、非軍事組織に対する行動であることに留意しなければならない。
3　治安機関の役割
　公共の秩序の維持は、第一義的には治安機関がその所轄であり、治安情報の獲得、捜査・逮捕、鎮圧等については相応の機能を有し、事態に対応する能力及び権限を保持する。

5378　警備の重視事項
1　早期かつ継続的な情報活動
　多様な様相に適切かつ主動的に対処するため、早期から関係部外機関と緊密に連携した継続的な情報活動により、適時に情報を入手することが重要である。
　このため、警戒・監視態勢の強化、情報部隊の適切な運用等を図るとともに、早期から対象勢力に関する情報について関係部外機関との連携を継続的に確保することが必要である。
2　適時適切な目標の確立
　事態の特性に応じて適切に対処するためには、対処勢力の状況、我が部隊の勢力・編成・装備、主作戦正面の作戦、関係部外機関の活動等を考慮して、事態の特質に応じた明確な目標の確立が重要である。

このため、大局的な判断に基づき、適時適切に目標を設定し、任務を明確にするとともに、努めて行動の準拠を具体的に示すことが必要である。
3　事態に応ずる柔軟な対応
　多様な事態において種々の制約下で対処するためには、状況に応じて柔軟に対応することが重要である。
　このため、事態に応ずる対処の優先順位の決定、積極・消極両手段の適切な運用、予備隊の保有、関係部外機関との協同連携、適切な基礎配置等が必要である。
4　関係部外機関との連携
　事態の特性及び対応行動の多様性から、住民の安全確保、公共の秩序維持等、住民との関連が大きいため、関係部外機関との連携を緊密にすることが重要である。このため、関係部外機関との協力に関する準拠を明示するとともに、特に治安機関と情報収集、捜索、制圧、警護等に関して緊密な連携及び役割分担の明確化を図ることが必要である。

第2款　計画の策定

5379　要旨
　計画の策定に当たっては、防衛作戦遂行上の必要に応じ、陸上最高司令部の示すところに基づき、事態の特性、対処に使用し得る部隊の状況、関係部外機関等の状況、国民への影響等を考慮し、状況に応じた適切な方法により、主動的かつ速やかにその目的が達成できるようにする。
　この際、早期かつ継続的な情報活動、大局的な判断に基づく明確な目標の確立、状況に応じた柔軟な対応及び関係部外機関との連携を重視する。
5380　計画の主要事項
1　計画においては、対処の方針、対処要領等を定める。この際、対処上重視する対象・地域、初期対処のための基礎配置、部隊運用の大綱、編成・装備の基準、武器使用の準拠、関係部外機関との協同要領等を明らかにする。
2　武装主体の事態に対しては、関係法規を遵守するとともに、関係部外機関との連携により、必要な武力を直接的に行使して目的を達成する。

第3款　対処指導

5381　対処の要領
1　部隊の運用に当たっては、事態の特性、作戦全般への寄与度、我が態勢、国

民への影響等を考慮し、当初から必要かつ十分な勢力を使用して一挙に対処するか、又は所要の勢力をもって逐次に対処するかを適切に定める。
　いずれの場合においても、任務を明確にし、努めて行動の準拠を明らかにするとともに、直接的又は間接的手段・方法を、状況に応じて選定することが重要である。
2　**対処は、事態が生起した地域を担任する部隊に要すれば所要の増強をして実施するか、又は特定の部隊に任務を付与して実施する。**
　この際、継続的な情報の収集、事態に適応する編成・装備の選定、権限の適切な行使、隊規の振作及び団結の強化並びに関係部外機関との緊密な連携等が重要である。
3　**対処行動の主要なものには、制圧及び警護がある。**
5382　広報
　適時適切な部外広報により、間接侵略事態対処等に関する国民の連帯感を醸成し、協力機運を助長する。また、対処について、国民に正しく伝達しその理解を促すとともに不安を防止して、積極的な協力支援を獲得する。この際、部内広報を適切に実施し、隊員の健全性の保持等を図る。
（ゴシック及び傍点は編著者）

陸自教範5-01-01-02-24-0

離島の作戦

陸上自衛隊教範第5-01-01-02-24-0号

　陸自教範**離島の作戦**を次のように定め、平成25年10月1日から使用する。
　陸自教範5-01-01-02-18-0離島の作戦は、平成25年9月30日をもって廃止する。

平成25年2月22日

　　　　陸上幕僚長　　陸将　　君　塚　栄　治

配　布

　陸上自衛隊中央業務支援隊の出版物補給通知による。

はしがき

第1 目的及び記述範囲

　本書は、師団・旅団を主対象とするとともに、方面隊、連隊等に関する所要の事項を含めて、離島の作戦における運用原則、指揮実行上の原則及び具体的な運用要領について記述し、教育訓練の一般的準拠を付与することを目的とする。

第2 使用上の注意事項

　1 本書は、「野外令」、「野外幕僚勤務」、「本格的陸上作戦」、「対ゲリラ・コマンドウ作戦」、「空中機動作戦」、「師団」、「旅団」、「方面後方支援隊」、「後方支援連隊(隊)」、「空挺団」、「用語集」、訓練資料「演習対抗部隊」、各職種部隊教範類、統合教範類等と関連して使用する必要がある。

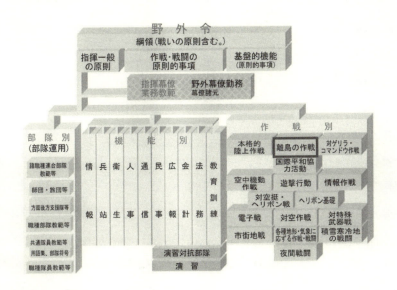

2　本書は、離島の作戦において、所要の部隊を事前に配置して確保する要領と奪回により回復する要領を記述する。

方面隊直轄の連隊等については、師団・旅団の作戦に関する記述について、所要の事項を準用する。

3　本書は、統合運用態勢下において方面総監が統合任務部隊指揮官として作戦する場合を主体に記述し、「協同による運用の場合」、「陸上自衛隊以外の自衛隊の主要指揮官が統合任務部隊指揮官に指定される場合」及び「方面総監が陸上構成部隊指揮官に指定される場合」については、所要の事項を準用する。

4　本書の理解に当たっては、記述の趣旨をよく把握して、各種状況に適応させるとともに、あらゆる創意を加えて定型化を避けることが必要である。

第3　改正意見の提出

本書の改正に関する意見は、陸上自衛隊研究本部長（総合研究部長気付）に提出するものとし、提出要領については、「改正意見提出要領」を参照する。

第4　本書は、部内専用であるので、次の点に注意する。

1　教育訓練の準拠としての目的以外には使用しない。

2　本書が廃止された場合又は本書の管理者が認め廃棄する場合は、確実に破棄する。

用 語 の 解 説

本書で使用する用語を次のように規定する。

番号	用 語	用語の説明
1	統合運用	共通する目的を達成するため、2以上の自衛隊又はそれらの部隊等を運用すること。 　統合運用は、統合任務部隊を編成して運用する場合と協同により運用する場合の2つに区分される。協同による運用には、「統制による場合」と「調整による場合」があり、共通の目的達成のために相互に協力する。(「統合用語集」)
2	統合作戦	関係する2以上の陸上・海上・航空各自衛隊の能力を結集し、これを統合発揮する作戦
3	統合任務部隊	自衛隊法第22条第1項又は第2項に基づき、特定の任務を達成するために特別の部隊を編成し、又は隷属する指揮官以外の指揮官の一部指揮下に所要の部隊を置く場合であって、これらの部隊が陸・海・空自衛隊の部隊のいずれか2以上からなるものをいう。(「統合用語集」)
4	陸上・海上・航空自衛隊	陸上・海上・航空各自衛隊の全ての組織を表す一般的呼称であり、本教範においては、対象とする自衛隊に応じて、「陸上自衛隊」、「海上自衛隊」、「海上・航空自衛隊」のように使用する。
5	陸上・海上・航空部隊	作戦に参加している部隊及び作戦を支援している部隊を表す呼称であり、陸上自衛隊の部隊、海上自衛隊の部隊(自衛艦隊、地方隊及びその他の部隊)及び航空自衛隊の部隊(航空総隊、航空支援集団及びその他の部隊)を表す際に使用する(「野外令」)。本教範においては、対象とする自衛隊に応じて「陸上部隊」、「海上部隊」、「航空部隊」、「海上・航空部隊」のように使用する。

番号	用　語	用語の説明
6	陸上・海上・航空構成部隊	陸上・海上・航空部隊のうち、統合任務部隊を構成する陸上・海上・航空部隊を表す呼称であり、既存の隷下部隊に加え、各自衛隊から統合任務部隊指揮官に配属され、統合任務部隊指揮官の指揮又は一部指揮を受ける部隊で構成する（「統合運用教範」等）。本教範においては、対象とする自衛隊に応じて「陸上構成部隊」、「海上・航空構成部隊」のように使用する。
7	任務部隊	特定の任務達成のため編成された海上部隊をいう。任務群、任務隊等によって構成される。（「統合用語集」）
8	乗船部隊	海上作戦輸送のため海上部隊により編成された海上作戦輸送任務部隊によって輸送される陸上自衛隊の部隊であり、部隊の規模及び輸送艦船の編成に応じ、乗船群、乗船梯隊及び乗船隊に区分して編成する。（「統合用語集」）
9	全般防空	政経中枢、作戦基盤等の防護対象を包括的に防護するものであり、防空に関与する各種戦闘力を一元的に運用して行うことをいう。通常、重要防護対象及び防護の優先順位を定めて行う。 　航空部隊が行う航空作戦の一つである防空において、防空戦闘力の運用方法の違いにより分類されている二つのうちの一つである。（「統合用語集」）
10	個別防空	基地、師団、艦艇等のような特定の防護対象を特別に防護するものであり、防空に関与する一部の戦闘力を防護対象ごとに個別に運用して行うことをいう。航空部隊が行う航空作戦の一つである防空において、防空戦闘力の運用方法の違いにより分類されている二つのうちの一つである。（「統合用語集」）
11	艦隊防空	海上部隊が行う自隊の防空及び護衛中の船舶の防空をいう。（「統合用語集」）

番号	用　語	用語の説明
12	搭載幹部	乗船部隊及び海上作戦輸送任務部隊の部隊区分ごと、搭載・揚陸の計画・実施に関して関係部隊及び機関と連絡調整を行うために指定される幹部であり、通常、搭載区域への移動及び搭載作業を円滑に実施するために開設される搭載統制所に配置される。（「海上作戦輸送教範」要約抜粋）
13	後方補給	部隊の戦闘力の維持・増進・発揮に必要な装備品、資材、役務、施設等を準備し、提供すること及びこれらに関連する諸活動をいい、主たる機能は補給、整備、輸送、衛生及び施設に区分される。（「統合用語集」）
14	支援部隊等	支援部隊等は、統合任務部隊を構成する部隊ではないが、必要に応じて統合任務部隊を支援する部隊等である。 統合幕僚長により示された支援内容、支援の時期、場所、要領等の大網を受けて、所定の指揮系統を通じて統合任務部隊を支援する。（「統合運用教範」）
15	海上における火力調整線	海上・航空自衛隊の部隊と陸上自衛隊の作戦部隊との対海上戦闘の分担海域を示す線である。地対艦誘導弾部隊は、この線以内の目標に対して射撃を実施できる。（「統合用語集」）
16	兵器交戦圏	対空部隊と味方戦闘機の相撃を防ぐために設定され、この中での防空の交戦責任が特定の兵器システムにある空域である。（「統合用語集」）
17	飛翔禁止海域	地対艦誘導弾の射撃から海上部隊の艦艇の安全を確保するため、地対艦誘導弾の飛翔を禁止する海域である。地対艦誘導弾部隊は、この海域内に飛翔経路を設定してはならない。（「統合用語集」）
18	飛翔制限区域	地対艦誘導弾の射撃が、高射特科部隊及び航空部隊のレーダーの活動、飛行場の機能等を阻害するのを防止するため、地対艦誘導弾の飛翔を制限する区域である。地対艦誘導弾部隊は、調整することなくこの区域内に飛翔経路を設定してはならない。（「統合用語集」）

番号	用　語	用語の説明
19	射撃調整空域	地対艦誘導弾が、我の対空火器等の射撃により撃墜されるのを防止するため、地対艦誘導弾の射撃時に対空火器等の射撃を禁止する空域である。(「統合用語集」)
20	離島配置部隊	事前配置による対着上陸作戦において、方面総監が作戦・戦闘のための編成を行う際に、離島に配置する主力部隊をいう。
21	離島守備部隊	事前配置による対着上陸作戦において、師団・旅団長が作戦・戦闘のための編成を行う際に、離島に配置する主力部隊をいう。

目　　次

はしがき
用語の解説

第1編　総　　論

第1章　総　　説 …………………………………………………… 1
第2章　特　　性 …………………………………………………… 3
第3章　重視事項 …………………………………………………… 4
第4章　作戦一般の要領
　第1節　概　　説 ………………………………………………… 7
　第2節　部隊移動
　　第1款　要　　説 ……………………………………………… 8
　　第2款　海上作戦輸送 ………………………………………… 8
　　第3款　航空輸送 ……………………………………………… 21
　第3節　離島を防衛するための基本的な対処要領 …………… 22
　第4節　日米共同 ………………………………………………… 26
第5章　指　　揮
　第1節　概　　説 ………………………………………………… 28
　第2節　方面総監 ………………………………………………… 30
　第3節　師団・旅団長 …………………………………………… 31
第6章　作戦・戦闘のための編成 ………………………………… 33
第7章　統制及び調整 ……………………………………………… 35
第8章　作戦・戦闘の基盤的機能 ………………………………… 38

第2編　作戦・戦闘

第1章　総　　説 …………………………………………………… 45
第2章　事前配置による対着上陸作戦
　第1節　概　　説 ………………………………………………… 47

第2節　計画の要領
　　第1款　方面隊 …………………………………………………… 48
　　第2款　師団・旅団 ……………………………………………… 58
　　第3款　連隊等 …………………………………………………… 72
第3節　実施要領
　　第1款　方面隊 …………………………………………………… 87
　　第2款　師団・旅団 ……………………………………………… 91
　　第3款　連隊等 …………………………………………………… 92

第3章　奪回作戦

第1節　概説 ………………………………………………………… 97
第2節　計画の要領
　　第1款　方面隊 …………………………………………………… 99
　　第2款　師団・旅団 ……………………………………………… 105
第3節　実施要領
　　第1款　方面隊 …………………………………………………… 123
　　第2款　師団・旅団 ……………………………………………… 126

付録第1　陸上自衛隊と海上自衛隊の対応する部隊区分の一例 ………… 133
　　第2　海上作戦輸送における標準的な指揮組織（事前配置） ……… 134
　　第3　搭載予定表の一例 …………………………………………… 135
　　第4－1　搭載割当表の一例 ……………………………………… 136
　　第4－2　車両諸元表の一例 ……………………………………… 137
　　第4－3　車両諸元 ………………………………………………… 138
　　第5　搭載地域割当図の一例 ……………………………………… 139
　　第6　揚陸地域及び集結地割当図の一例 ………………………… 140
　　第7　舟艇波編成表の一例 ………………………………………… 141
　　第8　舟艇波着岸予定表の一例 …………………………………… 142
　　第9　乗船者名簿の一例 …………………………………………… 143
　　第10　乗艇者等名簿（輸送用エアクッション艇使用時）の一例 … 144
　　第11　搭載目録（貨物積荷）の一例 ……………………………… 145
　　第12　搭載及び揚陸順序の記載の一例 …………………………… 146

第13	積付図の一例 ……………………………………………	147
第14	統合任務部隊及び協同による場合の指揮組織(奪回作戦)の一例 ……………………………………………………………	148
第15	空域統制系統の一例 ……………………………………	149
第16	空域統制に関する要求の記載の一例 …………………	150
第17	上陸部隊の上陸順序の一例 ……………………………	151
第18	艦砲火力の統制及び調整組織の一例 …………………	152
第19	艦砲火力の要求・要請系統(火力運用計画作成段階)の一例 ……	153
第20	艦砲火力の要求・要請系統(実施段階)の一例 ………	154
第21	艦砲支援射撃要求・要請の一例 ………………………	155

第1編　総　　論

> 本編は、離島への単独侵攻事態に対処する作戦の基礎となる運用原則及び指揮実行上の原則について記述する。

第1章　総　　説

11001　要　旨

1　作戦の目的

　離島の作戦の目的は、海上・航空部隊と密接に連携して、侵攻する敵を速やかに撃破して離島を確保することにある。

2　作戦の主眼

　離島の作戦の主眼は、部隊を事前に配置するとともに、敵の活動を早期に察知し、速やかに部隊を機動及び展開させることにより対処することにある。

3　運用原則

　離島の作戦の計画及び実施に当たっては、情報の優越を図るとともに、作戦地域に戦闘力を集中し、統合火力の発揮により作戦目的を達成することが重要である。

　(1) 情報の優越

　　離島の作戦においては、戦場における主動性を確保して戦勢を支配するため、情報活動等を敵に比し相対的に優越させることが重要である。

　　このため「情報資料の収集、処理、蓄積・配布」、「判断・決心」及び「実行・評価」（IDA）を繰り返し行う過程の回転速度、精度及び正確度を、敵に比し相対的に優越させることが必要である。

　　この際、海上・航空部隊との密接な連携に基づき作戦を遂行し、かつ、個々の戦闘要素を総合して戦闘力を最大限に発揮させるため、C4ISRを適切かつ効果的に活用する。

第1編　総　　論

(2) 戦闘力の集中及び機動・分散

　離島の作戦においては、離島の地域的特性及び敵の侵攻要領から、戦闘力の集中による撃破態勢の確立が作戦の成否を左右する。

　このため、航空部隊を主体とした防空態勢の下、海上部隊による海上優勢の確保及び民間輸送力を含めた陸・海・空のあらゆる輸送手段を活用した迅速な機動により、敵の侵攻に先んじて戦闘部隊を事前に配置するとともに、戦況の推移に応じ迅速に部隊を転用し、緊要な時期に集中又は分散させる等、柔軟な部隊運用が重要である。

　この際、統合輸送を含む兵站基盤の確立が必要である。

　また、離島配置部隊の各島への分散配置が必要な場合や部隊転用が困難な場合に備え、離島配置部隊には各種状況に柔軟に対応できるよう努めて長射程火力及び機動力を付与することが必要である。

(3) 統合火力の発揮

　離島の作戦は、海上から離島の内陸部にわたる戦闘において、海上・航空部隊の火力を含む統合火力を発揮することが重要である。

　このため、統合火力の発揮に必要な最適な火力の統制及び調整、指揮及び連絡並びに通信手段の確保に留意することが必要である。

第2章 特　　性

12001　離隔した作戦地域

　離島は海により本土と離隔しており、その特性は、離隔距離、港湾・空港施設の有無、住民の存否等により大きく異なる。また、離島の作戦は、気象・海象、輸送力等に大きく影響を受ける。

12002　不意急襲的な侵攻

　1　敵は、離島を占領するため、通常、巧妙な外交と相まって侵攻を開始する。

　　また、自国の作戦を容易にするため、心理戦を含む我の士気低下、国際世論の誘導・有利化、我が国に所在する自国民の各種活動等を併用することがある。当初は、潜入した特殊部隊等による情報、誘導等に基づき、通常、特殊部隊等の小部隊により不意急襲的に広域分散侵攻を行う。状況により非軍事的手段を使用する場合がある。じ後、ミサイル攻撃等の多様な攻撃手段を使用しつつ、空挺部隊及び海兵部隊による降着侵攻と上陸侵攻を併用して主動的かつ不意急襲的に侵攻する。したがって、我の作戦準備に大きな制約を受ける。

　2　敵が非軍事的手段を使用した場合の対処要領等については、教範「対ゲリラ・コマンドウ作戦」における不法行動対処を参照

12003　多様な作戦

　離島の作戦は、離島への機動、離島における戦闘、国民の保護等、海上・航空部隊と連携した輸送・着上陸又は対着上陸等の作戦、部外支援等、多様な作戦となる。

第1編 総　　論

第3章　重視事項

13001　早期からの情報資料の収集

　敵の離島侵攻の機先を制する事前配置の処置及び奪回を含む多様な作戦からなる離島の作戦の計画及び実施に当たっては、衛星を含む各種偵察手段、海上・航空部隊、米軍、関係部外機関、住民等あらゆる手段を活用して、離島の地形、気象・海象、敵情等に関する情報資料を早期から収集することが重要である。

13002　迅速な作戦準備

　侵攻する敵を速やかに撃破するためには、状況の緊迫に即応して適切かつ速やかに作戦準備を実施し、迅速な部隊移動により敵の侵攻が予想される離島に部隊を事前配置することが重要である。

　このため、自衛隊最高司令部及び海上・航空部隊と緊密な連携を図るとともに、関係部隊等に対して早期に企図を明示し、準備の余裕を与えることが必要である。

13003　緊密な統合作戦の遂行

　1　指揮・統制組織の確立

　　陸上・海上・航空部隊の戦闘力等を統合発揮するためには、指揮・統制組織を確立することが重要である。

　　このため、作戦準備段階の当初から指揮・統制組織を確立するとともに、作戦、情報、通信、兵站等の各分野にわたり責任及び権限を明確にして統制及び調整を適切にし、海上・航空部隊と緊密な連携を保持することが必要である。

　2　海上・航空優勢の確保

　　離島の作戦においては、海上・航空部隊と緊密に連携し、適時に海上・航空優勢を確保することが重要である。

　　このため、作戦の各段階における海上・航空優勢の確保の時期、地域等について密接に調整し、作戦の遂行を確実にすることが必要である。

　3　輸送力の確保

　　離島の作戦においては、膨大な輸送所要を短期間に充足するため、十分な

第3章　重視事項

輸送力を確保することが重要である。
　このため、自衛隊最高司令部の統制の下、海上・航空部隊と緊密に連携し、適時に民間輸送力を含めた所要の輸送力を確保することが必要である。

13004　柔軟性の保持
　敵の侵攻時期・場所・要領、海上・航空優勢の推移、気象・海象等、あらゆる状況に対応するためには、作戦の全般にわたり柔軟性を保持することが重要である。
　このため、複数の機動手段の準備、予備隊の保持、迅速な部隊の転用等に努めることが必要である。

13005　強靭な作戦基盤の確立
　1　離島の作戦においては、任務に基づき平素の計画及び活動基盤を最大限に活用しつつ効率的かつ段階的に作戦準備を推進し、強靭な作戦基盤を確立することが重要である。特に、情報資料の収集、離島への機動、離島における作戦・戦闘及び海上・航空部隊との連携のため、確実な通信の確保が重要である。
　このため、基地通信組織に野外通信組織を連接し、海上・航空部隊と統合一貫した通信組織を構成することが必要である。
　この際、無線通信、衛星通信及び部外通信力を活用した迅速な通信確保に留意する。
　2　作戦・戦闘を密接に支援するためには、兵站支援地域、後方連絡線、端末地等の作戦支援基盤を状況に即応して迅速に設定するとともに、敵の激烈な火力に堪え得るよう作戦支援基盤の抗堪性を保持することが重要である。
　このため、既存の港湾・空港施設等の活用に努めるとともに、航空科部隊、兵站部隊等の展開のための十分な地積を確保し、防護の処置を講ずることが必要である。

13006　関係部外機関等との連携
　離島の作戦においては、その地理的・地形的特性により、敵の侵攻に伴う被害等から住民の安全確保及び防衛作戦遂行上の係累を除去するため、関係部外機関等との連携が重要である。
　このため、早期から関係部外機関等と密接に連携し、防衛作戦の任務遂行に

—5—

第1編　総　　論

支障のない範囲で情勢の推移に即応した住民の安全確保等について、十分な調整を実施することが必要である。

13007　国際人道法及び防衛関係法令の遵守のもとでの任務遂行

　離島の作戦においては、国際人道法及び防衛関係法令を遵守して任務を遂行することが重要である。

　このため、作戦準備及び作戦間のあらゆる期間を通じて国際人道法及び防衛関係法令について分析し、当該分析評価を含めて状況判断及び決心を行うことが必要である。

第4章　作戦一般の要領

> 本章は、統合運用態勢下において方面総監が統合任務部隊指揮官として離島の作戦を実施する場合における部隊移動及び陸上自衛隊が離島を防衛するための基本的な対処要領について記述するとともに、日米共同の基本的事項について記述する。

第1節　概　　説

14101　要　旨

　離島の作戦は、陸上部隊を離島の防衛又は奪回のための主体的な対処防衛力とし、海上部隊を洋上部における主体的な防衛力とするとともに、航空部隊の防空及び対地・対艦攻撃能力を補完的な防衛力として行う。

　離島の作戦は、統合運用態勢下において実施され、その指揮関係によって、一時的に統合任務部隊が編成される場合又は、協同による場合がある。

　離島の作戦の一般的要領は、統合輸送力及び民間輸送力を最大限活用し、戦闘力を迅速に推進・集中して、侵攻する敵に対する撃破態勢を速やかに確立する。

　また、やむを得ず敵に占領された場合は、奪回により離島を回復する。

第1編　総　　論

第2節　部隊移動

> 1　本節は、おおすみ型輸送艦(以下「輸送艦」という。)により師団・旅団を事前配置する離島までの海上作戦輸送及び航空輸送について記述する。輸送に任ずる海上自衛隊の艦艇は、輸送艦(輸送用エアクッション艇を含む。)とする。
> 　なお用語に関しては、統合作戦の理解を容易にするため、基本的に統合用語を使用する。
> 2　奪回により離島を回復するのための部隊移動については、特異事項を記述する。

第1款　要　　説

14201　要　　旨

　離島への部隊移動は、作戦の成否を左右する。
　したがって、統合任務部隊は我が国の領域において海上・航空部隊の実施する作戦に連携し、部隊移動を実施する。
　師団・旅団は、部隊が所望の時期と場所に良好な状態で移動し、任務達成に最適の態勢を占めるように、輸送に任ずる部隊と緊密に連携して部隊移動を行うことが重要である。

第2款　海上作戦輸送

14202　要　　旨

1　海上作戦輸送の定義
　海上作戦輸送とは、作戦上の要求に基づき、陸上・海上・航空部隊、装備品等を海上自衛隊の任務部隊をもって、我が支配下にある海岸又は港湾に海上輸送する部隊移動の一手段である。

第4章　作戦一般の要領

2　海上作戦輸送の段階

海上作戦輸送は、計画、搭載、洋上移動及び揚陸の4段階からなる。

(1) 計画段階

計画を策定し、配布する段階

(2) 搭載段階

陸上自衛隊の乗船する部隊（以下、「乗船部隊」という。）が、発地に集結してから輸送艦に搭載を完了するまでの段階

(3) 洋上移動段階

海上作戦輸送のため海上部隊により編成された海上作戦輸送任務部隊（以下、「海上作戦輸送任務部隊」という。）が、発地から着地へ移動する段階

(4) 揚陸段階

海上作戦輸送任務部隊が着地に到着してから乗船部隊が揚陸を完了するまでの段階

14203　各構成部隊の任務

1　陸上構成部隊

乗船部隊を編成し、他自衛隊と調整して、搭載及び揚陸を実施する。

2　海上構成部隊

海上作戦輸送任務部隊を編成し、他自衛隊と調整して海上作戦輸送及び護衛を実施するとともに、搭載及び揚陸を統制し、これを支援する。

3　航空構成部隊

戦闘機部隊、高射部隊及び航空警戒管制部隊は、他自衛隊と調整して、発地、着地及び洋上における海上作戦輸送任務部隊の防空を行う。

14204　作戦部隊の編成及び指揮関係

1　作戦部隊の編成

(1) 陸上構成部隊

第1編 総 論

(2) 海上構成部隊

第4章　作戦一般の要領

(3) 航空構成部隊

■■■■■■■■■■■■■■■■■■■■■■■■■■■■

2　指揮関係

統合任務部隊指揮官は、海上作戦輸送に関する事項について指揮下の陸上・海上・航空構成部隊を運用するとともに、各作戦部隊間の指揮関係は、次のとおり。

(1) 計画段階

計画は相互に調整して策定するが、自衛艦隊司令官又は担当地方総監に調整権が与えられた場合は、自衛艦隊司令官又は担当地方総監が計画の全般について調整する。

(2) 作戦実施段階

ア　乗船部隊は、搭載、揚陸の実施及び乗船中の戦闘行動、日課、訓練、安全管理、警戒、電波管制等に関し、海上作戦輸送任務部隊指揮官の統制を受ける。

また、陸岸作業隊は、搭載及び揚陸の必要な事項に関し、海上作戦輸送任務部隊指揮官の統制を受ける。

イ　乗船隊は、搭載、揚陸の実施及び乗船中の戦闘行動、日課、訓練、電波管制等に関し、輸送艦の長の統制を受けるとともに、乗船中の安全管理及び警戒に関し指揮を受ける。

(3) 海上作戦輸送における標準的な指揮組織(事前配置)は付録第2のとおり。

14205　発地及び着地における業務

1　発地及び着地の洋上の警戒は、海上部隊が行う。

2　陸上の警戒、関係部外機関等との連絡・調整、搭載(揚陸)器資材の準備、役務の調達及び乗船部隊に対する所要の後方支援は、通常、陸上部隊が行うが、海上自衛隊の基地がある発地又は着地においては、海上部隊がその一部を担任する。

14206　防　　空

海上作戦輸送における防空は、航空部隊が実施する全般防空、個別防空及び

第1編　総　論

海上部隊が実施する艦隊防空による。
　航空部隊及び陸上部隊の高射特科部隊が、発地又は着地において協同して防空に当たる場合、空域を担当する航空方面隊司令官等及び統合任務部隊指揮官は、相互に調整して、情報の交換、警戒の分担、敵味方識別、射撃の要領等について定める。

14207　乗船部隊以下の計画及び実施
　1　統合任務部隊指揮官は、海上作戦輸送において統合任務部隊が実施する事項に関する全般の計画を策定し、海上作戦輸送を指揮する。
　2　乗船部隊は、統合任務部隊指揮官の定めるところにより、関係部隊と調整し、搭載、洋上移動及び揚陸を行う。
　3　陸岸作業隊は、海岸作業隊と協力し、発地及び着地における乗船部隊の搭載及び揚陸を支援する。

14208　計　画
　1　統合任務部隊の計画
　(1)　統合任務部隊は、基本計画に基づき乗船部隊及び支援部隊を指定し、海上作戦輸送の全般予定、乗船部隊の陸上移動・搭載・洋上移動・揚陸の準拠及び必要な警戒、後方支援、人事、通信支援等に関する計画を作成して関係部隊の行動を律するとともに、必要により関係する方面隊等に所要の支援を依頼する。
　(2)　統合任務部隊が作成する搭載に関する計画は、自衛艦隊司令官又は担当地方総監の定める搭載全般予定を基準として、通常、次の事項について明らかにする。
　　ア　乗船部隊の部隊区分
　　イ　輸送艦の割当て
　　ウ　搭載地域
　　エ　搭載予定（搭載予定表の一例は、付録第3のとおり。）
　(3)　揚陸に関しては、通常、揚陸地域特に岸壁の状況、揚陸優先順位等について明らかにする。
　2　乗船部隊の計画
　(1)　乗船部隊指揮官は、統合任務部隊の計画に基づき、海上作戦輸送任務

第4章　作戦一般の要領

部隊と調整し、陸上移動、搭載、洋上移動、揚陸及び必要な警戒、後方支援、指揮・通信等の実施要領を具体化するとともに、関係部隊に通知する。
(2) 搭載計画は、割り当てられた輸送艦の数、乗船部隊の規模、揚陸後の部隊運用、揚陸地域の状況等を考慮して、通常、次の事項等の細部を明らかにする。

　ア　部隊区分
　イ　搭載割当(搭載割当表の一例は、付録第4のとおり。)
　ウ　搭載地域(搭載地域割当図の一例は、付録第5のとおり。)
　エ　搭載予定
　オ　搭載準備及び実施要領
　カ　支援部隊との協力要領
　キ　安全管理

(3) 洋上移動に関しては、艦内規定として、通常、次の事項を明らかにする。

　ア　武器及び弾薬類の取扱い
　イ　戦闘及び緊急時における行動の基準
　ウ　命令及び会報の伝達要領
　エ　通信の統制
　オ　起居及び艦内行動
　カ　給食及び衛生
　キ　安全管理

(4) 揚陸計画は、通常、次の事項等の細部を明らかにする。

　ア　揚陸地域
　　　特に輸送艦による岸壁への接岸の可否
　　　(揚陸地域及び集結地割当図の一例は、付録第6のとおり。)
　イ　集結地
　ウ　揚陸優先順位
　エ　輸送用エアクッション艇、上陸用舟艇、■■■■■■■(以下、「輸送用エアクッション艇等」という。)の使用に関する事項(舟艇波編成表及び舟艇波着岸予定表の一例は、付録第7及び第8のとおり。)

— 13 —

第1編　総　　論

　　　オ　揚陸準備及び実施要領
　　　カ　支援部隊との協力要領
　　　キ　安全管理
　３　乗船群及び乗船梯隊の計画
　　乗船部隊指揮官から委任された事項及び乗船部隊の作成した計画の細部を具体化する。
　４　乗船隊の計画
　　(1)　乗船隊指揮官は、乗船部隊の計画に基づき、輸送艦の長から所要の助言及び支援を受け、各輸送艦ごとの計画を作成する。
　　(2)　各輸送艦ごとに作成する計画のうち主要なものは、次のとおり。
　　　ア　乗船者名簿、輸送用エアクッション艇の乗艇者等名簿
　　　　（乗船者名簿の一例は、付録第9のとおり。）
　　　　（乗艇者等名簿(輸送用エアクッション艇使用時)の一例は、付録第10のとおり。）
　　　イ　搭載目録
　　　　（搭載目録(貨物積荷)の一例は、付録第11のとおり。）
　　　ウ　搭載及び揚陸順序
　　　　（搭載及び揚陸順序の記載の一例は、付録第12のとおり。）
　　　エ　積付図
　　　　（積付図の一例は、付録第13のとおり。）
　　　オ　揚陸予定

14209　搭　　載

　１　搭載の一般要領
　　(1)　全　　般
　　　ア　乗船部隊指揮官は、海上作戦輸送任務部隊指揮官と搭載について調整を行う。また、待機地域及び搭載地域の対空掩護について関係部隊と調整する。
　　　イ　乗船部隊は、必要な事項に関し海上作戦輸送任務部隊指揮官から所要の支援を受ける。
　　　ウ　乗船部隊指揮官は、搭載及び揚陸のため関係部隊と連絡調整を行い、

第4章　作戦一般の要領

計画及び実施に関して指揮官を補佐させるため乗船部隊の部隊区分ごとに搭載幹部を指定する。
　(2) 乗船部隊は、部隊区分ごとに陸岸作業隊及び海岸作業隊の支援を受けて、次の事項を実施する。
　　ア　待機地域への集結及び搭載準備、状況により搭載に必要な資材の準備
　　イ　搭載統制所の設置
　　ウ　発地の関係部隊及び機関との連絡調整
　　エ　乗船先発隊の派遣
　　オ　搭載地域への移動
　　カ　搭載作業の統制及び実施
　(3) 装備品等の搭載の要領は、次のとおり。
　　ア　管理搭載
　　　戦術的考慮を行うことなく、輸送艦の搭載区画を最大限に利用し装備品等を搭載する要領である。
　　イ　戦闘搭載
　　　揚陸後の迅速な戦闘開始を重視して、人員、装備及び補給品を搭載する要領である。予想される戦闘に適合するように乗船部隊の人員を乗船させ、装備品及び補給品を荷積みする。
2　待機地域への集結
　(1) 搭載準備等のため、通常、搭載地域の近くに待機地域を設ける。乗船部隊指揮官は、所要の人員を先行させ、主力の待機地域進入の準備を行わせる。
　(2) 待機地域への集結に当たっては、搭載の時期及び順序を基準として、その要領を定める。
3　待機地域における乗船部隊の行動
　(1) 待機地域においては、乗船のための編成、装備品等の搭載準備及び所要の教育訓練を実施するとともに、海上作戦輸送任務部隊及び陸岸作業隊との調整を行い、搭載の準備を完了する。
　(2) 主要な行動は、次のとおり。

― 15 ―

第1編　総　　論

　　　ア　自隊の警戒・防護のため、宿営地の警戒の要領に準じた所要の措置
　　　イ　車両類及びその他に類別した装備品等の分散配置、搭載のための補給品の梱包、標識の設置、車両等の搭載準備及び点検
　　　ウ　搭載資材の準備
　　　エ　乗船及び搭載の要領並びに艦内規定及び乗船時の心得に関する教育訓練
　4　搭載地域における準備
　　(1) 諸施設の準備
　　　乗船部隊は、陸岸作業隊の支援を受けて、通常、次の諸施設の準備及び整備を行う。
　　　ア　搭載場所に至る道路
　　　イ　装備品等の集積所及び駐車場
　　　ウ　輸送艦(輸送用エアクッション艇)の接岸(着岸)場所
　　　エ　搭載統制所
　　(2) 乗船先発隊による搭載準備
　　　乗船隊は、部隊の乗船前に乗船先発隊を編成して先行乗船させ、輸送艦における搭載、宿泊、給食、通信、警備等の諸準備を実施させる。
　　(3) 労務、役務及び資材の確保
　　　搭載のために必要な労務、役務及び資材は、事前に統合任務部隊が準備する。状況により発地の海上自衛隊の地方隊に依頼してこれを確保する。
　　(4) 装備品等の搭載地域への移動及び集積
　　　乗船隊は、搭載する装備品等を搭載地域に移動して、集積及び細部の確認を行う。
　　(5) 通信系の構成
　　　乗船部隊は、待機地域、搭載統制所及び陸岸作業隊相互間に所要の通信を確保する。
　5　搭載統制所
　　乗船部隊は、搭載地域への移動及び搭載作業を円滑に実施するため、利用できる施設(通信設備を含む。)を考慮して、搭載統制所を開設する。搭載統制所には、通常、搭載幹部が配置され、関係部隊及び関係部外機関等との現地

第4章　作戦一般の要領

における連絡調整の中枢となる。

6　装備品等の搭載

(1) 乗船隊は、所要の作業隊を編成し、輸送艦側の搭載関係員と協力し、陸岸作業隊の支援を受けて搭載作業を行う。

作業隊の編成は、装備品等の種類・量及び輸送艦の荷役能力を考慮して定める。

(2) 搭載に当たっては、卸下の難易を考慮するとともに、弾薬・燃料類等の危険物の取扱い、積付け等に関する規定を厳守し、危険防止に留意する。

(3) 乗船隊指揮官は、事前に搭載目録を作成し、搭載を確認した後、輸送艦の長に提出するとともに、指揮系統を経て統合任務部隊指揮官に提出する。

7　人員の乗船

人員の乗船は、装備品等の搭載完了後、迅速に実施する。乗船隊指揮官は、事前に乗船者名簿を作成し、人員の乗船時に照合した後、輸送艦の長に提出するとともに指揮系統を経て統合任務部隊指揮官に提出する。

14210　洋上移動

1　洋上移動における諸行動

(1) 乗船部隊による対空警戒及び対空戦闘の実施は、海上作戦輸送任務部隊指揮官の定めるところによる。

(2) 乗船隊は、所要の防火・防水のための人員を待機させる。また、総員離艦訓練等、所要の訓練を行うとともに、逐次揚陸後の行動準備を完了する。

(3) 乗船隊指揮官は、装備品等を随時点検し、状態及び機能を把握する。

この際、固縛及び荷積状態の軽微な補備・修正等については、適宜実施するとともに、その状況を輸送艦の長に通知する。車両等の位置の入替え、移動等、当初の搭載状態に変化を及ぼす作業は、必ず輸送艦の長の承認を得て実施する。

(4) 通信の実施は、海上作戦輸送任務部隊指揮官の定めるところによる。

(5) 乗船中の給食及び衛生は各輸送艦が担当するが、乗船部隊は必要に応じ、所要の人員をもってこれを支援する。

—17—

第1編　総　　論

　2　輸送艦内の起居
　輸送艦内における起居は、輸送艦内規定に基づいて行う。乗船部隊隊員は規定を遵守し、輸送艦内規律の維持に努める。
　3　着地又は揚陸時期の変更
　機雷敷設、海上模様の悪化等による予定着地の変更又は揚陸時期の大幅な変更については、■■■調整の上、決定する。

14211　揚　　陸
　1　揚陸準備
　(1) 乗船部隊は、状況により洋上移動に先立って所要の幕僚を着地に先行させ、陸岸作業隊と所要の調整を行わせて着地における揚陸準備を推進させる。
　発地から陸岸作業隊が同行している場合は、乗船間に所要の調整を実施する。所要の幕僚を着地に先行できず、また発地から陸岸作業隊が同行していない場合において、乗船部隊が着地の陸岸作業隊との調整を要する際は、上級部隊を通じて、又は乗船部隊自ら実施する。
　(2) 乗船部隊は、洋上移動の間、海上作戦輸送任務部隊と調整して逐次揚陸準備を推進する。
　この際、着地の状況、特に敵情、気象・海象及び陸岸作業の準備状況の把握に努めるとともに、着地の対空掩護について関係部隊と調整する。
　(3) 乗船隊は、揚陸に先立ち、人員、装備の点検、固縛の撤去等所要の揚陸準備を行う。
　2　揚　　陸
　乗船部隊は、次により揚陸を行う。
　(1) 輸送艦の接岸による揚陸
　　揚陸は、揚陸地点に接岸した後、輸送艦の長の指示により開始する。
　(2) 輸送用エアクッション艇等による揚陸
　　乗船隊は、揚陸のために部隊を区分・編成し、輸送艦の長の指示により、人員、装備品等の輸送用エアクッション艇等への移乗及び移載を行った後、

第4章 作戦一般の要領

揚陸海岸に移動し、揚陸を行う。

この際、1隻の輸送用エアクッション艇等に乗艇する部隊を舟艇班とする。

また、特に輸送用エアクッション艇等に移乗する際の危険防止に留意する。

(3) 揚陸した部隊は、誘導員の指示に従って速やかに集結地に移動し、揚陸地域の渋滞及び滞貨を最小限にする。補給品のうち車載以外のものは、水際集積所に一時集積した後、所要の車両を準備して各部隊の集結地に輸送する。

14212 陸岸作業

1 発地の陸岸作業隊

通常、統合任務部隊が直轄し、関係地方隊、関係部外機関等及び乗船部隊と調整して、乗船部隊の搭載を支援する。

(1) 編　成

ア　陸岸作業隊は、状況に応じて端末地業務、施設作業、道路交通統制、会計、局地警戒、通信等のうち必要な機能を保有させ、所要の人員・器資材をもって編成する。

イ　端末地において人員、物資の積載(搭載)・卸下等及びこれらに伴う附帯業務を実施する端末地業務部隊が編成されている場合には、その活用に努める。

(2) 支援の要領等

ア　陸岸作業隊は、通常、乗船部隊の発地への到着に先立って現地に進出し、搭載のための器資材及び搭載地域の諸施設の準備を行う。

イ　乗船部隊が、海上作戦輸送任務部隊及び関係部外機関等との連絡・調整、発地の偵察等を行う際には、必要な技術的支援を行う。

ウ　乗船部隊の発地への進入に際しては、港湾(海岸)及びその周辺における道路交通統制等を実施し、又は支援する。

エ　必要に応じ、器資材及び役務を調達するとともに役務の監督を行う。

オ　乗船部隊の搭載作業を支援する。

第1編 総 論

2 着地の陸岸作業隊

　通常、所在の部隊又は先遣部隊の一部をもって編成し、海岸作業隊、関係部外機関等及び乗船部隊と調整して、乗船部隊の揚陸を支援する。陸岸作業隊を先遣部隊の一部として編成できない場合は、状況により乗船部隊が陸岸作業隊を発地から同行させ、乗船部隊指揮官の指揮下で陸岸作業を実施させる。

　また、輸送艦艇の着岸(接岸)にあたり、着岸作業等を支援する場合がある。

(1) 編　成

　ア　発地の陸岸作業隊に準ずるが、その行動が乗船部隊の揚陸直後の運用に密接に関連するため、指揮・統制機能を強化する。

　イ　陸岸作業隊を発地から同行させる場合には、通常、各輸送艦に分散して乗船させる。

(2) 支援の要領等

　ア　陸岸作業隊は、乗船部隊の揚陸に先立って次の準備を行う。

　　(ア) 接岸(着岸)場所の整備及び標示

　　(イ) 揚陸地域及び水際集積所の設置

　　(ウ) 集結地及び集結地に至る道路の整備

　　(エ) 道路交通統制の準備

　　(オ) 敷き板等の資材の準備

　　(カ) 所要の通信系の構成

　　(キ) 警戒員の配置

　イ　陸岸作業隊の行う揚陸支援は、通常、次のとおり。

　　(ア) 接岸(着岸)した輸送艦等からの卸下及び集結地までの局地輸送の支援並びに道路交通統制の実施又は支援

　　(イ) 必要な局地警戒

　　(ウ) 状況により役務の調達及び監督

　ウ　発地から陸岸作業隊を同行した場合は、準備作業に必要な時間的余裕をもって先行揚陸させるとともに、卸下に必要な器資材を同時に揚陸させる。

第4章　作戦一般の要領

14213　奪回作戦の場合の考慮事項

1　揚陸後の部隊運用に即応することを主眼に、通常、戦闘搭載により装備品等を搭載する。

2　輸送用エアクッション艇の故障・損耗に対する処置及び対策を準備し、徹底する。

　この際、乗船部隊は、状況により上陸のためのゴムボート等を準備する。

3　作戦の当初において、■■

4　■■海上部隊等と綿密に調整する。

5　敵の制圧のために使用するヘリコプターの燃料・弾薬等の補給のために輸送艦等をヘリポートとして利用できれば有利である。

第3款　航空輸送

14214　要　旨

1　航空輸送は、離島の作戦の準備及び実施に伴い増大する空輸所要に、限られた空輸力をもって効率的に対応するために必要であり、戦闘の推移が速く装備品等の損耗が激しい現代戦において重要である。

2　多種多様な部隊等が関係するとともに、関係部外機関等が管理する航空機をも使用する。

　このため、関係部隊等間及び関係部外機関等との相互の協力・連携並びに適時の統制が必要である。

3　航空輸送の特性は、以下のとおり。

　(1)　一般的特性

　　ア　迅速性

　　　移動速度が高く、行動範囲が広いため、緊急かつ長距離の輸送の要求に迅速な対応が可能である。

　　イ　柔軟性

　　　陸上及び海上からの輸送が不可能な地理的障害を克服し、飛行場のない地域に対しても降投下により輸送が可能であり、多様な輸送上の要求

第1編 総　論

に対し柔軟に対応できる。
　　ウ　脆弱性
　　　輸送機等の運航は気象の影響を受け易い。また、空中機動間の安全は、航空優勢の度合に左右されるほか、特に地上においては空地からの攻撃に対して脆弱である。
　(2)　作戦上の特性
　　ア　空輸所要は、離島の作戦の準備開始に伴い急激に増大する。
　　イ　緊急かつ大量の空輸所要が同一方向に集中しやすい。

第3節　離島を防衛するための基本的な対処要領

> 本節は、陸上部隊が実施する離島を防衛するための基本的な対処要領を記述する。
> 　離島の作戦における海上・航空部隊が実施する各種作戦についてはその関連事項を記述し、陸上部隊が主体となる「事前配置による対着上陸作戦」及び「奪回作戦」について記述する。

14301　要　旨

　離島の作戦における基本的な対処要領には、所要の部隊を事前に配置して確保する要領(以下「事前配置による対着上陸作戦」という。)と奪回により回復する要領(以下「奪回作戦」という。)がある。
　対処に当たっては、事前配置による対着上陸作戦を追求するが、やむを得ず敵に占領された場合又は敵地上部隊等の島しょへの着上陸を許した場合は、奪回作戦を行う。
　この際、離島の作戦においては、敵の離島への侵攻に連携して実施される敵のゲリラ・コマンドウ攻撃及び航空機等の攻撃に適切に対処することが必要である。

14302　事前配置による対着上陸作戦
　1　事前配置による対着上陸作戦の主眼は、敵の侵攻に先立ち所要の部隊を

第4章　作戦一般の要領

速やかに離島に配置し作戦準備を整え、侵攻する敵を早期に撃破することにある。
このため、情勢の推移に応じ沿岸部の要点に監視哨等を配置し、敵の潜入を早期から継続的に監視するとともに、適時に航空偵察を実施して、海岸線の全域及び要域を監視する。
この際、海上部隊、航空部隊、海上保安庁等との密接な連携の保持に努める。
また、海上・航空部隊と協同して、海上及び空中における早期撃破に努めるとともに、状況により、予備隊等の増援により離島配置部隊を強化する。
予備隊等の増援に当たっては、空中機動に適した部隊の運用に着意する。
2　対処すべき離島が複数ある場合、統合任務部隊指揮官は、離島の価値、敵の可能行動、使用可能戦闘力、輸送力、事前配置に使用し得る時間等を考慮し、師団・旅団等を離島配置部隊として、

3　先遣部隊等の運用においては、事前に配置した先遣部隊等をもって、部隊等の輸送を確保するために、敵のゲリラ・コマンドウ部隊から███████████を警戒・防護させることが重要である。
4　敵のゲリラ・コマンドウ攻撃対処における作戦・戦闘の要領は、陸自教範「対ゲリラ・コマンドウ作戦」を参照

14303　奪回作戦

1　奪回作戦の主眼は、敵の侵攻直後の防御態勢未完に乗じた継続的な航空、艦砲等の火力による敵の制圧に引き続き、海上作戦輸送による着上陸作戦及び空中機動作戦を遂行し、敵を撃破して海岸堡を占領、じ後、後続部隊を戦

第1編 総　論

闘加入させて、離島を奪回することにある。

　奪回する離島の規模、侵攻した敵の配置・兵力等の状況により、空中機動作戦を主体として、海岸堡を占領することなく速やかに離島を奪回する。

　いずれの場合も、■■■■■■■■■■■■■■■■■■■■■■■■■■が必要である。

2　統合任務部隊指揮官は、着上陸適地の有無、敵の兵力・配置、防御の組織化の程度、海上・航空優勢の状況、利用可能な輸送手段等を考慮し、奪回作戦の要領を決定する。

　(1) 海上作戦輸送による着上陸作戦及び空中機動作戦

　　■■■■■■■■■■■■■■■■■■■■■■■■■■■■■■■■
　　■■■■■■■■をもって、海岸堡、■■■■■■■■■■■を占領して行う。

　(2) 空中機動作戦

　　■■■■■■■■■■■■■■■■■■■■■■■■■■■■を占領して行う。

14304　小規模離島及び無人島における着意事項

1　小規模離島における着意事項

　(1) 事前配置による対着上陸作戦

　　一般に港湾・空港施設の規模・能力から、部隊・補給品等の揚陸が制限されるとともに、■■

　　このため、次の事項に着意する。

　(2) 奪回作戦

　　一般に着上陸適地が限定され、着上陸部隊の推進に制約を受けるとともに、部隊が混交、い集しやすい等の特性を有する。

第4章　作戦一般の要領

　　このため、次の事項に着意する。

　2　無人島における着意事項
　(1) 事前配置による対着上陸作戦
　　一般に地形が急峻(しゅん)で敵部隊の潜入が容易であり、機動のための道路網が乏しく、また水源に乏しい等の特性を有する。
　　このため、次の事項に着意する。

　(2) 奪回作戦
　　一般に地形が急峻で着上陸適地が限定され、機動のための道路網が乏しく、また水源に乏しい等の特性を有する。
　　このため、次の事項に着意する。

第1編　総　　論

第4節　日米共同

> 本節は、米軍と共同作戦を実施する上での基本的な考え方、日米共同作戦実施のために必要な事項について記述する。

14401　要　　旨
日米共同は、我が国の安全の確保にとって必要不可欠であり、我が国の周辺地域における平和と安定を確保し、より安定した安全保障環境を構築するために重要である。

14402　日米共同作戦
1　日米共同作戦は、条約等に基づき、我が国への侵略を排除するため緊密な協力の下に自衛隊と米軍が共同して行う作戦であり、連合作戦の一形態である。一般に連合作戦における指揮関係は、統一指揮による場合と協同による場合があるが、日米共同作戦においては協同により行われる。
　連合作戦において、共通の目標の確立及び連合国部隊相互の能力とその限界の理解は、作戦遂行上の基本的要件である。
2　日米共同作戦は、両国の緊密な協力により、両国の防衛力の質と量の相乗的な増強及び行動の自由の増大を図ることができる。
3　日米共同作戦においては、整合のとれた行動を円滑かつ効果的に実施し得るよう、共同訓練の実施や相互の言語の理解等を図るほか、平素から共同作戦計画についての検討を行い、その結果を自衛隊の各種計画に反映させることが必要である。
　また、平素から日米間で、準備のための共通の基準及び実施要領を確立するとともに、日米間の調整メカニズムを構築しておく必要がある。

14403　指揮及び調整
自衛隊及び米軍は、緊密な協力の下、それぞれの指揮系統に従って行動する。
自衛隊及び米軍は、効果的な作戦を共同して実施するため、役割分担の決定、作戦行動の整合性確保等についての手続きをあらかじめ定めておく。

第4章　作戦一般の要領

14404　日米間の調整メカニズム

自衛隊及び米軍の間における必要な調整は、日米間の調整メカニズムを通じて行う。

この際、作戦、情報活動及び後方支援について、日米共同調整所の活用を含め、この調整メカニズムを通じて相互に緊密に調整する。

14405　通信電子活動

通信電子活動については、統合教範「統合運用教範」参照

14406　情報活動

情報活動については、統合教範「統合運用教範」参照

14407　後方支援活動

自衛隊及び米軍は、日米間の適切な取決めに基づき、効率的かつ適切に後方支援活動を実施する。

14408　相互運用性の向上

1　共同訓練の実施

自衛隊及び米軍の共同訓練は、それぞれの戦術技量の向上を図る上で有益である。また、共同訓練を通じて、平素から戦術面等の相互理解及び意思疎通を深めておくことは、相互運用性を向上させ、日米共同作戦を円滑に行う基礎となる。

2　我が国の防衛のための準備に関する共通の基準の確立

我が国の防衛のための準備に関し、自衛隊と米軍の間において、情報活動、部隊の活動、移動、後方支援等についての共通の基準を平素から確立する。

この共通の基準により、我が国に対する武力攻撃が差し迫っている場合には、両国の合意により共通の準備段階が選択され、自衛隊、米軍、関係部外機関等による我が国の防衛のための整合性のある迅速な準備が可能となる。

3　作戦遂行のための共通の実施要領等の確立

作戦遂行のための共通の実施要領等の確立については、統合教範「統合運用教範」参照

4　日米間の調整メカニズムの維持及び改善

自衛隊及び米軍は、日米間の調整メカニズムの一環である日米共同調整所の維持・改善を平素から実施する。

第1編 総論

第5章 指揮

> 本章は、離島の作戦において統合任務部隊を編成する場合の指揮組織、責任及び権限の原則的事項を主体に記述する。
> 陸上・海上・航空自衛隊が「協同による運用」により作戦する場合については、特異事項を記述する。

第1節 概説

15101 要旨

離島の作戦は、陸上・海上・航空部隊の統合運用態勢下に行われ、その指揮関係により、統合任務部隊が編成される場合及び協同による場合がある。

したがって、いずれの場合においても海上・航空部隊と緊密に連携して共通の目標を確立するとともに、各部隊の責任と権限を明確にすることが必要である。

15102 統合任務部隊による運用

特定の任務を達成するために2以上の自衛隊の部隊等により一時的に統合任務部隊を編成するものであり、既存の部隊の指揮官の下に配属して編成される場合及び新たに指定された指揮官の下に編成される場合がある。

15103 協同による運用

1 協同による運用には、作戦統制による場合及び調整による場合があり、共通の目的達成のために相互に協力する。

　(1) 作戦統制による場合は、特定の行動及び機能について、作戦統制の内容及び範囲を明確かつ具体的に定め、必要な部隊の指揮官に作戦統制の権限を付与して実施する。

　(2) 調整による場合は、必要な部隊の指揮官に調整の権限を付与するか、又は相互に調整をして実施する。

第5章 指　揮

　2　統合任務部隊相互間、統合任務部隊とその他の部隊等の相互間の支援・被支援も、協同による運用である。

15104　指揮系統
　1　部隊運用にかかわる大臣の指揮監督は、統合幕僚長を通じて行われ、これに関する大臣の命令は、統合幕僚長が執行する。
　2　統合任務部隊の人事、後方補給等に関する大臣の指揮は、

15105　指揮組織
　統合任務部隊及び協同による場合の指揮組織（奪回作戦）の一例は付録第14のとおりである。

15106　各構成部隊の責任
　1　陸上構成部隊

　　細部については、第4章第2節第2款第14209条及び第14210条を適用する。
　2　海上構成部隊

　3　航空構成部隊

第1編　総　論

第2節　方面総監

15201　方面総監の指揮

1　統合任務部隊による場合の指揮

（1）方面総監が統合任務部隊指揮官に指定される場合

　統合任務部隊指揮官は、指揮下の構成部隊に対して作戦に関する一部指揮を行うとともに大臣から命ぜられた事項について、支援部隊等に対し、支援要領（支援の時期、場所及びその他細部事項）に関する統制を行う。

　この際、敵の侵攻に関する情報の獲得、海上・航空優勢の獲得、敵艦艇等の撃破、輸送等について海上・航空構成部隊を運用するとともに、部外力の活用により、師団・旅団等に対し作戦遂行の基盤と能力を付与する。

（2）統合任務部隊指揮官に指定されない場合

　ア　方面総監が陸上構成部隊指揮官となる場合

　　方面隊は、陸上構成部隊として統合任務部隊指揮官から示される任務に基づき、陸上作戦を担任する。

　イ　方面総監が陸上構成部隊指揮官とならない場合

　　方面隊は支援部隊等として必要に応じて統合任務部隊の作戦又は後方補給を支援する部隊等として行動する。

　　この際、統合幕僚長により示された支援内容、支援の時期及び場所、要領等の大綱を受けて、所定の指揮系統を通じて統合任務部隊を支援する。

2　協同による場合の指揮

　方面総監は、自衛隊最高司令部の作戦構想に基づき、離島における作戦部隊指揮官として陸上作戦を担任する。

　この際、敵の侵攻に関する情報の獲得、海上・航空優勢の獲得、敵艦艇等の撃破、輸送等について海上・航空部隊の支援を受けるとともに、部外力の活用により、師団・旅団等に対し作戦遂行の基盤と能力を付与する。

第5章 指揮

第3節　師団・旅団長

15301　師団・旅団長の指揮
1　要　旨
　師団・旅団長は、統合任務部隊指揮官の作戦に関する指揮を受けて任務を遂行する。

　この際、統合任務部隊の作戦構想に基づき、事前配置による対着上陸作戦の場合は離島配置部隊指揮官、奪回作戦の場合は着上陸部隊指揮官として、作戦を指揮する。

　この際、師団・旅団長は、常におう盛な責任感と堅確な意志をもってその職務を遂行するとともに、師団・旅団長を核心とする強固な団結により必勝の信念を保持させることが重要である。

2　指揮実行上の重視事項
　(1)　主動的な作戦指導

　　不意急襲的に侵攻する敵に対して、広範囲に点在する離島を防衛しなければならない離島の作戦においては、作戦の終始を通じ、創意を尽くして受動の不利を克服し、主動性の確保を図ることが重要である。

　　このため、敵の可能行動を至当に見積もり、あらゆる状況に対応できるように師団・旅団の全般を律するとともに、先行的な情報活動により敵が侵攻した離島を的確に把握し、戦闘力を集中する等の主動的な作戦指導が必要である。

　　また、各離島が分断孤立し、通信・連絡が途絶した場合においても、統合任務部隊指揮官の意図及び自己に与えられた任務を明察し、積極的に打開策を講ずる等、主動的に作戦を指導することが特に必要である。

　(2)　適切な指揮所位置の選定
　　ア　海上作戦輸送間及び奪回作戦当初は■■■■■■■■■■■■■■開設し、着上陸部隊との間に確実な通信を確保して、海上・航空構成部隊との調整を迅速・確実に行う。
　　イ　■■■■■■■■■■■■■■■■■■■■■■■■■■■■■■

—31—

第1編 総　論

■■■■■■■■■■■■■■■■■■■■■■■■

(3) 海上・航空構成部隊との緊密な連携

　海上・航空構成部隊と緊密に連携して、協同の実を上げることが重要である。

　このため、協同する海上・航空構成部隊と共通の目標を確立するとともに、各部隊の責任と権限を明確にすることが必要である。また、統合調整所の設置、会議の開催、幕僚の派遣等により作戦・戦闘に関する統制及び調整を確実にすることが必要である。

(4) 戦闘力の維持

　離島の作戦においては、一般的に輸送力に制約を受ける。

　また、交通の途絶及び民需との競合により、現地調達は一般的に限定される。

　このため、師団・旅団長は、追送による補給を基本として補給品の事前集積に努めるとともに、不足する品目については、現地調達をはじめ強行補給、空中投下補給等の手段により所要を確保することが重要である。

　また、創意を凝らして人員、装備品等の防護を図るとともに、弾薬・燃料の浪費を防止し、戦闘力を維持する。

(5) 通信・連絡の確保

　広範囲に点在する離島に配置した部隊及び海上・航空構成部隊との間の通信・連絡を確保することが重要である。

　このため、衛星通信を主体に離島との間に複数の通信・連絡手段を準備するとともに、海上・航空構成部隊との間で相互に連絡幹部を派遣する。

(6) 適切な民事

　予想する敵の侵攻時期までに作戦準備を完成するため、部外から必要な協力支援を得ることが重要である。

　また、住民の安全を確保するため、関係部外機関等と早期に連携し、情勢の推移に応じた避難等支援について十分に調整することが必要である。

第6章　作戦・戦闘のための編成

　本章は、離島の作戦における陸上部隊の編成の要領について、事前配置による対着上陸作戦及び奪回作戦のそれぞれの作戦における基本的事項について記述する。

16001　要　旨
1　方面総監は、離島の作戦において自衛隊最高司令部の命令に基づき隷属・配属部隊、支援部隊等をもって、事前配置による対着上陸作戦又は奪回作戦のための作戦・戦闘の編成を行う。

2　方面総監は、陸上作戦における統合任務部隊の戦闘を支援する兵站等の後方支援態勢を確立するとともに統合通信組織等と緊密に連携した指揮・統制組織を構成する。

　この際、海上・航空部隊と戦闘における連携の維持・強化に着意するとともに、編成した各部隊等と海上・航空構成部隊との間における調整及び統制機能の確保に努める。

3　師団・旅団長は、方面総監から示された命令等に基づき指揮下部隊を戦術的な機能に応ずる部隊に区分し、作戦・戦闘のための編成を行う。

16002　事前配置による対着上陸作戦の場合
1　方面総監は、指揮下部隊に対し事前配置による対着上陸作戦に必要な事項を示す。

2　師団・旅団長は、離島配置部隊指揮官となり作戦を遂行する。

　[黒塗り]　通常、離島守備部隊、予備隊、戦闘支援部隊及び後方支援部隊を編成する。[黒塗り]

第1編 総　論

ある。

　離島守備部隊は、███████████████████████████████
████████████████████するように編成する。

　予備隊は、███████████████として編成する。

16003　奪回作戦の場合

1　方面総監は、指揮下部隊に対し奪回作戦に必要な事項を示す。

2　師団・旅団長は、着上陸部隊、戦闘支援部隊、予備隊及び後方支援部隊を編成するとともに、着上陸部隊指揮官となり作戦を遂行する。

███　任務、離島の特性、敵の兵力・編組、使用できる部隊、輸送力、作戦準備期間等を考慮し、█████████████████████████████
██████████████████████████████████████

3　██

第7章　統制及び調整

> 1　本章は、統合運用体制における統制及び調整要領の基本的事項について記述する。
> 2　本章においては、作戦・戦闘に関する統制及び調整のうち、火力の統制及び調整、空域統制について記述する。

17001　要　旨
1　作戦・戦闘に関する統制及び調整は、要時要点に最も効率的に戦闘力を発揮するために重要な機能である。特に、統合運用態勢下における調整は、極めて重要である。

2　統合任務部隊と支援部隊等は協同関係にあり、自衛隊最高司令部、各幕僚監部等から定められた事項に関し、調整を行う。

　通常、統合任務部隊と支援部隊等に指定された部隊等以外の自衛隊の部隊等との作戦に関する調整は、自衛隊最高司令部が実施する。必要に応じ、統合任務部隊司令部は、関係する自衛隊の部隊等と調整を行う。

17002　火力の統制及び調整
　火力の統制及び調整の目的は、近接戦闘部隊の戦闘と火力を密接に連携させるとともに、指揮官が使用できる全火力を最も効率的に運用するにある。

　このため、陸上火力、海上火力及び航空火力の火力調整手段を適切に運用するとともに、火力による危害防止を図る必要がある。

　通常、火力調整手段には、火力効果の増大のための火力発揮を促進する手段（火力調整線、射撃自由地域、海上における火力調整線等）と、危害予防等のために火力発揮を制限する手段（射撃制限地域、射撃禁止地域、射撃禁止空域、飛翔禁止海域、飛翔制限区域、射撃調整空域等）がある。

17003　空域統制
1　空域統制の意義等

　空域統制とは、各自衛隊の作戦実施に当たり、それぞれの航空機、無人機、

— 35 —

第1編　総　論

対空射撃部隊等が同一区域において行動する場合、航空機等の行動の安全を確保し、それぞれの作戦を有効に実施するため、各自衛隊の部隊が使用する空域に関して行われる統制及び調整をいう。

空域統制の目的は、海上及び航空部隊、航空科部隊、高射特科部隊、野戦特科部隊、情報専門部隊等が相互に妨害することなく、それぞれの活動を適切かつ安全に実施するにある。

通常、航空総隊司令官が空域統制にかかわる全般的な権限を有する。

空地作戦における空域統制は、陸上、海上及び航空部隊の事前の十分な調整に基づき、それぞれの統制及び調整組織を通じて当該自衛隊の部隊に対して行う。

陸上自衛隊における空域統制には、陸上、海上及び航空部隊との間で実施されるものと、これに基づき陸上部隊内で実施されるものがある。

いずれにおいても、空域使用に関する統制事項を努めて少なくして実効を収めるように、関係諸部隊と緊密に調整する。

2　空域統制権者

通常、■■■■■■■■■■■■■■■■■■■■■■■■■■を考慮して空域統制に任ずる者が指定される。

3　陸上、海上及び航空部隊との間における空域統制

陸上、海上及び航空部隊との間における空域統制は、作戦構想に基づき、海上及び航空部隊の状況、陸上部隊の統制機関の能力等に適合するように、通常、陸上、海上及び航空部隊間で協定により実施する。

4　空域統制手段

空域統制には、■■

5　空域統制の基本

空域統制の基本は、空域使用者と空域統制権者との間の調整である。空域

第 7 章　統制及び調整

　統制権者は、意志決定の迅速化と空域統制の目的達成の観点から必要性がある場合に限り、付与された権限の範囲において強制力を行使できる。設定した区域及び経路の統制(空域管理)は、それぞれの区域又は経路について最も適切な指揮官を指定して行う。
　この際、■■■■■等を組織し、空域使用に関して、対空作戦調整所、火力調整所及び飛行統制所を通じて必要な統制及び調整を実施する。
　■■■■■の主要な機能は、次のとおりである。
　(1) 指揮官及び幕僚に対する空域統制に関する意見の提出
　(2) 空域統制に関する海上・航空部隊との調整
　(3) 空域統制計画の作成
　(4) 特定空域等の設定・変更等に関する統制及び調整
　(5) 作戦部隊等における空域統制に関する要求の統制及び調整
　統合任務部隊指揮官等は、■■■■■■をもって、空域使用に関し、対空戦闘については対空作戦調整所、航空機及び無人機の運用については飛行統制所、野戦特科部隊・追撃砲部隊等の射撃については火力調整所を通じて必要な統制を実施する。

— 37 —

第1編　総　　論

第8章　作戦・戦闘の基盤的機能

18001　基盤的機能の意義
　離島の作戦における基盤的機能は情報、兵站、衛生、人事、通信、民事、広報、会計及び法務の各機能からなり、作戦・戦闘を構成する機能であるとともに、作戦・戦闘全般の遂行に必要な基盤と可能性を付与するものである。

18002　基盤的機能の重要性
　一般に作戦・戦闘は、基盤的機能に立脚して遂行されるものであるが、離島の作戦においては、その作戦地域の地理的・地形的特性から各島しょにおける作戦・戦闘は独立的となるのが一般的であり、作戦・戦闘の基盤的機能の準備・整備は本土における作戦・戦闘に比べ困難である。したがって、平素からの基盤的機能の能力を的確に把握し、部外力の活用により、基盤的機能の能力を補い、指揮下部隊に行動の基盤を付与して作戦・戦闘行動との調和を図ることが重要である。

18003　情　　報
　1　離島の作戦は、彼我ともに海上・空中機動を伴うとともに、離島はその位置、規模、地形等により特性を異にするため、地形及び気象・海象に関する情報はより重要となる。また、作戦地域が本土と離隔しているため、陸上構成部隊の情報収集能力の限界により、通常の作戦・戦闘に比し、■■■■■■■■■■■■■■■■■■■■■■■の情報への依存度が大きくなる。このため、離島の作戦における情報運用においては、陸上構成部隊独自の■■との間で早期から緊密な連携を維持するよう努める。
　2

第8章　作戦・戦闘の基盤的機能

18004　兵　站

1　離島の作戦を密接に支援するためには、兵站支援地域、後方連絡線等作戦支援基盤を状況に即応して迅速に設定することが重要である。

このため、平素の支援態勢を強化して各部隊の作戦準備を支援しつつ、既存の組織・施設等を最大限活用し、速やかに所要の兵站部隊の増強及び補給品・輸送力等の確保を図り、戦闘に必要な補給品の事前集積に努め、支援態勢を確立する。

この際、離島の特性に応じ、事前集積場所の選定に当たっては、地形の起伏を利用するとともに、■■■

また、航空科部隊、兵站部隊等の展開のための十分な地積を確保するとともに、事前集積した補給品の保管場所及び交付要領を作戦構想と密接にふん合させることが重要である。

2　作戦準備における部外力は、その取得及び活用に十分留意するとともに、企図の秘匿及び重要な施設・補給品等の防護に着意する。

輸送業務においては統合輸送における海上・航空部隊との協同・連携が重要であり、空域使用の統制及び調整を適切に行い、作戦実施間の離島配置部隊に対する空輸等について、事前に準備することが必要である。

この際、■■の活用に着意する。

18005　衛　生

離島の作戦においては、島しょにおいて利用できる衛生施設等が必ずしも十分でない場合があり、作戦を密接に支援するためには、衛生支援地域、後方連絡線等の作戦支援基盤を状況に適合させ、迅速に設定することが重要である。

このため、先行的な準備による既存の施設の活用、治療機能を増強した衛生部隊の前方推進、血液・酸素を含む医薬品等の補給・管理能力の強化等により、作戦を継続的に支援する態勢を確立するとともに、衛生業務については、医官・

— 39 —

第1編　総　　論

救護員等の増員、舟艇・航空機による後送、艦艇の治療施設及び近傍の離島の部外治療施設の利用、海上・航空部隊との連携等による的確な後送基準の設定に着意する。

18006　人　　事

1　離島の作戦における人事運用は、敵の侵攻時期までに人的戦闘力を充実させることが重要であり、██作戦間は、指揮の途絶を防止するため次級者指定等を確実に実施する。

この際、必要に応じ、指揮官・幕僚及び重要特技者等の補充を重視し、空輸等の強行手段を準備する。

また、作戦間においては、各部隊の任務、欠員の状況、士気の状況等を判断し、補充の時期及び要領を決定する。

2　規律・士気

離島の作戦においては、島しょごとに独立的戦闘の様相を呈することが多い。

このため、戦場環境の変化に伴う個人の精神状態等の変化を考慮し、作戦の終始を通じて、指揮官の卓越した統御と適切な指揮により隊員に国土防衛の信念を堅持させ、規律の維持及び士気の高揚を図ることが重要である。

この際、予想される作戦期間、輸送能力等を考慮し、環境衛生施策、隊員の休養、郵便業務等可能な限りの厚生支援施策の実施について留意する。

3　戦没者の取扱い

島しょからの戦没者の後送は、海上・航空輸送部隊との密接な調整に基づき実施する。

4　捕虜等の取扱い

(1) 捕虜等の取扱いは、陸戦の法規慣例に関する条約、捕虜等の待遇に関するジュネーヴ条約及びこれに基づいて制定される捕虜等の取扱いに関する法規を遵守し、適正に行うことが重要である。

このため、各級部隊指揮官は、部下隊員に対し、捕虜等の取扱いに関す

第8章　作戦・戦闘の基盤的機能

る関係法規を十分に理解させることが必要である。
　(2)　島しょからの捕虜等の後送に当たっては、海上・航空輸送部隊との密接な調整に基づき、人事系統又は状況により治療・後送系統により行う。
5　健康管理
　島しょの風土、気象、衛生環境等に応じ適切な健康管理の施策を講じ、部隊の人的戦闘力を維持・増進することが重要である。
　この際、島しょにおいては独立的戦闘の様相を呈する場合があるため、戦場環境の変化に伴う個人の精神衛生に留意することが必要である。

18007　通　　信
1　離島の作戦における通信は、情報の早期獲得、警戒のための通信を継続的に確保するとともに、離島の作戦に任ずる部隊と海上・航空部隊との間の緊密な統合作戦に寄与することを主眼とし、海上・航空部隊との協同のもと先行的に通信組織を構成することが必要である。
　離島と本土との通信は、本土との離隔距離、既設通信施設の有無、気象等により影響を受けるため、利用できる通信手段が限定されることが多い。
　このため、部外通信施設、部外通信力等のあらゆる通信手段の活用に留意し、海上・航空部隊との協同のもと先行的に通信組織を構成するとともに、衛星通信・無線通信を常に確保するよう努める。
2　敵のサイバー攻撃等に対しては、■■■等から我の情報システムを防護するため、必要な機能を統合的に運用して、被害発生の未然防止及び攻撃発生時における被害拡大防止の措置を講じる。

18008　民　　事
1　離島の作戦においては、予想する敵の侵攻時期までに作戦準備を完了するため、部外の協力を得て部隊の作戦を容易にするとともに、作戦準備に支障のない範囲において主として住民の先行避難等の適時適切な支援を行い、地方公共団体等が主体的に行う活動に協力して、部外の被る災禍を防止する。
2　避難中の住民が孤立したり、地方公共団体の対応能力を超える大量の避難住民が生じた場合、炊出し及び飲料水の供給、救援物資の緊急輸送、生活

— 41 —

第1編　総　　論

必需品の貸与等、民生支援の措置を実施する。

3　敵の不意急襲的な侵攻により、住民が離島に取り残される可能性がある場合は、■■■■■■■■■■■■■■■■■■住民の島外への避難活動等について、地方公共団体を支援する。

4　やむを得ず敵に占領された場合は、住民の島内等避難に努め、住民の安全を確保するとともに、住民に必要な事項を周知させ、作戦に対する信頼を確保する。

5　民事においては、常に部外の状況、特に住民の生命・財産の安全確保の状況及び関係部外機関等の能力等を的確に把握するとともに、作戦行動に支障のない範囲での支援を実施する等、作戦との調和を図る。

6　■■

18009　広　　報

1　離島の作戦は、本土から離隔しているため、残留した住民は外部からの情報と隔絶されやすい。

このため、敵の離島侵攻に先立ち民事との連携を図り、適時に必要な情報を関係部外機関等に通報して、先行的な住民避難等ができるように支援する。

また、やむを得ず敵に占領された場合は、住民の島内等避難に努め、住民への被害及び部隊行動への影響を局限することが重要である。

2　住民混在下において作戦する場合は、作戦の意義、彼我の行動等のうち必要な事項を住民に伝達し、部隊に対する協力気運を醸成するとともに、避難等に関する理解を求めることが重要である。

このため、関係部外機関等、特に地方公共団体、報道機関、治安機関等と連携し、戦況の推移等に応ずる広報態勢を確立し、自衛隊の行う作戦に対する正確な知識、自衛隊の積極的・公正な行動の状況、被害・損傷の生起の際の補償等に関する積極的な広報を実施することが必要である。

この際、敵の行動に関する事項については、広報手段の適切な選定、広報内容の精選及び敵の情報収集能力等を適切に判断して広報を実施するとともに保全に留意する。

3　報道対応に当たっては、政府等が報道機関と締結する報道協定に基づき、

第8章　作戦・戦闘の基盤的機能

自衛隊最高司令部の示す広報の指針を作戦準備段階から逐次具体化し、主動的な報道対応に努める。

この際、報道ニーズと保全の節調に特に留意する。

18010　会　計

離島の作戦においては、敵の侵攻時期までに、部隊の物的戦闘力等を充実するため、先行的な補給品の取得及び後方連絡線の維持が重要である。

このため、平素の会計支援態勢を最大限に活用するとともに、必要に応じて編組した会計科部隊をもって補給品及び輸送役務、土地の借上げ等の契約を優先して行い、部隊の調達所要を充足することが必要である。

この際、現地における調達可能度を適切に判断するとともに、民需との競合防止及び保全に関する十分な配慮が必要である。

18011　法　務

1　離島の作戦においては、政府及び自衛隊最高司令部の方針に基づき、作戦における法的正当性を保持すること(以下「正当性保持機能」という。)が重要である。正当性保持機能は、■■■■■■■■■■■■■■■■■■■■■■■からなる。

2　離島の作戦は、通常、関係部外機関等の十分な機能が期待できない地域での作戦である。

このため、土地の使用等行政上の必要な措置、治安の維持等に関し、離島配置部隊が適法に任務を遂行できるよう■■■■■■■■■■■■■■を明らかにすることが必要である。

この際、作戦上の要求と住民・財産等の保護との節調を図る。

3　作戦地域に住民が取り残されている場合、関係部外機関等と調整を行い、■■■■■■■■■■■■■■■■■■■■■■■■■■■■■■住民の安全確保のための措置に関する十分な配慮が必要である。

第2編　作戦・戦闘

本編は、事前配置による対着上陸作戦及び奪回作戦の計画及び実施に当たっての一般的要領及び考慮すべき事項について記述する。

第1章　総　　説

21001　要　旨

1　離島の作戦における作戦準備実施上の主眼は、予想する敵の侵攻時期までに、部隊の人的・物的戦闘力を最大限充実し、これを所要の離島に展開するとともに、後方支援態勢を整備し、もって敵の侵攻に対処し得る態勢を整えることにある。

　方面総監は、自衛隊最高司令部の示すところに基づき、状況に応じ計画を補備・修正し、権限の範囲内で速やかに所要の準備を行う。

　情勢の緊迫に伴い、駐屯地等の自衛隊施設内において内部態勢の整備を図る。

　また、陸上・海上・航空部隊及び米軍との緊密な連携を重視し、海上・航空部隊及び米軍の戦力発揮基盤を防護するとともに、統合任務部隊の編成準備のために必要な幕僚の派遣、計画の修正等を実施する。権限等の具体化に伴い、人的・物的戦闘力を最大限に充実する。

2　離島の作戦における作戦指導の主眼は、敵による占領の既成事実化及び事態拡大の防止にある。

　自衛隊最高司令部は、情勢の緊迫に伴い、離島への部隊の事前配置の適否をはじめとする対処の基本的要領を明らかにする。

　敵が離島に侵攻した場合、戦況の推移に応じ、主作戦方面隊に対して必要な部隊を増援する。

　この際、離島の特性を考慮し、当初、空中機動又は海上輸送に適した部隊

— 45 —

第2編　作戦・戦闘

の増援を優先する。
　奪回を行う場合には、海上・航空優勢の獲得と最大限の輸送力の確保が不可欠であるため、自衛隊最高司令部がその実施の時期等に関して統制することがある。

第2章　事前配置による対着上陸作戦

> 1　本章は、事前配置による対着上陸作戦を行う場合の、方面隊、師団・旅団、連隊等の作戦・戦闘の計画及び実施に当たっての一般的要領及び考慮すべき事項について記述する。
> 2　本章は、分散配置により離島を防衛する要領を主体に記述する。

第1節　概　　説

22101　要　旨

1　方面総監が統合任務部隊指揮官に指定された場合は、自衛隊最高司令部の作戦構想に基づき海上・航空部隊の配属を受け、統合任務部隊指揮官として海上・航空部隊、関係部外機関等と密接に連携して情報収集態勢を確立し、情勢の推移に適合させ、離島配置部隊を作戦地域に配置するとともに、離島に対する敵の侵攻に対処する。

2　方面総監又は師団・旅団長が統合任務部隊の陸上構成部隊指揮官に指定された場合は、統合任務部隊指揮官の作戦構想に基づき努めて早期に作戦構想を決定し、逐次に作戦計画として具体化しつつ情報資料の収集及び離島への展開準備を推進する。

離島への展開に当たっては、当初、先遣部隊を派遣した後、離島守備部隊主力を展開させる。

離島展開後は、計画に基づき速やかに防御準備に着手させ、時間の許す限り周到な対着上陸作戦準備を行わせる。

敵の侵攻に際しては、海上・航空構成部隊の支援下に、離島守備部隊により敵を減殺し、予備隊の揚陸、降着、集結等に必要な地域を確保させるとともに、速やかに予備隊を機動させ、敵を撃破する。状況により、侵攻のない離島の離島守備部隊を転用し、敵を撃破する。

― 47 ―

第2編　作戦・戦闘

第2節　計画の要領

第1款　方　面　隊

22201　計画の主要事項

　作戦・戦闘のための編成、離島への機動、対着上陸作戦、通信、作戦支援基盤の設定、海上・航空部隊との協同等の必要な事項を計画に含める。

22202　構　　想

　任務に基づき、所要の部隊を敵の侵攻に先立ち速やかに離島に配置して作戦準備を整え、侵攻する敵を対着上陸作戦により早期に撃破する。

　この際、海上・航空部隊、対海上火力戦闘部隊等をもって、沿岸部における早期撃破に努めるとともに、状況により予備隊等の増援によって離島配置部隊を強化する。また、予期に反し早期に敵が侵攻した場合、又は我の配置が予定されていない離島に敵が侵攻した場合は、█████████████████████████████。

22203　情　　報

　自衛隊最高司令部、自衛艦隊司令部及び航空総隊司令部と連絡・調整を密接にし、海上・航空部隊と緊密に連携しつつ、次の事項を行う。

1　海上・航空部隊と協同した情報収集体制を構成し、情報の共有化を図るとともに、情報業務の統制及び調整を適切に行う。

　(1) 情報資料の収集に当たっては、情報要求に基づき統合情報組織から所要の情報の提供を受けるとともに、█████████████████████████に応じた情報要求を定め、█████████████により情報を収集する。

　　この際、関係部外機関等及び住民からの情報の収集についての着意が必要である。

　(2) ███████████████████████████████████████

　(3) ███████████████████████████████████████

第2章　事前配置による対着上陸作戦

22204　作戦・戦闘のための編成

作戦・戦闘のための編成においては、対着上陸作戦を基礎とし、離島配置部隊、予備隊、戦闘支援部隊及び後方支援部隊に区分して編成するとともに統合通信組織等の指揮・統制組織を構成する。

この際、離島配置部隊には独立的戦闘能力の付与に努めるとともに、離島の特性、予想される敵の侵攻規模・要領、使用できる部隊、作戦準備期間等を考慮して編成する。

22205　離島への機動

1　離島への機動においては、離島における対着上陸作戦準備の促進を重視して、所要の部隊を努めて早期に離島に展開する。

この際、膨大な移動所要を短期間に充足するため、一元的な統制により効率的な輸送を実施する。

2　機動の要領は、離島の港湾・空港施設、侵攻の脅威の度、部隊の特性、利用できる輸送手段等を考慮して、海上作戦輸送、航空輸送、これらの掩護態勢等について定める。

この際、侵攻の脅威の度に応じ、移動の効率性を重視するか、機動梯隊ごとに独立的戦闘能力を付与して離島における戦闘力発揮の容易性を重視するかを適切に定める。

22206　対着上陸作戦

1　部隊ごとの独立的戦闘能力の付与及び全周の防御を重視して、各離島配置部隊を配置する。

防御を行う地域については、最終確保態勢を基準に、後方地域を含めた全体を考慮に入れた上で柔軟性を保持し得るように計画する。

この際、状況により所要の兵站部隊・施設、補給品の保管場所等を陣地の内部に包含させて編成する。

—49—

第2編　作戦・戦闘

　また、航空・艦砲等火力による早期からの敵戦力の減殺及び敵の侵攻正面に対する予備隊の増強を重視する。

2　予備隊は、離島の特性、気象・海象、敵情、我の配置、利用できる機動手段等を考慮して配置する。

　この際、海上・航空構成部隊との連携及び航空科部隊の配置を適切にして、状況に即応した予備隊の展開ができるようにする。

3　航空科部隊の展開地は、離島との離隔度、気象、敵情、我の配置等を考慮し、部隊の根拠地としての機能を確保し得るよう設定する。

　この際、ヘリコプター火力の迅速な指向、空中機動力の柔軟な運用が可能となることを考慮する。

4　海上・航空構成部隊の戦闘

　海上・航空構成部隊の戦闘は、海上・航空優勢の確保、敵の増援等に対する海上・航空阻止、火力支援、情報、離島への機動・兵站支援・衛生支援・住民避難等のための輸送、救難等について明らかにする。

22207　火力の運用

1　沿岸海域から離島の内陸部にわたる火力の運用においては、海上・航空構成部隊の火力を含む統合火力を発揮し、好機に乗じて敵の艦船を減殺し、離島配置部隊への敵の艦砲、ミサイル等からの脅威を排除するとともに、敵の着上陸部隊を撃破する。

2　沿岸海域における火力運用については、■■

3　対海上火力戦闘については、陸自教範「地対艦ミサイル連隊」を参照

22208　対空火力の運用

1　自衛隊最高司令部の示す防空作戦に関する計画等に基づき、海上・航空部隊と緊密に連携して防空作戦に関する事項を含む対空計画を作成する。特に、航空方面隊と相互に調整を行い緊密な連携を図ることが必要である。

2　■■■

第2章　事前配置による対着上陸作戦

この際、必要に応じ、航空部隊が一部の陸上・海上部隊の作戦統制をする場合がある。

3 ■■■■■■■■■■■■■■■■■■■■■■■■■■■■■■■■

22209　対空挺・ヘリボン戦

1　作戦・戦闘全般の構想に基づき、■■対空挺・ヘリボン戦の全般構想及び各種の予想降着状況に応ずる対処要領について計画する。

2　計画に当たっては、■■

22210　対特殊武器戦

離島配置部隊等への敵の特殊武器攻撃に対し、重視する地域等の監視、離島配置部隊の除染、離島配置部隊展開地域に構成された汚染地域の偵察・除染等を実施して作戦を支援する。

また、弾道ミサイルによる被害については、陸上部隊が中心となって対処する。弾道ミサイル等発射兆候を入手した場合、警報を発するとともに除染等を準備し、特殊武器攻撃が実施された場合には、特殊武器攻撃に関する情報及び被害の状況を把握する。必要に応じて、予備隊の投入、配備の変更等の処置を行い、部隊の任務を続行する。状況により、作戦計画に適宜の修正・変更を加え、又は指揮下部隊の任務を変更する等の処置を行う。

この際、戦闘中の部隊の除染は困難であるため、除染の時期を適切にすることが必要である。

22211　築　城

1　築城に当たっては、防衛大臣から防御施設を構築する措置を命ぜられた場合を除いて土地の取得が必要となるため、その取得には早期から着手するよう努める。

2　築城のための資材の確保には長期間を要することから、その確保には努

—51—

第2編　作戦・戦闘

めて早期に着手し、機械力、迅速築城資材等を活用して限られた期間内に最大の成果が得られるよう努める。

この際、作業の終始を通じ組織的な欺騙に留意する。

3　築城強度の基準は、作戦構想に基づき使用できる時間、隊力、機械力、資材等を考慮して定める。

4　作業開始以降、新たな時間、隊力等の余裕が生じ、築城強度を増加する場合には、通常、予備陣地の増設等により、陣地全般の強度の向上を図る。

5　不意急襲的な侵攻により準備の余裕がない場合には、使用できる期間を的確に見積もり、適切な築城強度の基準を設定するとともに、敵の侵攻当初における対処に必要な築城を優先して実施する。

この際、第一線部隊と一体となって準備を推進させ、可能なところから速やかに作業を開始させる。

6　水際障害の設置に関しては、自衛隊最高司令部の示すところにより、当該海域を担当する海上構成部隊と設置位置、規模、種類等について設置の可否も含め事前に十分な調整を実施するとともに、■■■■との整合を図る。

水際障害を設置する場合は、その担任区域を明らかにする。

7　港湾・空港施設の利用拒否

港湾施設の利用拒否において、■■■■■■■■■■■■■■■■■■■■■■■■■■■■について計画する。

■■■■■■■■■■■■■■■■■■■■■■■■

空港施設の利用拒否においては、■■■■■■■■■■■■■■■■各種手段について計画する。

22212　空域統制

1　作戦区域における空域統制を行うため、統合任務部隊司令部内に■■■■■■を組織し、以下の事項等について、陸上・海上・航空構成部隊に対する統制及び調整を行う。

(1) 空域統制に関する基本的考え方

(2) 特定空域等の設定

第２章　事前配置による対着上陸作戦

(3) 統制及び調整要領

(4) 空域統制系統の一例は、付録第15のとおり。

2　統合任務部隊指揮官は、必要に応じ、航空方面隊に設置される▓▓▓▓▓に連絡幹部を派遣する。

3　作戦地域における空域統制の要領及び手段については、陸自教範「本格的陸上作戦」を併せて参照する。

22213　作戦支援基盤の設定

離島配置部隊の作戦を密接に支援するため、作戦遂行に当たり、▓▓▓▓▓▓▓▓▓▓に前方支援地域、端末地等から構成される作戦支援基盤を設定する。この際、作戦支援基盤地域設定の当初から、対空掩護の態勢を確立する。

1　設定時期

気象・海象、敵の予想侵攻時期、海上・航空優勢の状況、配置する部隊の準備状況、輸送力、配置する部隊・施設の推進、補給品の集積に要する時間等を考慮して決定する。

2　設定地域

次の事項を考慮して決定する。

(1) 部隊を事前配置する離島及び本土との離隔度

(2) 海上・航空優勢の推移、期待できる海上・航空部隊等の支援等

(3) 港湾・空港施設の有無、ある場合はその能力、特に輸送艦等の接岸及び航空機の離着陸の可能性

(4) 離島の地形特に後方支援部隊・施設の展開に必要な地積、利用できる

— 53 —

第2編　作戦・戦闘

　　道路網、水源等
　　(5) 通信確保の容易性
　　(6) 警戒・防護の容易性
　3　配置する部隊
　(1) 目的に応じ次の部隊を適宜組み合わせて配置する。

　(2)

22214　兵　　站
　1　兵站部隊の運用
　　作戦構想に応じ、事前配置部隊に対し独立的に戦闘し得るよう、補給、整備等の兵站部隊を配属する。
　2　兵站業務の運営
　(1) 先行的な準備による所要の補給品の確保、補給品の輸送に必要な輸送

第2章　事前配置による対着上陸作戦

力の確保及び事前集積、後方連絡線の維持、又は兵站組織の前方推進等により作戦を継続的に支援する。

　ア　作戦区域の離島の特性に応じ、次の装備品、補給品等の取得を重視する。

　イ　築城器資材等の現地調達、土地・施設等の借上げ、港湾の荷役、部外の作業力及び補給品の輸送・保管等の労務・役務の取得並びに省庁間協力に基づく国有地・施設等の借用及び取得により、努めて早期から弾薬、糧食、燃料、築城器資材、水等を作戦が予想される地域に集積する。

　　この際、集積における地形の起伏の利用、地下水・雨水等の利用に留意する。

(2)　補給品の事前集積、必要に応じ一括割当補給を実施して、長期間にわたり独立的に戦闘し得るよう措置を講ずる。

　併せて海上・航空部隊、関係部外機関等と緊密に連携して、努めて後方連絡線を維持し、緊要な補給品の補給を行うとともに、■■■■■■■■■■■■■■■■■■■■■■■■■■■■■■■■■■■■■■

　この際、補給路の分断の危険性を踏まえ、近隣島しょに兵站施設を開設し、所要の物資等を集積できれば有利である。

　また、離島における現地調達は、民需との競合防止を考慮し、慎重に行う。

22215　衛　生

1　衛生部隊の運用

　作戦構想に基づき、離島配置部隊等に対し所要の衛生部隊を配属し、独立的に戦闘し得るよう措置を講ずる。

2　衛生業務の運営

　(1)　上級部隊から離島の地形・気象、衛生状況、敵情等に関する情報を早

— 55 —

第2編　作戦・戦闘

期から入手し、先行的な準備により後方連絡線の維持、又は治療機能を増強した衛生部隊の前方推進等により作戦を継続的に支援し、長期間にわたり独立的に戦闘し得るよう措置を講ずる。

この際、法令に基づき作戦に必要な施設の管理、物資の収用等を適切に行う。

(2) 海上・航空部隊、関係部外機関等と緊密に連携して、後方連絡線を維持し、傷病者の後送及び緊要な衛生資材等の補給を行うとともに、事前に空輸等の強行輸送を準備する。

22216　人　事

1　支援基盤の早期確立により、作戦間における支援を確保する。

この際、作戦の特性から、指揮官の卓越した統御と適切な指揮により隊員に国土防衛の信念を堅持させ、規律の維持及び士気の高揚を図ることが重要である。

2　人事部隊の運用

人事部隊・施設の一部を、離島配置部隊等に配属又は配置し、人事支援能力を充実する。

3　人事業務の運営

(1) 補　充　等

また、作戦間は、必要に応じ指揮官・重要特技者等の補充及び戦没者の後送のための空輸等の強行輸送を準備する。

(2) 捕虜等の取扱い

各離島配置部隊等に人事部隊を増強し、それぞれ被拘束者の収集施設を開設し、運営させる。各離島の被拘束者の収集施設から方面捕虜等収集所までの捕虜等の後送は、統合任務部隊等が担任する。

22217　通　信

離島の作戦においては、

第2章　事前配置による対着上陸作戦

22218　民　事
1　全　般
　離島の地理的・地形的特性から、情勢の緊迫に伴い築城器資材の活用、土地・施設等の借上げ、住民の安全確保に関する支援等の民事業務を適切に行い、脅威の切迫により法令等に基づく施設の管理、土地等の使用、物資の保管及び収用並びに任務に支障のない範囲で住民の避難、避難住民等の救援等のための支援を適切に行うことが重要である。
2　部外支援
　脅威の切迫に伴う住民の安全確保に関する協力等の部外支援業務を、適切に行う。
　敵の不意急襲的な侵攻により住民が離島に取り残される可能性がある場合は、■■■■■■■■■■■■■■■■■■住民の島外への避難活動等について地方公共団体を支援する。
　この際、安全の確保に十分配慮しつつ、■■■■■■■■■■■■■■■■■■■■■■■■■■■■■■■■■を支援する。
　やむを得ず敵に占領された場合は、住民の島内等避難の促進に努め、作戦行動に伴う被害及び部隊行動への影響を局限する。
3　部外力活用
　離島への展開に先立ち、部外力の確保及び部外力活用の環境醸成を図るとともに、法令等に基づく施設の管理、土地等の使用、物資の保管及び収用を行う。

22219　広　報
　敵の離島侵攻に先立ち、適時に必要な情報を関係部外機関等に通報して、先行的な住民避難等ができるように支援する。また、地方公共団体等と連携した適切な広報により、住民、隊員家族等に必要な事項を周知させ、住民の安全及び作戦への信頼を確保する。

22220　会　計
　作戦部隊の離島への展開に先立ち、平素の会計支援態勢及び必要に応じ現地に派遣した会計科部隊をもって、補給品、築城資材、労務・役務、輸送役務等の契約を行い作戦を支援する。

第2編　作戦・戦闘

離島における現地調達は、民需との競合防止を考慮し、慎重に行う。

22221 法　　務

1　離島への展開に先立ち、関係幕僚等と連携し■■■■■■■■■■■■■■■■■■■■■■■■についてあらかじめ調整し、部隊運用と法令等との適合を図る。

2　統合任務部隊は、港湾施設、飛行場施設、道路、海域、空域及び電波(以下、「特定公共施設等」という。)の利用に関する概要、期間及びその他必要な事項を定めた政府の利用指針(以下、「利用指針」という。)に基づき、特定公共施設等を利用する。

この際、特定公共施設等の利用指針の策定に先立ち、■■■■■■■■■■■■■■■■■■■■■■■■■■■■■■を行う。

3　■■■を行う。

この際、文民保護のための特別地帯及び地区が設定された場合、当該地帯及び地区への■■■■■■■■■■■■■■■を行う。

第2款　師団・旅団

22222 統合任務部隊指揮官から示される事項

統合任務部隊指揮官から、統合任務部隊の作戦構想、任務、特に作戦区域、確保すべき離島、作戦期間、配属・支援部隊、海上・航空構成部隊との協同要領、必要な統制事項等が示される。

22223 計画策定の要領

統合任務部隊指揮官の作戦構想に基づき、師団・旅団の作戦構想を決定し、逐次これを具体化して作戦計画を策定する。

このため、任務に基づき、確保すべき離島の数及び地形、特に広狭、各離島の離隔度、敵の可能行動、我が部隊の勢力・編組、海上・航空優勢の状況、輸送力、相対戦闘力、戦況の推移、作戦準備に使用できる時間等を考慮し、作戦構想を決定する。次いで、これを逐次具体化して各部隊に与える任務を定め、必要な統制及び調整事項を決定して作戦計画を完成する。

— 58 —

第2章　事前配置による対着上陸作戦

22224　構　想

1　各離島守備部隊に侵攻した敵の撃破に任ずる予備隊の揚陸、降着、集結等に必要な地域を確実に保持させるとともに、速やかに予備隊を機動させ敵を撃破することを主眼に、作戦構想を決定する。

2　作戦構想は、通常、作戦・戦闘のための編成、離島への展開、各離島の対着上陸戦闘、敵の撃破、火力の運用、対空火力の運用、築城、空域統制、後方支援、指揮・通信、民事等の大綱について計画する。

22225　情　報

22226　作戦・戦闘のための編成

1　通常、離島守備部隊、予備隊、戦闘支援部隊及び後方支援部隊を編成する。

2　離島守備部隊は、通常、　　　　　　　　　　　　　　　　　を配属して編成する。

第2編　作戦・戦闘

　　　████████████████████████
　　3　予備隊は、████████████████として編成する。
22227　離島への展開
　1　先遣部隊の派遣
　(1) 要　　旨
　　　本格的準備の開始に伴い、通常、離島守備部隊の一部を先遣部隊として離島に先遣し、主力の展開を容易にさせる。
　　　この際、航空機等をもって迅速に展開させるとともに、上級部隊等が配置した先遣部隊等と密接に連携させ、敵の航空攻撃及び遊撃活動に対する警戒の処置を適切に実施することが重要である。
　　　状況により、先遣部隊を派遣せずに離島守備部隊が一挙に離島に展開する場合がある。
　(2) 計画に当たっては、各離島の広狭、敵の侵攻時期・規模・要領、輸送力等を考慮して、██について大綱を示し、その行動の準拠を付与する。
　(3) 任　　務

第 2 章　事前配置による対着上陸作戦

(4) 編　成

(5) 離島への移動

　現地における行動のための時間の余裕を与えるように、迅速に移動させる。

(6) 通　信

2　離島守備部隊主力の展開

(1) 速やかに主力を離島に展開させ、防御準備を促進する。

　計画に当たっては、前進目標、移動開始時期、移動のための編成、移動手段、移動要領、到着後の部隊の再編成、陣地地域への展開、警戒、通信等の大綱を示す。

(2) 離島守備部隊が一挙に離島に展開する場合は、揚陸、対空掩護等について、周到に計画することが必要である。

3　細部については、第1編第4章第2節「部隊移動」を適用する。

22228　対着上陸作戦

1　要　旨

　各離島守備部隊の確保すべき地域、阻止期間、海上・航空構成部隊との協同要領等について計画する。

2　確保すべき地域

第2編 作戦・戦闘

3 阻止期間

████████████████████████████████████
████████████████████████████████████

4 海上・航空構成部隊との協同要領

████████████████████████████████████
████████████████████████████████████

22229 敵の撃破

1 要　旨

　予備隊等の離島への機動、揚陸時期及び降着時期、揚陸地域及び降着地域、攻撃準備、攻撃戦闘、海上・航空構成部隊との協同要領等について計画する。

2 予備隊等による撃破

(1) 離島への機動

　機動手段、搭載要領等を決定する。

(2) 揚陸時期及び降着時期

　気象・海象、敵の増援の時期、海上・航空優勢の状況、輸送力、戦況の推移、機動に要する時間等を考慮して、概略の揚陸時期及び降着時期を決定する。

(3) 揚陸地域及び降着地域

████████████████████████████████████
████████████████████████████████████
████████████████████████████████████

(4) 攻撃準備

　攻撃に任ずる予備隊等の集結・戦闘展開、火力戦闘部隊の戦闘準備等を決定する。

(5) 攻撃戦闘

████████████████████████████████████
████████████████████████████████████

　イ　攻撃開始時期は、攻撃準備に要する時間、戦況の推移等を考慮して、概略の時期を決定する。

　ウ　離島守備部隊との超越交代については、戦況の推移等を考慮して、

第2章　事前配置による対着上陸作戦

超越の時期・場所、指揮・統制責任の転移時期、超越支援時の火力協力等を決定する。

　エ　火力運用の大綱を明らかにする。

(6) 海上・航空構成部隊との協同要領

海上作戦輸送、近接航空支援等を明らかにする。

22230　火力の運用

　1　要　旨

各離島の広狭及び地形の強度、敵の侵攻規模・要領、離島守備部隊の勢力・編組等を考慮して、各離島守備部隊に対する野戦特科火力等の配分を適切に行うとともに、敵が侵攻した離島に迅速にヘリコプター火力及び航空火力を増強することを主眼に計画する。

　2　地対艦誘導弾火力の運用

地対艦誘導弾部隊が配属された場合、海上における敵艦船の撃破のため、海上・航空構成部隊と調整し、運用する。

　3　ヘリコプター火力及び航空火力の運用

敵が侵攻した離島に迅速に火力を増強する。

ヘリコプター火力及び航空火力は、██地域・目標に重点的に運用する。

　4　火力の統制及び調整

ヘリコプター火力及び航空火力の運用に関し、離島守備部隊の火力運用とのふん合を図り、綿密な統制及び調整を行う。

22231　対空火力の運用

　1　各離島の広狭、敵の経空脅威の度、離島守備部隊の勢力等を考慮して、各離島守備部隊等に対する対空火力の配分を適切に行う。

　2　統合任務部隊の対空戦闘組織に連接し、対空情報を入手して、指揮下部隊に伝達する。

また、統合任務部隊の対空警告・警報組織に連接して、対空警告・警報を指揮下部隊に伝達し、適切な対応行動をとらせる。

— 63 —

第2編　作戦・戦闘

22232　対空挺・ヘリボン戦
　1　与えられた任務に基づき、■■を考慮して、対空挺・ヘリボン戦の構想を決定する。次いで、これを逐次具体化して各部隊に与える任務を定め、必要な統制及び調整事項を決定して計画を完成する。
　2　計画に当たっては、■■■■■■■■■■■■■■■■■■■■■■■■■■■■■■■■■■■■■■所要の部隊に準備を命ずるとともに、逐次これを補備・修正して計画を完成する。

22233　対特殊武器戦
　1　要　旨
　　離島の地形、気象・海象、予想される敵の特殊武器攻撃及び部隊の特殊武器防護能力を考慮し、まず、特殊武器防護を重視する地域又は、部隊及びその時期的優先順位を検討して対特殊武器戦の計画を作成する。
　　この際、■■■■■■■■■■■■■■■■■■■■■■■■を重視する。
　2　化学科部隊の運用
　　■■
　3　計画に当たり着意する事項
　　■■

22234　築　城
　1　要　旨
　　各離島の港湾・海岸線の状況、敵の主上陸正面・侵攻時期・規模・要領、空挺・ヘリボン部隊の降着適地、充当し得る作業力、器資材、防御準備に使用できる時間等を考慮して、築城の優先順位、完成時期、強度の基準等を定

— 64 —

第2章　事前配置による対着上陸作戦

める。
　この際、最終確保の態勢は兵站組織を含めた堅固な態勢が必要であることから、築城の優先順位は、第一線を優先させるのみでなく、後方地域との調和も考慮することが必要である。
　2　陣地の構築
　　障害と連携した火力発揮及び地形の利用による▪▪▪▪▪▪▪▪▪を重視するとともに、火力発揮のための掩体等及び指揮・通信並びに監視・観測のための陣地を構築する。
　3　水際障害の構成
　　水際障害の構成に当たっては、水際障害の種類、位置(範囲)、構成時期等について海上構成部隊及び火力戦闘部隊と緊密に調整し、▪▪▪▪▪▪▪▪▪▪▪▪▪させ、統合任務部隊から配属された水際障害中隊等により、▪▪▪▪▪▪▪▪▪▪▪▪▪▪▪▪▪を重視して水際障害を構成する。
　　この際、各離島における水際障害の敷設に当たっては、各種火力との連携を図り、岩礁・珊瑚礁等の天然障害の活用に留意するとともに、必要に応じヘリコプター部隊をもって支援する。
　4　港湾・空港施設等の利用拒否
　　統合任務部隊指揮官の示すところに基づき、敵の港湾・空港施設等の利用を拒否するため所要の処置を講じる。計画に当たっては、▪▪▪▪▪▪▪▪▪▪▪▪▪▪▪▪▪▪▪▪▪▪▪▪▪▪▪▪▪▪▪▪▪▪▪▪▪▪▪
　5　施設科部隊の運用
　　統合任務部隊から配属された施設科部隊を併せ、離島守備部隊に所要の部隊を配属して運用する。

22235　空域統制
　1　要　旨
　　師団・旅団の作戦区域を飛行する航空機等の安全を確保することを主眼に、敵の着上陸前後及び我が予備隊の離島への機動・揚陸時を重視して計画する。

— 65 —

第2編　作戦・戦闘

2　空域統制の要領
 (1) 空域統制全般
　ア　統合任務部隊指揮官が、陸上・海上・航空部隊の空域統制及び調整組織を通じて作戦空域全般の統制及び調整を行う。
　イ　師団・旅団は、統合任務部隊司令部を通じて、海上部隊又は航空部隊に特定空域を要求して使用する。
 (2) 海上・航空部隊との調整先及び調整事項
　ア　調整先

　イ　調整事項

 (3) 空域統制に関する要求
　統合任務部隊に対し次の事項を要求する。

　ウ　空域統制に関する要求の記載の一例は、付録第16のとおり。

22236　各部隊に示す事項
　作戦の構想に基づき、部隊区分、各部隊の任務、必要な統制及び調整事項等

第2章　事前配置による対着上陸作戦

について計画し、各部隊に次の事項を示す。

第2編　作戦・戦闘

22237　兵　站

1　要　旨

(1) 各離島守備部隊に兵站的独立性を付与するため、作戦間の補給所要は、努めて事前集積により確保する。

このため、方面隊等から作戦期間に応ずる一括割当補給を受け、離島守備部隊を配置する各離島に事前集積する。

また、各離島に、予備隊の戦闘に必要な補給品を努めて事前集積する。

この際、離島の特性に応じ、事前集積場所の選定に当たっては凹地等の地形を利用するとともに、水の補給に当たっては事前集積のほか地下水・雨水等の利用に留意する。

(2) 作戦準備のための時間の余裕がなく所要の事前集積が実施できない場合は、あらゆる手段をもって追送する。

2　兵站部隊・施設の運用

第2章　事前配置による対着上陸作戦

3　兵站業務の運営

(1) 作戦期間に応ずる所要の補給品を、各離島守備部隊に対し必要に応じ一括割当補給を行う。

この際、■■戦闘の遂行及び陣地の補修に支障のないようにする。

また、築城資材のうち、■■■■■■■■■■■■■■■■■、その節用に努めるとともに、その他の岩石、珊瑚礁片等を使用する着意が必要である。

状況により、■■■■■■■■■■■■■■■■■■■■■■■■■■して保管する。

(2) ■■■■■■■■■■■■■■■■■■■■■■■■事前に統合任務部隊と調整する。

(3) 師団・旅団予備隊の戦闘に必要な補給品の事前集積に努める。

この際、事前集積した補給品の保管場所及び交付要領を、師団・旅団予備隊の攻撃構想と密接にふん合させることが重要である。

(4) 整備業務については、作戦準備間は予防整備及び低段階整備を、作戦実施間は前方整備及び低段階整備を重視して実施する。

22238　衛　生

1　衛生部隊の運用

離島守備部隊に対し、所要の衛生部隊を配属する。

2　衛生業務の運営

海上・航空構成部隊、関係部外機関等と緊密に連携して、努めて後方連絡線を維持し、傷病者の治療・後送を行うとともに、事前に空輸等の強行輸送を準備して長期にわたる独立的戦闘能力を付与する。

この際、生鮮食品の補給・使用が困難となる場合が予想され、ビタミン等の欠乏を防止するための処置を講ずることが必要である。

22239　人　事

1　人事部隊の運用

人事部隊・施設の一部を、離島守備部隊に配属又は配置し、人事支援能力

第2編　作戦・戦闘

を充実する。
2　人事業務の運営
　(1)　補　　充

　　また、作戦間は、必要に応じ指揮官・重要特技者等の補充のための空輸等の強行輸送を準備する。
　(2)　被拘束者の取扱い
　　各離島守備部隊に人事部隊を増強し、それぞれ被拘束者の収集施設を開設し、運営させる。各離島の被拘束者の収集施設から方面捕虜等収集所までの捕虜の後送は、統合任務部隊等が担任する。

22240　通　　信

1　作戦準備間の通信を引き続き維持しつつ、離島守備部隊との間及び海上・航空構成部隊との間の緊密な通信を確保する。
　計画に当たっては、衛星通信の強化及び部外通信力の活用に努めるとともに、特に敵の着上陸前後及び予備隊の機動時の通信の確保を重視する。
2　通信組織の構成・維持

3　通信組織の運営
　各種通信手段の活用及び回線の適切な運用並びに所要の統制について計画し、緊急通信の速達を図る。

4　通信保全
　状況に即応し、通信保全上の所要の統制を行う。部外通信を使用する場合

第2章　事前配置による対着上陸作戦

は、事前に作戦規定等に通信保全に必要な事項を示す。

5　予備隊の機動時の通信運用

███████████████████████████████████████するとともに、戦闘指導のための通信組織の構成・維持・運営について計画する。

22241　民　　事

1　防衛出動下令前については、住民の避難等支援と防御施設構築等の作戦準備のための土地の収用等の行政手続との節調を図る必要がある。

2　避難等支援に関して地方公共団体等の要請を受けた場合、上級部隊等の示すところに基づき、可能な限り住民の避難・誘導等の支援を行い、作戦準備間に島外に避難させる。

22242　広　　報

作戦の意義、彼我の行動等のうち必要な事項を住民に伝達し、部隊に対する協力気運を醸成するとともに、避難等に関する理解を求める。

この際、保全に留意する。

22243　会　　計

平素の会計支援態勢及び必要に応じ現地に派遣した会計科部隊をもって、離島守備部隊を重視して補給品及び労務・役務の契約を行うとともに、後方連絡線を確保するための輸送役務の契約を行う。

22244　法　　務

1　特定公共施設等の利用指針に基づく適切な特定公共施設等の利用について留意する。また、地域等使用に当たっては███████████████████
████████████████████████████
████████部隊行動の円滑化に資する。

2　敵の侵攻要領のうち、█████████████████████
████████████████████████████████████
████████████████████████████████また、敵の違法行為の指摘のため、適用法令等について具体化するとともに、作戦・戦闘間においては、█████
██████████████████████████████に留意する。

22245　指　　揮

当初の指揮所、じ後進出を予定する離島における指揮所、離島への機動間の

— 71 —

指揮所の位置、推進要領等について計画する。

この際、当初、■■に指定する場合は、その旨を事前に調整する。

22246 命　令

1　作戦計画に基づき必要な事項を、適時、明らかにして命令を下達する。

2　命令の下達に当たり着意すべき事項

(1) 命令下達の時期は、受令部隊の現地偵察、計画の作成、命令の下達、戦闘準備等のため、可能な限り十分な時間の余裕を保持し得るように考慮して定める。

(2) 命令の下達は、通常、各種通信手段により、口頭、文書、電報等をもって伝達する。

状況が許す場合は、自ら現地において指揮下部隊指揮官に下達する。

3　敵の侵攻が切迫し作戦準備のための時間に余裕がない場合、速やかに作戦の構想を確立し、概略の作戦計画を策定して、差し当たり所要の部隊に対し必要な事項を命令する。じ後、逐次これを補備・修正し、作戦計画を完成して、既に下達した命令を適宜補足する。

第3款　連　隊　等

22247　師団・旅団長から示される事項

1　離島守備部隊

通常、師団・旅団の作戦構想、任務特に確保すべき地域、師団・旅団予備隊の揚陸地域及び降着地域、阻止期間、勢力・編組、海上・航空構成部隊との協同要領、必要な統制事項等が示される。

2　予備隊

通常、師団・旅団の作戦構想、任務特に揚陸時期及び降着時期、揚陸地域及び降着地域、敵が侵攻した離島への機動、攻撃戦闘、勢力・編組、海上・航空構成部隊等との協同要領、必要な統制事項等が示される。

第2章　事前配置による対着上陸作戦

22248　計画策定の要領

1　離島守備部隊の計画策定の要領

連隊等は、師団・旅団の作戦構想に基づき、連隊の防御の構想を決定し、逐次これを具体化して防御計画を策定する。

このため、任務に基づき、■■を考慮して、防御の構想を決定する。次いで、これを逐次具体化して各部隊に与える任務を定め、必要な統制及び調整事項を決定して防御計画を完成する。

2　予備隊の計画策定の要領

連隊は、師団・旅団の作戦構想に基づき、離島の地形特に揚陸地域及び降着地域の状況、敵情、我が部隊の勢力・編組、相対戦闘力、戦況の推移、作戦準備に使用できる時間等を考慮して、構想を決定する。

敵が侵攻した離島の判定及び敵情の解明に伴い、これを逐次具体化して各部隊に与える任務を定め、必要な統制及び調整事項を決定して作戦計画を完成する。

22249　情報資料の収集

1　離島守備部隊の情報資料の収集

(1) 明確な情報要求を確立して情報資料を収集し、作戦構想を決定・具体化する。

情報資料の収集に当たっては、■■■あらゆる手段を活用して入手する。

(2) 地形偵察に当たっては、次の事項を重視する。

—73—

第2章　事前配置による対着上陸作戦

　また、■■■■■■■■■■■■■■■■■■■■■■■■■■機動打撃を計画する。
　(2) 計画に当たっては、逆襲及び機動打撃に使用し得る戦闘力を至当に判断し、■■■を慎重に定める。
3　師団・旅団予備隊の揚陸等の掩護及び超越支援
　(1) 要　　旨
　　師団・旅団予備隊の揚陸、降着、集結等を掩護し、戦闘加入時の超越を支援するため、揚陸地域及び降着地域の警戒・防護、敵砲迫部隊及び対空戦闘部隊の制圧、揚陸及び降着の支援並びに超越支援について計画する。
　(2) 揚陸地域及び降着地域の警戒・防護
　　ア　■■
　　イ　揚陸地域及び降着地域を防護するため、■■と綿密に調整する。
　(3) 敵砲迫部隊及び対空戦闘部隊の制圧
　　■■■■■■■■■■■■■■■■■■■■■■■敵砲迫部隊及び対空戦闘部隊を制圧し、揚陸及び降着を掩護する。
　(4) 揚陸及び降着の支援
　　揚陸地点及び降着地域に必要な施設等の準備、誘導、卸下の支援、集結地までの誘導、必要な警戒等について計画する。
　(5) 超越支援
　　師団・旅団予備隊と周到な調整を行い、超越支援の時期、超越時の経路、行動地帯、火力の運用等の細部について計画する。
　　この際、■■■■■■■■■■■■■■■■について綿密な調整を行う。
22253　予備隊として行動する連隊等の攻撃準備・攻撃戦闘
　1　揚陸時期及び降着時期
　　師団・旅団から示された揚陸時期及び降着時期を基準として、揚陸後の部

第2編　作戦・戦闘

隊運用等を考慮し、各部隊の揚陸時期及び降着時期を定める。
 2　揚陸地点及び降着地域
  (1) ■■■■■■■■■■■■■■■■■■■■■■■■■■■■
    ■■■■■■■■■■
    ■■■■■■■■■■■■■■■■■■■■■■■■■■■■■■■
    ■■■■■■■■■■■■■■■■■■■■■■■■■■■■■■■
  (2) ■■■■■■■■■■■■■■■■■■■■■■■■■
 3　敵が侵攻した離島への機動
  (1) 要　　旨
　　機動手段、搭載要領、機動順序、揚陸及び降着の細部について計画する。
  (2) 機動手段
　　師団・旅団の示すところにより、■■■■■■■■■■■■■■■をもっ
て速やかな機動を図る。
  (3) 搭載要領
　　揚陸地域及び降着地域の状況、敵情、離島守備部隊による地域の確保の
状況、海上・航空優勢の状況等を考慮して細部を計画する。
　　この際、揚陸及び降着後の速やかな戦力発揮を重視する。
  (4) 機動順序
　　師団・旅団の示すところにより、気象・海象、揚陸地域及び降着地域の
状況、敵情、離島守備部隊による地域の確保の状況、じ後の攻撃戦闘、輸
送力等を考慮して細部を計画する。
　　この際、指揮・統制・通信機能等の早期確立、警戒、対空掩護及び火力
戦闘部隊の戦闘準備に留意する。
  (5) 揚陸及び降着
　　ア　揚陸及び降着時の誘導、掩護、提携要領等について、離島守備部隊
　　　と綿密に調整して計画する。
　　イ　揚陸地点及び降着地域に敵の攻撃が見積もられる場合、■■■■■
■■■■■■■■■■■■■■■■■■■■■■■■■■■■■■

第2章　事前配置による対着上陸作戦

　ウ　■■■■■■■■■■■■■■■■■■■■■■■■■■■■■■■
　　■■■■■■■■■■■■■■■■■■■■■■■■■■■■■■■■
　　■■■■■■■■■■■■■■

4　攻撃準備

　攻撃準備のための地積、離島守備部隊の戦況、敵情、攻撃準備に使用できる時間等を考慮して、■■■■■■■■■■■■■■■■■■■■■■■■■■■■■■■■■■■■■■■の攻撃準備について計画する。

5　離島守備部隊との超越交代

　離島守備部隊と周到な調整を行い、超越の時期、超越時の経路、行動地帯、火力の運用等について細部を計画する。

　この際、■■■■■■■■■について、特に綿密な調整を行う。

6　攻撃戦闘

（1）要　旨

　離島の地形、敵情、離島守備部隊の戦況、攻撃準備に使用できる時間等を考慮し、攻撃目標、攻撃開始時期、攻撃の方向、統制及び調整等について計画する。

（2）攻撃目標

　　通常、■■■■■■■■■■■■■■■■■■■■■■■■を目標として選定する。

（3）攻撃開始時期及び戦闘加入の要領

　　ア　攻撃開始時期

　　　■■■■■■■■■■■■■■■■■■■■■■■■■■■攻撃時期を決定する。

　　イ　戦闘加入の要領

　　　■■■■■■■■■■■戦闘加入させるか、■■■■■■■■■■■
　　　■■■■■■■■■戦闘加入させるかを定める。

（4）攻撃の方向

　　■■■■■■■■■■■■■■■■■■■■■■■■■■■■■■■■

第2編　作戦・戦闘

　(5) 火力の運用

　　離島守備部隊の火力と密接に連携し、■■■■■■■■■■■■■■■■■することに着意する。

　　この際、■■■■■■■■■■■■■■■■■■■■■■■■■■■■■最大限に火力を発揮する。

　(6) 統制及び調整

　　■■■■■■■■■■■■■■■■■■■■■■■■■■■■■■■■■■■■

22254　火力の運用

　1　要　旨

　　着上陸前後の弱点を捕捉し敵を減殺するとともに、主戦闘地域の確実な保持、逆襲及び機動打撃並びに師団・旅団予備隊の揚陸地域に対する海上からの脅威の排除に協力することを主眼として、火力を運用する。

　2　対海上火力戦闘

　　好機を捕捉し、各種火力をもって敵舟艇等を撃破する。■■■■■■■■■■■■■■■■■■■■■■■■■■■■■■■■■■■■を重視して敵舟艇等を撃破する。

　3　沿岸部の戦闘

　4　主戦闘地域における戦闘

第2章　事前配置による対着上陸作戦

2　計画に当たり着意する事項

第3節　実施要領

第1款　方　面　隊

22301　作戦準備

1　作戦準備に当たっては、敵の離島侵攻に先立ち所要の部隊を事前配置するため、早期から作戦準備に着手するとともに、自衛隊最高司令部と密接な連携を保持し、海上・航空部隊等の能力を活用して敵の侵攻兆候の察知に努める。

2　離島への機動は、海上・航空部隊と緊密に連携して実施し、迅速に部隊を展開させる。

この際、海上・航空優勢の確保により機動間の安全を図る。

3　作戦支援基盤の設定は、努めて早期から実施し、離島配置部隊の作戦準備を促進する。

4　予期に反し早く敵が侵攻した際、又は我の配置が予定されていない離島に敵が侵攻した際には、■■

22302　先遣部隊の派遣

1　要　旨

情勢の緊迫に伴い、速やかに作戦を予想する離島に方面隊の先遣部隊を配置して、警戒、情報活動等に任じさせるとともに、離島配置部隊の作戦準備を容易にする。

状況により、離島配置部隊に先遣部隊の派遣を命ずる。

— 87 —

第2編　作戦・戦闘

　2　展開に当たっては、海上・航空部隊との密接な調整が重要である。また、

22305　離島への展開要領

　作戦構想の決定に伴い、離島配置部隊、戦闘支援部隊、予備隊及び後方支援部隊を作戦予定地域の離島に展開させる。

　1　自衛隊最高司令部の命令に基づき、離島配置部隊を展開する。

　2　戦闘支援部隊は、離島との離隔度、空港又はヘリコプターの展開適地の有無、対空掩護等を考慮して配置する。

　3　後方支援部隊は、海上又は航空輸送力の期待度、敵の脅威の度、被支援部隊の位置等を考慮して配置する。

　4　予備隊は、離島への機動手段及び機動を支援する部隊の展開地域、敵の遊撃活動等の脅威の度等を考慮して配置する。

22306　侵攻正面の解明

　敵の侵攻に際しては、海上・航空部隊、関係部外機関等と緊密に連携して早期に侵攻正面を解明し、侵攻する離島に対する配備変更、予備隊の増援、航空等火力の重点指向等を状況に即応して柔軟に行い、侵攻する敵を早期に撃破する。

22307　対着上陸作戦

　対着上陸作戦に当たって、ヘリコプター・航空・艦砲火力等の迅速な重点指向と離島配置部隊の強靱な戦闘により、敵部隊の着上陸前後の弱点を捕捉して撃破する。

　状況に応じて、侵攻のない離島の配置部隊の転用及び予備隊の増援により、敵が侵攻する離島の配置部隊を強化し、柔軟な作戦を遂行する。

　この際、気象・海象、彼我の状況、機動手段等を考慮して、配備変更及び増援の実施時期・要領を適切にする。

22308　離島配置部隊による撃破が困難な場合の処置

　離島配置部隊による撃破が困難な状況においても、じ後の奪回作戦に必要な最小限度の要域を確保させるとともに、敵の港湾・空港等の利用を妨害し我の奪回を容易にする。状況により、　　　　　をもって離島配置部隊を増援する。

第2章　事前配置による対着上陸作戦

第2款　師団・旅団

22309　作戦準備
　作戦準備間は自ら、又は幕僚を派遣して各離島の状況を確実に把握するとともに、築城、訓練及び戦闘予行を指導し、企図を徹底する。

22310　敵が侵攻した離島の判定
　1　上級部隊等から███████████████████████████████████を入手するとともに、█████████████████████からの報告により、敵が侵攻した離島を判定する。
　2　敵が侵攻した離島の概定に伴い、██機動間の掩護について、海上・航空構成部隊と密接に調整する。

22311　対着上陸作戦
　1　敵の侵攻に際しては、ヘリコプター火力及び航空火力を増強して、離島守備部隊を支援する。
　　統合任務部隊から地対艦誘導弾部隊の配属を受けた場合、海上・航空構成部隊と協同して、敵艦船を努めて海上において減殺する。
　2　離島守備部隊に対し、あくまでも予備隊の揚陸、降着、集結等に必要な地域を確実に保持させるよう指導する。

22312　敵の撃破
　1　要　旨
　　海上・航空構成部隊と協同し、速やかに予備隊を機動させ、敵を撃破し得るよう戦闘を指導する。
　2　予備隊の攻撃
　　離島守備部隊の掩護下に、予備隊を揚陸及び降着並びに戦闘展開させるとともに、火力戦闘部隊の戦闘準備等の攻撃準備を完了する。

第2編　作戦・戦闘

離島守備部隊による火力支援下に攻撃を開始、敵を海岸線もしくは地形障害に圧倒して撃滅する。

この際、ヘリコプター・航空・艦砲火力の支援を要求し、最大限に火力を発揮してその行動を掩護する。

3　離島守備部隊の転用

気象・海象、敵の増援部隊の状況、海上・航空優勢の状況、戦況の推移、輸送力等を考慮して、転用の時期・要領を適切に判断する。

22313　離島守備部隊で撃破が困難な場合

■■■■■■■■■■■■■■■■■■■■■■■■■■■■統合任務部隊の作戦を容易にし得るよう指導する。

第3款　連　隊　等

22314　作　戦　準　備

作戦準備間は自ら、又は幕僚を派遣して各離島の状況を確実に把握するとともに、築城、訓練及び戦闘予行を指導し、企図を徹底する。

22315　主上陸正面の判定

早期かつ的確に敵の主上陸正面を判定して、海上及び沿岸部における火力戦闘部隊、警戒部隊等の戦闘を容易にする。

このため、■■

22316　離島守備部隊として行動する連隊等による敵の撃破

1　対海上火力戦闘

■■

2　沿岸部における戦闘

準備した火力を最大限に発揮して、積極的に敵の減殺を図る。

—92—

第2編　作戦・戦闘

4　超越交代

5　攻撃戦闘

(1) 要　旨

あらゆる手段を尽くして敵の弱点及び戦機を捕捉し、連続不断に衝撃力を加え、　　　　　　　　　　　　撃滅する。

このため、　　　　　　　　　　　　　　　　　　　　　的確な指揮・統制により機動と火力を緊密に連携させて、衝撃力を持続させる。

(2) 衝撃力の持続

(3) 敵予備隊の攻撃の破砕

— 96 —

第3章 奪回作戦

　本章は、統合任務部隊として、空中機動作戦及び海上作戦輸送による着上陸作戦により敵の侵攻した離島を奪回する場合の奪回作戦の要領について記述する。

第1節　概　　説

23101　要　旨

1　敵に占領された離島に対しては、奪回作戦により速やかにこれを回復する。

2　奪回作戦においては、敵の防御態勢未完に乗じ、航空・艦砲等の火力を継続的に指向して敵防御組織を破壊・制圧することが極めて重要である。陸上構成部隊はこれに引き続き、当初、■■じ後、その成果を拡大し海岸堡を占領する。次いで、速やかに後続部隊（海岸堡の設定以降の攻撃に任ずる部隊をいう。）を戦闘加入させて、離島を奪回する。

　この際、常続的又は一時的・局地的な海上優勢・航空優勢の獲得が必要である。

3　奪回作戦の段階

(1) 奪回作戦は、通常、着上陸準備、海岸堡の設定及び海岸堡の設定以降の攻撃の3段階をもって行う。

　　ア　着上陸準備

第2編 作戦・戦闘

イ 海岸堡の設定

ウ 海岸堡の設定以降の攻撃

後続部隊により残存した敵を撃破し、離島を回復する。

第3章　奪回作戦

第2節　計画の要領

第1款　方　面　隊

23201　計画の主要事項

作戦のための編成、着上陸準備、火力の運用、障害処理等、必要な事項を計画に含める。

23202　構　想

敵の防御態勢未完に乗じた継続的な航空・艦砲等の火力による敵の制圧に引き続き、空中機動作戦及び海上作戦輸送による着上陸作戦を遂行し、海岸堡等を占領する。じ後、後続部隊を戦闘加入させて、速やかに敵部隊を撃破する。この際、■■■

状況により、空中機動作戦を主体として、海岸堡等を占領することなく速やかに敵部隊を撃破する。

23203　情　報

1　情報活動に当たって、■■■■■■■■■■■■■■■■■■■■■■■■■■■■■■■■■■の解明を重視する。

2　地上偵察においては、■■■■■■■■■■■■■■■■■■■■の解明を行う。偵察部隊等の運用に当たっては、情勢の緊迫に応じて、■■

3　海上・航空偵察においては、■■■■■■■■■■■■■■■■■■■■■■■■■■■■■■■■■■■■■■■の解明を重視する。

4　地上偵察及び海上・航空偵察による情報活動を補足するとともに■■■■■■■■■■■■■■■■■■■■■■■■■■■■■■■■■情報収集に着意する。

—99—

第2編　作戦・戦闘

23204　作戦・戦闘のための編成

　作戦・戦闘のための編成に当たり、離島に対する空中機動作戦及び海上作戦輸送による着上陸作戦を基礎とし、着上陸部隊は、後続部隊、戦闘支援部隊、予備隊及び後方支援部隊に区分して編成するとともに、統合通信組織等の指揮・統制組織を構成する。

　着上陸部隊は、海岸堡を奪取し確保に任ずる部隊であり、後続部隊は海岸堡占領後、内陸部の敵部隊を撃破して離島奪回に任ずる部隊である。■■■

　この際、離島の特性、敵の勢力・編組・配置、使用できる部隊、作戦準備期間等を考慮する。

23205　着上陸準備

1　予　行

　奪回作戦において予行は極めて重要であり、特に着上陸段階を重視して、時間の許す限り周到な予行を実施する必要がある。予行に当たっては、着上陸の時期・場所・要領、気象・海象、敵情、海上・航空支援火力等を考慮して、計画の適否、各部隊に対する計画の徹底、通信の確認等に関する予行を計画し作戦の遂行を確実にする。

　この際、保全に留意する。

2　搭　載

　(1) 搭載は、離島への着上陸後の戦闘計画を基準として計画する。

　(2) 細部については、「第1編第4章第2節　部隊移動」を参照

3　離島への機動

　空中機動作戦及び海上作戦輸送による着上陸作戦における機動梯隊は、離島における戦闘力発揮の容易性を重視して、機動梯隊ごとに独立的戦闘能力を付与する。

　この際、海上・航空部隊と連携して、作戦実施間の海上・航空優勢を獲得し機動の安全を図る。

4　近隣島しょへの火力戦闘部隊の推進

　奪回する離島の近隣に位置する島しょへ火力戦闘部隊を推進し、奪回のための火力支援基盤が確立できれば有利である。

第3章　奪回作戦

[黒塗り]

23206　海岸堡等の設定

　離島の地形、港湾・空港等の位置、敵主火力の射程、後続部隊の収容等を考慮し、空中機動作戦と海上作戦輸送による着上陸作戦を同時又は逐次に実施して所要の地域を確保して海岸堡等を設定する。

　この際、空中機動部隊と上陸部隊との早期提携に着意する。

23207　海岸堡の設定以降の攻撃

　1　後続部隊の推進

　　確保した海岸堡の港湾・空港等を活用して、海上作戦輸送及び航空輸送により戦闘力の推進を図る。

　　この際、戦車・野戦特科部隊等の揚陸支援態勢の確立及び後続部隊の海上配置又は作戦支援基盤地域等における前方配置を重視して迅速な推進を図る。

　2　じ後の攻撃

　　着上陸部隊の海岸堡の占領に引き続き、敵に対応のいとまを与えないように後続部隊を迅速に戦闘加入させ、速やかに敵を撃破する。

23208　火力の運用

　1　着上陸前においては、[黒塗り]

[黒塗り]

　　この際、特に敵の戦闘艦等に火力を指向し、敵の防空火網を弱体化させ、航空優勢の確保に寄与する。

　　また、敵輸送艦による兵站物資、人員・装備等の輸送等に対する地対艦誘導弾の火力発揮の好機を捕捉したならば速やかに射撃を実施し、敵の各種行動を妨害する。

　2　着上陸直前においては、[黒塗り]

—101—

第2編　作戦・戦闘

　　　　　　　　　　　を重視する。

　3　着上陸直後においては、当初、野戦特科火力の発揮が制約されるため、ヘリコプター・航空・艦砲火力等により密接に支援する。

　4　火力の統制及び調整においては、　　　　　　　　を重視し、野戦特科・ヘリコプター・航空・艦砲火力等を適切に統制及び調整する。

　　この際、統制権者、統制の時期・場所・要領等を明確にする必要がある。

23209　対空火力の運用

　方面隊の対空火力の運用は、第22208条「対空火力の運用」を適用する。

23210　障害処理

　1　水際付近の障害処理

　　水際付近の障害処理に当たっては、

　2　内陸部の障害処理

　　着上陸部隊の海岸堡設定のため、　　の処理を実施する。

23211　空域統制

　1　作戦区域における空域統制を行うため、統合任務部隊司令部内に　　　　を組織し、陸上・海上・航空構成部隊に対する統制及び調整を行う。

　　この際、空中機動作戦実施時期を重視し、艦砲射撃、航空攻撃等と連携させ、高射特科部隊、航空科部隊等を適切に統制及び調整して、空中機動作戦等の円滑な遂行を図る。

　2　空域統制の要領等については、第22212条「空域統制」を適用する。

第3章　奪回作戦

23212　対特殊武器戦

1　着上陸戦闘時

着上陸地域及び部隊への敵の特殊武器攻撃に対し、着上陸部隊の除染、着上陸地域に構成された汚染地域の偵察・除染等を実施する。

この際、戦闘中の部隊の除染、汚染地域の偵察・除染の実施は困難であり、戦況の進展状況によりその時期を適切にすることが必要である。

2　後続部隊の攻撃時

後続部隊の攻撃に際し、敵は、航空機、砲迫等をもって、攻撃部隊及び沿岸部への主要進出経路等に対し、特殊武器を使用することが予想される。

このため、■■■■■■■■■■■■■■■■■■■■■■■■■■■■■■■■■■を重視する。

23213　作戦支援基盤の設定

着上陸作戦における作戦支援基盤地域は、努めて前方に配置し、作戦部隊を密接に支援する。

この際、航空科部隊の離島における火力支援、輸送、補給等の行動の容易性、対空戦闘部隊・航空構成部隊等による対空掩護及び後方連絡線の確保を重視する。

23214　兵　　站

1　通常、作戦準備期間が限定されるため、先行的に海上・航空構成部隊、関係部外機関等と輸送手段の確保、端末地設定等に関する調整を実施するとともに、弾薬・燃料等所要の補給品を確保し、作戦正面に集中できるように準備する。

この際、離島の作戦に伴う特殊所要、特に航空燃料、搭載弾薬、空中投下器材、輸送資材、水等の補給に留意する。

2　作戦構想の具体化に伴い、速やかに着上陸作戦支援のための兵站組織の構成に着手し、作戦支援基盤地域に前方支援地域を推進するとともに、所要の地域に方面前進兵站基地、端末地等を設定する。

3　前方支援地域は、■■■■■■■■■■■■■■■■■■■■■■■■■■■■■■に設定する。また、端末地及び発進基地には、必要に応じ海上・航空構成部隊と調整し補給品等の梱包・搭載を統制する端末地業務専門部隊

— 103 —

第2編　作戦・戦闘

を編成・配置し、また、海上輸送の端末地には、所要の船舶をもって補給品の海上集積ができれば有利である。

4　着上陸作戦開始後は、当初着上陸部隊に増強した兵站部隊及び補給品により支援し、海岸堡の設定に伴い、逐次所要の兵站部隊を推進するとともに補給品を追送して継続的に支援する。

この際、事前に強行補給(強行輸送)を準備する。

23215　衛　　生

1　通常、作戦準備期間が限定されるため、先行的に海上・航空構成部隊、関係部外機関等と輸送手段の確保、端末地設定等に関する調整を実施し、作戦正面に集中できるように準備する。

2　作戦構想の具体化に伴い、速やかに着上陸作戦支援のための衛生支援組織の構成に着手し、所要の地域に衛生部隊を配置する。

3　着上陸作戦開始後は、当初着上陸部隊に増強した衛生部隊により支援し、海岸堡の設定に伴い、逐次所要の衛生部隊を推進して継続的に支援する。

この際、傷病者の後送を含み、事前に強行輸送を準備する。

23216　人　　事

作戦構想に基づき、作戦支援基盤地域に速やかに人事支援基盤を設定する。着上陸作戦開始後、海岸堡の設定以降、逐次人事部隊を推進して、支援を継続する。

この際、事前に空輸等による指揮官、重要特技者等の補充及び戦没者の後送を準備する。

23217　通　　信

無線通信及び衛星通信を主体として、着上陸部隊との通信の確保及び着上陸作戦における海上・航空部隊等との総合一貫した通信組織について計画する。

この際、着上陸部隊の戦闘のための編成に応じて、通信力を強化するとともに、企図の秘匿のため、通信に関する統制を適切に計画する。

23218　民　　事

敵の不意急襲的な侵攻により、やむを得ず占領された場合は、住民の島内等避難に努めて、住民の安全を確保するとともに、広報と連携を図り、住民に必要な事項を周知させ、作戦に対する信頼を確保する。

第3章　奪回作戦

23219　法　務
　敵の不意急襲的な侵攻によりやむを得ず占領された場合は、特に住民の安全確保が重要であり、██を行う。
　この際、██████████████████████に留意する。

第2款　師団・旅団

23220　統合任務部隊指揮官から示される事項
　通常、統合任務部隊の作戦構想、任務、特に奪回する離島、奪回作戦の要領、着上陸時期、着上陸地域、配属・支援部隊、作戦支援基盤に配置する部隊及び施設、海上・航空構成部隊との協同要領、必要な統制事項等が示される。

23221　計画策定の要領
　統合任務部隊指揮官の作戦構想に基づき、師団・旅団の作戦構想を決定し、逐次これを具体化して作戦計画を策定する。
　この際、任務に基づき、気象・海象、離島の地形、敵情、我が部隊の勢力・編組、相対戦闘力、戦況の推移、協同する海上・航空構成部隊の能力、海上・航空優勢の推移、作戦準備に使用できる時間等を考慮し、作戦の構想を検討し、逐次これを具体化する。
　敵情の解明に伴い作戦の構想を決定し、これに基づき各部隊に与える任務、必要な統制・調整事項等を定めて作戦計画を完成する。

23222　構　想
　1　侵攻した敵を海上・航空構成部隊の火力で十分に事前制圧した後、海上・航空構成部隊との緊密な連携の下、空中機動作戦と海上作戦輸送による着上陸作戦により、師団・旅団の戦闘力を集中して離島を奪回する。
　2　作戦の構想として、通常、奪回目標、戦闘のための編成、着上陸準備、海岸堡の設定要領、海岸堡の設定以降の攻撃、火力の運用、後方支援等の大綱について計画する。
　　この際奪回目標については、侵攻した敵に対して致命的な影響を与え、離島の奪回を可能にする目標に選定する。
██████████████████████████████████を目標として選定する。

— 105 —

第2編　作戦・戦闘

23223　情報資料の収集

23224　作戦・戦闘のための編成

通常、■■に区分して編成する。

23225　着上陸準備

1　要　旨

敵戦闘力を減殺し、着上陸当初の戦闘力の推進、■■について計画する。

2　■■■■■■■

3　■■■■■■■■■■■■■■■■■■■

第3章 奪回作戦

(3) 海岸堡の設定以降の攻撃

23230 障害処理

1 要旨

2 障害処理の要領

(1) 着上陸準備

ア 障害に関する情報の収集

イ 水際障害の処理

(2) 海岸堡の設定

(3) 海岸堡の設定以降の攻撃

第2編　作戦・戦闘

　3　海上・航空構成部隊との調整事項
　　(1) 海上構成部隊
　　　ア　水際地雷等の水際障害の処理担任、処理地域、処理開始・終了時期、及び処理に任ずる海上構成部隊の行動
　　　イ　障害処理間の掩護要領
　　(2) 航空構成部隊
　　　障害に関する航空偵察

23231　空域統制

1　要　旨

　師団・旅団は、統合任務部隊指揮官が陸上・海上・航空部隊の空域統制及び調整組織を通じて行う全般的な空域統制下に、海上・航空構成部隊、航空科部隊、高射特科部隊、野戦特科部隊、情報科部隊等が相互に妨害することなく、それぞれの活動が適切かつ安全に実施できるように計画する。

　このため、空域統制を重視する時期・空域、■■■■■の編成・進出時期・位置、統制の要領等を適切に定める。

2　空域統制の要領については、第22235条第2項「空域統制の要領」を適用する。

3　空域統制を重視する時期・空域
　　(1) 着上陸準備

　　(2) 海岸堡の設定

　　(3) 海岸堡の設定以降の攻撃

23232　対特殊武器戦

1　要　旨

　離島の地形、気象・海象、予想される敵の特殊武器攻撃、我の特殊武器防

第3章　奪回作戦

護能力等を考慮し、特殊武器情報・警戒態勢の確立、防護器資材等の充足及び特殊武器攻撃の脅威の度に応ずる防護の程度を適切に定める等の周到な防護準備を行う。

　この際、███████████████████████████████████する。

2　化学科部隊の運用
██

23233　各部隊に示す事項

作戦の構想に基づき、部隊区分、各部隊の任務、必要な統制及び調整事項等について計画し、各部隊に当初次の事項を示す。

海岸堡の設定以降の攻撃については、別に示す。

第2編 作戦・戦闘

23234 後方支援
1 兵站及び衛生
(1) 要　旨
　　先行的な準備により所要の補給品を確保するとともに、着上陸後は兵站・衛生部隊及び兵站・衛生施設を逐次推進して、作戦を継続的に支援する。
(2) 兵站・衛生組織の構成

(3) 兵站・衛生部隊の運用

第3章 奪回作戦

(4) 兵站・衛生業務の運営

　ア　着上陸部隊に対する補給品の増加予備と追送により補給を継続する。

　　この際、弾薬、特殊所要特に航空燃料・搭載弾薬・空中投下器材・輸送資材、水等特に浄水セット、現地の衛生地誌に応ずる医薬品等の補給を重視する。

　　作戦の当初において偵察ボート等を使用して上陸する場合は、速やかな弾薬等の追送に留意する。

　イ　整備業務については、前方整備を重視するとともに、整備用部品等の増加携行に着意する。

　ウ　衛生業務については、医官・救護員等の増員、舟艇・ヘリコプターによる後送、輸送艦の治療施設及び近傍の離島の部外治療施設の利用並びに的確な後送基準の設定に着意する。

2　人　　事

(1) 要　　旨

　この際、指揮官・幕僚及び重要特技者の補充を重視する。

(2) 人事組織の構成

　方面隊の人事組織に連接し、指揮組織を骨幹として警務科部隊の支援を受けるとともに、方面隊から配属された人事部隊をもって構成する。

(3) 人事部隊の運用

　海岸堡の設定に伴い、逐次に人事部隊を推進し、支援を継続する。

(4) 人事業務の運営

　ア　補　　充

　　方面隊から事前補充を受け、各部隊の任務、欠員の状況、士気の状況等を判断し、補充の時期及び要領を決定する。

第2編　作戦・戦闘

　　イ　被拘束者の取扱い
　　　海岸堡の設定に伴い、被拘束者の後送のための調整施設を推進し、第一線連隊が拘束した被拘束者の後送を容易にする。
　　　この際、必要な処置を行い、じ後、後送のため方面捕虜等管理隊に引き継ぐ。

23235　指揮・通信

1　指　揮

　師団・旅団長は、上陸部隊及び空中機動部隊を確実に指揮でき、海上・航空構成部隊との通信・連絡が最も容易な地点に位置する。
　このため、主として指揮所に位置し、主指揮所は、通常、■■
　戦闘指揮所は、戦局の焦点に立ち戦闘を指導し得るように、第一線近くの適宜の位置に選定する。

2　通　信

(1)　偵察隊等、先遣部隊、配属された情報科部隊、上陸部隊、空中機動部隊及び海上・航空構成部隊との間の通信の確保を重視して計画する。
　計画に当たっては、統合任務部隊と緊密に調整し、衛星通信の強化を図るとともに、企図の秘匿のため、特に偵察隊等及び先遣部隊との通信に関する統制に着意する。

(2)　通信組織の構成・維持
　　ア　着上陸準備
　　■■

　　イ　海岸堡の設定
　　■■

　　ウ　海岸堡の設定以降の攻撃
　　■■

第3章　奪回作戦

　(3)　通信組織の運営については、第22240条第3項「通信組織の運営」を適用する。

　(4)　通信保全については、第22240条第4項「通信保全」を適用する。

23236　民　　事

　1　住民避難支援

　　敵の不意急襲的な侵攻によりやむを得ず占領された場合には、■■■■■■■■■■■■■■をもって、地方公共団体等の行う島内等避難を支援し、■■■■■■■■■■に避難させることに努める。

　　この際、■■■■■■■■■■■■■■■■■■■■■■■■■■、■■■を防止する。

　2　民生支援

　　海岸堡設定後、後方支援部隊の揚陸に伴い、必要な民生支援を行う。

23237　命　　令

　1　作戦計画に基づき、適時、命令を下達する。

　2　命令の下達に当たり着意すべき事項

　(1)　命令下達の時期は、指揮下部隊に作戦計画の作成、命令の下達、戦闘準備等のためできる限り十分な時間の余裕を与えるように決定する。

　　また、努めて攻撃目標、着上陸時期、着上陸地域、空中機動作戦に関する事項、海上作戦輸送に関する事項等を準備に関する命令として示し、早期から準備に着手させる。

　(2)　命令下達は、できる限り指揮下部隊指揮官を招致して自ら行い、命令の徹底を図るとともに、各部隊間の調整を確実に実施させる。

第3節　実施要領

第1款　方　面　隊

23301　作戦準備

　1　作戦準備に当たって、敵の離島侵攻に先んじて、努めて情報収集部隊を配置するとともに、奪回のため早期から作戦準備に着手する。

第2編　作戦・戦闘

この際、侵攻正面・時期、敵の勢力・編組及び陣地・障害の程度の解明を重視する。

2　着上陸作戦の開始時期の決定においては、着上陸時期を基準とし気象・海象、敵侵攻部隊の状況、海上・航空優勢の獲得、空中機動作戦及び海上作戦輸送による着上陸作戦の準備等を考慮して、好機を捕捉するように決定する。

この際、自衛隊最高司令部、海上・航空部隊等と緊密に調整する。

3　予行は、作戦の特性、使用可能な時間、訓練の練度等を考慮し、時期・場所・要領を適切にして実施する。

この際、目的を明確にするとともに、企図の秘匿に留意する。

23302　先遣部隊の派遣

1　要　旨

統合任務部隊は先遣部隊を派遣し、奪回作戦の基盤を整える。

状況により、師団・旅団に先遣部隊の派遣を命ずる。

2

3　先遣部隊の任務

第3章　奪回作戦

4

23303　敵部隊の制圧及び孤立化

1　敵の侵攻に当たって、侵攻直後の敵の防御態勢未完に乗じて敵部隊の減殺を図るため、海上・航空部隊等と緊密に連携して努めて早期から敵部隊を制圧する。

　敵の制圧効果は着上陸の成否を左右するため、制圧の徹底を図るとともに、着上陸前における着上陸地域の制圧状況の把握を確実にする。

2　敵部隊の増援に対しては、海上・航空部隊等と連携して、海上及び空中において阻止し、離島に侵攻した敵部隊の孤立化を図る。

23304　着上陸作戦の実施

1　空中機動作戦と海上作戦輸送による着上陸作戦を同時に実施する場合、各着上陸正面に対する十分な火力支援を確保するとともに、空中機動作戦部隊と海上作戦輸送による着上陸作戦部隊を密接に連携させる。

2　搭載においては、着上陸作戦の開始に伴い、着上陸部隊は速やかに搭載地域に移動し、所定の時期までに搭載を完了する。

　この際、輸送部隊の統制のもと、着上陸時において迅速に戦闘力の発揮ができるように搭載するとともに、企図の秘匿に留意する。

3　着上陸時の火力支援においては、野外・対空無線機、衛星通信等により通信を確保し、海上・航空構成部隊等と緊密に連携するとともに、ヘリコプター火力を最大限に発揮して敵部隊の制圧を実施する。

— 125 —

第2編　作戦・戦闘

　4　海岸堡の設定において状況有利な場合は、海岸堡を設定することなく、一挙に敵部隊を撃破する。

23305　後続部隊の攻撃

　後続部隊の攻撃については、陸自教範「本格的陸上作戦」第3編第1章攻撃を適用する。

23306　離島奪回後の行動

　離島奪回後の行動については、自衛隊最高司令部と緊密な連携を図るとともに、敵の可能行動、部隊の状況等を考慮して、離島への配置、部隊交代、撤収等について、じ後の行動を明らかにする。

　　　　　　　　　　第2款　師団・旅団

23307　訓　　練

　任務、離島の特性及び予想される作戦上の要求に基づき、次の事項を重視して効果的な練成訓練を実施する。

　この際、奪回する離島と同様の地形的特性を有する離島で実施できれば有利である。

　1　離島の地形及び気象・海象に応ずる訓練

　2　海上・航空構成部隊との協同訓練

　3　水際障害の処理

23308　ヘリコプター・航空・艦砲火力等による事前制圧

　1　航空・艦砲等の火力により▇▇▇▇▇▇▇▇▇▇▇▇▇▇▇▇▇▇▇▇▇▇▇▇▇▇▇▇▇▇▇▇▇▇を容易にする。

　　この際、状況により▇▇▇▇▇▇▇▇▇▇▇▇▇▇▇▇事前制圧を実施する。

　2　敵の破壊・制圧の効果は着上陸の成否を左右するため、その徹底を図る。

　　このため、▇▇▇▇▇▇▇▇▇▇▇▇▇▇▇▇▇▇▇▇▇▇▇▇▇▇▇▇▇▇▇▇▇

第3章　奪回作戦

　　　████████を行うことが必要である。

23309　先遣部隊の派遣

　1　████████

██
██
██
██
██

　2　先遣部隊の指導

　　先遣部隊の行動は、████████████████████████████████
████████████による上陸部隊の着上陸に重大な影響を及ぼす。

　　先遣部隊の戦闘指導に当たっては、████████████████████
██その行動
の準拠を示す。

　　また、先遣部隊の拠点の位置、行動地域及び時期を適切に把握しその行動を統制して、ヘリコプター・航空・艦砲火力等の発揮に伴う危害の防止に留意する。

23310　機雷及び水際障害の処理

　1　機雷は、海上構成部隊の掃海部隊をもって処理する。

　2　先遣部隊をもって上陸地点の詳細な偵察を行い、着上陸前にヘリコプター・航空・艦砲火力等による掩護下に水際障害を処理する。

　　処理に当たっては、処理の時期・地域・要領について、上陸部隊と密接な連携を保持させるとともに、████████████により危害の防止を図ることが必要である。

23311　離島への機動

　速やかに着上陸部隊を搭載地域等に移動させ、所定の時期までに搭載を完了させる。

　機動間は、協同する海上・航空構成部隊との通信を確保するとともに、各部隊の状況を適時把握し、状況の変化が作戦全般に及ぼす影響を至当に判断して、必要に応じて命令を変更し、その徹底を図ることが重要である。

第2編　作戦・戦闘

23312　状況の急変への対応

1　敵の航空攻撃、気象の急変等に際しては、■■■■■■■■■
■■■■■■■■■■■■■■■■■■■■■■■■■■■■■

2　上陸地点及び降着地域に対する事前の火力制圧の効果が不十分な場合、
■■■■■■■■■■■■■■■■■■■■■■■■■■■■■

3　■■■■■■■■■■■■■■■■■■■■■■■■■■■上陸部隊、空中機動部隊及び火力支援に任ずる部隊の行動を密接に連携させ、各個撃破を受けないようにする。

23313　着上陸作戦の実施

1　第1次目標線の確保

第2編　作戦・戦闘

23314　海岸堡設定以降の後続部隊の攻撃

　後続部隊の攻撃においては、獲得した戦果を拡張して敵を捕捉撃滅するよう、積極的に戦闘を指導する。

23315　離島奪回後の行動

　統合任務部隊指揮官から示される離島の確保又は撤収等の新たな任務に基づき、敵の可能行動特に増援部隊の動向等を考慮して、じ後の行動を具体化する。

付録第14　統合任務部隊及び協同による場合の指揮組織（奪回作戦）の一例

[統合任務部隊による場合]

[協同による場合]

凡例
　──────：指揮系統
　←──→：調整系統
　------：作戦統制又は調整

陸自教範 3-02-03-05-24-0

地対艦ミサイル連隊

陸上幕僚監部

平成 24 年 10 月

陸上自衛隊教範第3-02-03-05-24-0号

　陸自教範**地対艦ミサイル連隊**を次のように定め、平成25年2月1日から使用する。
　陸自教範3-02-03-05-03-2地対艦ミサイル連隊は、平成25年1月31日限り廃止する。

　　平成24年10月1日

　　　　　　　陸上幕僚長　　陸将　　君　塚　栄　治

　配　布

　　陸上自衛隊中央業務支援隊の出版物補給通知による。

は　し　が　き

第1　目的及び記述範囲

　本書は、地対艦ミサイル連隊の運用の基本的な原則、対海上火力運用及び連隊長以下の指揮実行の要領を記述して、教育訓練に関する一般的準拠を与えることを目的とする。

第2　使用上の注意事項

　本書は、「野外令」、「本格的陸上作戦」、「離島の作戦」、「師団」、「旅団」、「野戦特科運用」、「88式地対艦誘導弾（第1～5編）」、「火砲弾薬、ロケット弾及び誘導弾」、「用語集」、関係教範類、関係法規等と関連して使用する必要がある。

第3　改正意見の提出

　本書の改正に関する意見は、陸上自衛隊富士学校長（特科部長気付）に提出するものとし、提出要領については「改正意見提出要領」を参照する。

第4　本書は、部内専用であるので、次の点に注意する。

　1　教育訓練の準拠としての目的以外には使用しない。

　2　本書が廃止された場合又は本書の管理者が認め廃棄する場合は、確実に破棄する。

目　　次

はしがき

第1編　総　　論

第1章　総　説
第1節　概　　説 …………………………………………………… 1
第2節　地対艦ミサイル部隊の運用の要則 ………………………… 3

第2章　指　揮
第1節　概　　説 …………………………………………………… 4
第2節　指揮の一般要領 …………………………………………… 5
第3節　指　揮　所 ………………………………………………… 6

第3章　戦闘のための編成 …………………………………………… 7

第2編　対海上火力運用

第1章　総　　説 …………………………………………………… 9

第2章　情報と対海上火力の連携
第1節　概　　説 …………………………………………………… 10
第2節　対海上火力運用に資する情報業務 ………………………… 11
第3節　対海上火力の統制及び調整
　第1款　要　　説 ………………………………………………… 13
　第2款　火力調整所 ……………………………………………… 14
　第3款　対海上の火力調整の要領 ………………………………… 17
　第4款　統制及び調整の手段 ……………………………………… 21

第4節　対海上火力の発揮
　　第1款　対海上火力戦闘手段の選定・・・・・・・・・・・・・・・・・・・・・・・・・・・・22
　　第2款　対海上火力戦闘結果の分析・反映・・・・・・・・・・・・・・・・・・・・23
第3章　日米共同作戦及び統合運用の各種作戦における調整
　第1節　日米共同作戦における調整・・・・・・・・・・・・・・・・・・・・・・・・・・・・・・25
　第2節　統合運用の各種作戦における調整・・・・・・・・・・・・・・・・・・・・・・26
第4章　各運用場面における運用
　第1節　概　　説・・・29
　第2節　各運用場面共通の運用
　　第1款　要　　説・・29
　　第2款　敵戦闘艦群に対する対海上火力戦闘（対戦闘艦戦）・・・31
　　第3款　敵輸送艦等に対する対海上火力戦闘・・・・・・・・・・・・・・・・・33
　　第4款　海空作戦における対海上火力支援・・・・・・・・・・・・・・・・・・・34
　　第5款　機雷戦における対海上火力支援・・・・・・・・・・・・・・・・・・・・・35
　　第6款　対空作戦・・37
　　第7款　電子戦・・38
　　第8款　対特殊武器戦・・・・・・・・・・・・・・・・・・・・・・・・・・・・・・・・・・・・・・40
　第3節　周辺海域の防衛・・43
　第4節　着上陸侵攻対処・・47
　第5節　島しょ部への侵攻対処・・・・・・・・・・・・・・・・・・・・・・・・・・・・・・・・・・56

第3編　地対艦ミサイル連隊

第1章　総　　説
　第1節　編制及び機能・・・61
　第2節　指　　揮
　　第1款　連隊長・・62

第2款　副連隊長及び幕僚等･････････････････････････････････　63
　　　第3款　指　揮　所･･　63
第2章　対海上火力運用
　第1節　概　　説･･　65
　第2節　情報と対海上火力の連携
　　　第1款　対海上火力運用に資する情報業務･･････････････････････　65
　　　第2款　対海上火力の統制及調整･･････････････････････････････　66
第3章　部隊運用
　第1節　部隊移動
　　　第1款　行　　進
　　　　第1目　要　　説･･　68
　　　　第2目　行進の準備･･　69
　　　　第3目　行進の実施･･　71
　　　第2款　宿　　営･･　74
　第2節　陣地占領
　　　第1款　要　　説･･　76
　　　第2款　陣地占領の準備･･････････････････････････････････････　81
　　　第3款　陣地の占領･･　84
　　　第4款　築　　城･･　87
　　　第5款　陣地変換･･　88
　第3節　通　　信･･　89
　第4節　測　　量･･　93
　第5節　情　　報･･　94
　第6節　射　　撃
　　　第1款　要　　説･･　97
　　　第2款　対艦射撃計画･･　98
　　　第3款　射撃の実施･･　99

第7節　警　戒
　第1款　要　説…………………………………………104
　第2款　対遊撃・対機甲警戒……………………………105
　第3款　対空警戒…………………………………………105
　第4款　対空挺・ヘリボン警戒…………………………106
　第5款　通信電子防護……………………………………107
　第6款　対特殊武器戦……………………………………109
第8節　兵　站
　第1款　要　説…………………………………………110
　第2款　補給等……………………………………………112
　第3款　整　備……………………………………………117
　第4款　回収等……………………………………………119
第9節　衛　生……………………………………………120
第10節　人　事……………………………………………122
第11節　民　事……………………………………………125

第4章　射撃中隊
第1節　概　説
　第1款　要　説…………………………………………127
　第2款　編制及び機能……………………………………128
　第3款　中隊長……………………………………………128
　第4款　副中隊長及び各員の職務………………………130
第2節　部隊移動
　第1款　行進等
　　第1目　要　説…………………………………………130
　　第2目　行進の準備……………………………………130
　　第3目　行進の実施……………………………………135
　　第4目　行進間の警戒…………………………………139

第5目　気象・地形等の特性の応ずる処置‥‥‥‥‥‥‥‥‥142
　　　第6目　集結地の占領‥‥‥‥‥‥‥‥‥‥‥‥‥‥‥‥‥‥145
　　第2款　宿　　　営‥‥‥‥‥‥‥‥‥‥‥‥‥‥‥‥‥‥‥‥‥145
　第3節　陣地占領
　　第1款　要　　　説‥‥‥‥‥‥‥‥‥‥‥‥‥‥‥‥‥‥‥‥‥147
　　第2款　陣地占領の準備‥‥‥‥‥‥‥‥‥‥‥‥‥‥‥‥‥‥‥154
　　第3款　陣地の占領
　　　第1目　陣地進入‥‥‥‥‥‥‥‥‥‥‥‥‥‥‥‥‥‥‥‥‥163
　　　第2目　射撃準備‥‥‥‥‥‥‥‥‥‥‥‥‥‥‥‥‥‥‥‥‥164
　　第4款　築　　　城‥‥‥‥‥‥‥‥‥‥‥‥‥‥‥‥‥‥‥‥‥165
　　第5款　陣地変換‥‥‥‥‥‥‥‥‥‥‥‥‥‥‥‥‥‥‥‥‥‥169
　第4節　射　　　撃
　　第1款　要　　　説‥‥‥‥‥‥‥‥‥‥‥‥‥‥‥‥‥‥‥‥‥170
　　第2款　射撃に関する号令等‥‥‥‥‥‥‥‥‥‥‥‥‥‥‥‥‥172
　　第3款　射撃の実施‥‥‥‥‥‥‥‥‥‥‥‥‥‥‥‥‥‥‥‥‥175
　　第4款　誘導弾の取扱い‥‥‥‥‥‥‥‥‥‥‥‥‥‥‥‥‥‥‥178
　第5節　警　　　戒
　　第1款　要　　　説‥‥‥‥‥‥‥‥‥‥‥‥‥‥‥‥‥‥‥‥‥180
　　第2款　対遊撃・対機甲警戒‥‥‥‥‥‥‥‥‥‥‥‥‥‥‥‥‥183
　　第3款　対空警戒‥‥‥‥‥‥‥‥‥‥‥‥‥‥‥‥‥‥‥‥‥‥185
　　第4款　対空挺・ヘリボン警戒‥‥‥‥‥‥‥‥‥‥‥‥‥‥‥‥187
　　第5款　通信電子防護‥‥‥‥‥‥‥‥‥‥‥‥‥‥‥‥‥‥‥‥187
　　第6款　対特殊武器戦‥‥‥‥‥‥‥‥‥‥‥‥‥‥‥‥‥‥‥‥189
　第6節　兵站、衛生及び人事
　　第1款　兵　　　站
　　　第1目　補　給　等‥‥‥‥‥‥‥‥‥‥‥‥‥‥‥‥‥‥‥‥190
　　　第2目　整　　　備‥‥‥‥‥‥‥‥‥‥‥‥‥‥‥‥‥‥‥‥194

—5—

第3目　回　収　等················196
　第2款　衛　　　生····················197
　第3款　人　　　事····················198
第5章　本部管理中隊
　第1節　概　　説
　　第1款　要　　　説····················206
　　第2款　編制及び機能··················207
　　第3款　中　隊　長····················208
　　第4款　各員の職務····················209
　第2節　連隊指揮所の占領················209
　第3節　連隊段列の占領··················211
　第4節　通信小隊························213
　第5節　標定小隊························217

付録第1　各員の職務······················223
　第2　「対海上火力運用に関する見積」の一例·233
　第3　「対海上火力調整手段」の表記要領の一例·236
　第4　統合運用時のシステム連接の一例······237
　第5　海上自衛隊との情報共有要領の一例····238
　第6　所要弾数の一例（教育訓練用）
　第6-1　基　準　表······················239
　第6-2　計　算　例······················240
　第7　「連隊運用計画」の様式の一例
　第7-1　行進計画の様式の一例············241
　第7-2　宿営計画の様式の一例············242
　第7-3　陣地占領計画の様式の一例········243
　第7-4　通信計画の様式の一例············245

第7-5	測量計画の様式の一例	246
第7-6	情報計画の様式の一例	247
第7-7	観測計画の様式の一例	248
第7-8	兵站計画の様式の一例	249
第7-9	衛生計画の様式の一例	251
第7-10	人事計画の様式の一例	252

第8　「中隊等の陣地占領計画」等の様式の一例

| 第8-1 | 指揮所占領計画の様式の一例 | 253 |
| 第8-2 | 射撃中隊の陣地占領計画の様式の一例 | 254 |

第9　陣地占領等の流れの一例

第9-1	連隊の陣地占領の一例	257
第9-2	射撃中隊の陣地占領の一例	259
第9-3	火力戦闘の流れの一例	261
第9-4	発射準備所要時間の一例	262

第10　陣地の配置等の一例

第10-1	連隊指揮所の配置の一例	263
第10-2	連隊段列地域の配置の一例	264
第10-3	射撃中隊陣地の配置・編成の一例	265
第10-4	危険区域の範囲	267

第11　用語の解説 ………………………………………………… 269

第1編　総　　論

> 本編は、地対艦ミサイル及び地対艦ミサイル部隊に係る総説、方面特科隊長の指揮及び戦闘のための編成について記述する。

第1章　総　　説

第1節　概　　説

1101　地対艦ミサイル部隊の任務

地対艦ミサイル部隊は、対艦火力により敵艦船を海上で撃破する。

1102　能力及び限界

地対艦ミサイル部隊は、次の能力及び限界を有する。

1　能　　力
 (1)　昼夜、海上の広域に対し長射程かつ正確な対艦火力を発揮できる。
 (2)　広域にわたり組織的に対艦情報活動を行い、目標情報を正確・迅速に収集・処理・伝達できる。
 (3)　融通性ある射撃指揮組織及び通信手段を有する。

2　限　　界

第1編　総　論
1103　地対艦ミサイルシステムの名称等
1　地対艦誘導弾には、88式地対艦誘導弾及び12式地対艦誘導弾がある。両者を共通して呼称する場合、地対艦ミサイル又はＳＳＭとする。また、88式地対艦誘導弾のみを示す場合、88ＳＳМとし、12式地対艦誘導弾のみを示す場合、12ＳＳМとする。

2　地対艦ミサイルシステムは、誘導弾、地上装置及び関連器材等からなり、一元的な統制の下、対艦戦闘に使用する。

3　誘導弾は、飛しょう体（又は「ミサイル本体」という。）及び発射筒からなる。

4　地上装置には次の各装置がある。
(1)　対艦（捜索標定）レーダ装置（又は「対艦（捜索標定）レーダ」あるいは「ＳＲＵ」という。）
(2)　中継装置（又は「ＲＲＵ」という。）
(3)　統制装置
　　指揮統制装置（又は「ＣＣＵ」という。）及び射撃統制装置（又は「ＦＣＵ」という。）
(4)　発射機（又は「ＬＡＵ」という。）
(5)　装填機（又は「ＬＤＵ」という。88ＳＳМ対応）
(6)　弾薬運搬車（又は「ＭＣＵ」という。12ＳＳМ対応）

5　関連器材等には次の装置・用途等がある。
(1)　擬製弾（又は「ＤＭ」という。）には「ＤＭＡ」及び「ＤＭＢ」がある。
　　共通で搭載・卸下訓練及びシーケンス（射撃までの行程）模擬が実施でき、「ＤＭＢ」は、更に燃料注入の訓練ができる。
(2)　部隊整備器材（又は「ＯＭＥ」という。88ＳＳМ対応）
(3)　野整備器材1号（又は「ＦＭ1」という。発射機の点検・整備）
(4)　野整備器材2号（又は「ＦＭ2」という。統制装置の点検・整備）
(5)　野整備器材3号（又は「ＦＭ3」という。対艦レーダの点検・整備）
(6)　野整備器材4号（又は「ＦＭ4」という。中継装置等の点検・整備）
(7)　野整備器材5号（又は「ＦＭ5」という。前方整備、システムの点検・整備、12SSM対応）

第1章 総　説

第2節　地対艦ミサイル部隊の運用の要則

1104　要　　旨
　地対艦ミサイル部隊の運用に当たっては、次の要則を適用する。

1105　対艦戦闘組織の確立
　地対艦ミサイル部隊は、システムの構成を基幹として戦闘組織を確立し、効果的な戦闘を実施することが重要である。このため、広域にわたり陣地占領した部隊を確実に掌握するとともに、有機的かつ柔軟なデータ通信網を構成し、一元的な情報・射撃指揮組織を確立する。この際、Ｃ４Ｉ２を活用する。

1106　艦船情報の取得
　地対艦ミサイル部隊は、早期かつ遠距離から艦船情報を取得して、主動的に対艦戦闘を実施することが重要である。このため、上級部隊及び関係部隊と連携して各種観測機関を適切に運用するとともに、敵艦船に関する情報を継続的かつ組織的に収集する。

1107　重点的な火力発揮
　地対艦ミサイル部隊は、緊要な目標を適時適切に選定し重点的に火力を発揮して、敵を効率的に撃破することが重要である。このため、射撃目標として選定した敵艦船に対して必要な誘導弾を配当し得るよう、弾薬の使用を適切に統制する。

1108　統合運用における緊密な協同
　地対艦ミサイル部隊は、海上・航空自衛隊と緊密に協同して、海上の遠距離における艦船情報（彼我識別を含む。）の入手及び敵艦船に対する射撃を円滑かつ効率的に実施することが重要である。このため、情報活動及び対艦射撃の分担、統制・調整、連絡・通信等について海上・航空自衛隊と調整する。この際、各自衛隊の火力を相互に助長及び補完できるよう着意する。

1109　強靱性の保持
　地対艦ミサイル部隊は、敵の空・地からの攻撃、通信電子攻撃等による被害を回避・軽減して対艦戦闘を継続することが重要である。このため、作戦部隊の全般配置による掩護を得るとともに、地形の利用、システムバックアップ、通信電子防護、欺騙、偽装、直接警戒等を行う。

- 3 -

第1編　総　論

第2章　指　揮

第1節　概　説

1201　要　旨

1　特科団長及び方面特科隊長（編合）（以下「方面特科隊長」という。）は、固有の地対艦ミサイル連隊、あるいは配属された地対艦ミサイル連隊を併せて指揮し、海上の火力戦闘により敵艦船を撃破する。

2　本章は、地対艦ミサイルに関係する特科部隊指揮官の指揮における共通原則について記述する。火力調整者としての活動については第2編「対海上火力運用」による。

1202　方面特科隊長

1　方面特科隊長は、方面特科隊を指揮し、方面特科隊の行動について全責任を負う。

2　方面特科隊長は、方面隊の火力調整者として、対海上火力を含む方面隊の火力運用について方面総監を補佐する。

1203　地対艦ミサイル連隊長

1　地対艦ミサイル連隊長は、連隊を指揮し、連隊の行動について全責任を負う。

2　地対艦ミサイル連隊長は、対海上火力の運用に関し命じられた場合、対海上火力調整補佐者として方面特科隊長を補佐する。

1204　副指揮官、幕僚等

1　方面特科隊の副指揮官、幕僚等の職務は、陸自教範「野戦特科運用」第2編第1章第2節を参照する。

2　地対艦ミサイル連隊の副指揮官、幕僚等の職務は、第3編第1章第2節第2款及び付録第1を参照する。

第2章 指　揮

第2節　指揮の一般要領

1205　要　旨
　方面特科隊長は、方面総監の火力運用の構想（火力運用計画）に基づき、地対艦ミサイルの運用に関し継続的に状況判断を行い、逐次これを具体化して地対艦ミサイル連隊の運用に関する計画を作成し、適時必要な事項を命令して、その実行を監督する。

1206　状況判断
　1　方面特科隊長が状況判断を行うに当たっては、任務、方面特科隊の地位及び状況に応じ、何を、いつ決定すべきかを至当に判断することが重要である。
　2　方面特科隊長は、状況判断を適切かつ容易にするため、情報要求を確立し、情報活動を適切に律して、適時に必要な情報を獲得する。

1207　情報の優越
　情報の優越は、作戦・戦闘における火力運用、部隊運用及び各種活動を最適化し、作戦・戦闘の初動から戦勢を支配するため極めて重要である。このため、方面特科隊長は、必要な情報等を収集・処理及び蓄積・配布・使用し、状況判断及び決心を行い、実行及び評価・反映するという一連の情報・決心・実行サイクル（以下「ＩＤＡサイクル」という。）の回転速度及び精度を、常続的に、敵に比し優越させることが必要である。特に対海上における情報収集は、通常、███ため、幅広く方面隊等と情報の共有及び活用を図ることが重要である。

1208　部隊運用に関する計画及び命令
　1　方面特科隊長は、地対艦ミサイル連隊の運用に関し、必要な事項を計画する。
　　通常、方面特科隊の運用に関する計画においては、地対艦ミサイル連隊の運用の概要のみを示し、その細部については地対艦ミサイル連隊に計画させる。この際、射撃準備完了等の重要な結節等については、明確に方面特科隊の計画及び命令で示すとともに、その内容及び精粗を任務及び状況に適合させることが重要である。

第1編　総　論

　2　方面特科隊長は、地対艦ミサイル連隊に関する計画の構想及び各部隊の任務のうち必要な事項を適時行動命令として下達する。この際、方面隊の行動命令Aの本文、別紙「火力運用」及び「空域統制」を地対艦ミサイル連隊に配布する際は、所要の事項を省略することができる。また、恒常的事項に関する命令は、作戦規定による。

　3　方面特科隊の計画及び命令の細部については、陸自教範「野戦特科運用」第2113条、第2114条を参照する。

1209　統　御

　方面特科隊長は、戦闘において広域にわたり分散して陣地占領する地対艦ミサイル連隊の特性を考慮し、連隊の状況を正確に把握するとともに、指揮の実行を効果的にするよう良好な統御を行うことが重要である。

第3節　指　揮　所

1210　要　旨

　1　方面特科隊指揮所は、部隊の指揮及び射撃指揮の中枢であり、方面特科隊長は、通常、指揮所において部隊を指揮する。

　2　火力調整者たる方面特科隊長は、火力調整のための主要な段階においては、努めて火力調整所に位置する。

　3　指揮所の選定、指揮所勤務、予備指揮所、指揮所の移転、指揮所の警戒及び連絡については、陸自教範「野戦特科運用」第2編第1章第4節を参照する。

第3章　戦闘のための編成

1301　要　旨

1　地対艦ミサイル火力は、方面総監にとって対海上火力の主要な手段である。
　方面総監は、火力運用の構想、特に対海上火力の配分に基づいて戦闘のための編成を示し、地対艦ミサイル連隊の指揮・統制を律する。

2　方面総監は、戦闘のための編成において、方面特科隊長に地対艦ミサイル連隊を努めて■■■■■■■■させるよう部隊区分を定めるとともに、戦術任務を指定する。

3　戦闘のための編成は、陸自教範「野戦特科運用」第2編第2章に同じであるが、対海上火力に関して、次の事項を考慮する。
　(1)　方面隊が敵戦力を減殺するための時期・海域に対する迅速な対海上火力の指向
　(2)　海上・航空自衛隊及び沿岸配置部隊に対する必要な対海上火力の協力

4　本章は、方面総監を主格として記述する。

1302　対海上火力の配分

対海上火力の配分とは、作戦構想に基づき、時期別・海域別に指向すべき対海上火力、特に地対艦ミサイル火力の量を、連隊・中隊数あるいは弾薬量（誘導弾数）等で表したものである。

1303　部隊区分

1　方面総監は、地対艦ミサイル部隊を■■■■させるため、固有及び配属を受けた地対艦ミサイル連隊等をもって方面特科隊を編組する。状況、地形、部隊の離隔度等により、■■■■が困難な場合は、所要の地対艦ミサイル連隊（又は一部）を沿岸配置師団等に配属する。この際、努めて地対艦ミサイル連隊の建制を保持させる。

2　状況により、地対艦ミサイル連隊（又は一部）を統合部隊指揮官及び方面総監の直接指揮下に運用する。

1304　戦術任務

戦術任務は、地対艦ミサイル連隊に戦闘遂行の基準を与え、もって火力戦闘の

第1編　総　論

責任を明らかにするものである。

　方面総監は、方面特科隊長に対し特科隊長の指揮する地対艦ミサイル連隊の戦術任務を指定する。方面特科隊長は、これに基づき地対艦ミサイル連隊に戦術任務を付与する。通常、■■■■■■■■■■■■■■■■■■■■する。

1305　各級特科部隊の戦闘のための編成一般の要領

　1　方面特科隊

　2　師団・旅団特科隊

　3　地対艦ミサイル連隊

第2編　対海上火力運用

本編は、主に方面隊における対海上火力運用及び火力調整者の活動について記述する。統合部隊及び師団・旅団等の対海上火力運用は、これを準用する。

第1章　総　　説

2101　要　旨

1　対海上火力は、方面総監が対海上戦闘のために使用できる火力戦闘手段であり、その運用の適否は、着上陸侵攻対処等各種作戦の成否を左右する。
　方面総監が使用できる対海上火力には、野戦特科火力（特に地対艦ミサイル火力）、対舟艇対戦車火力、ヘリコプター火力、海上・航空自衛隊の火力等がある。

2　対海上火力運用の責任は、方面総監にある。火力調整者（FSC）たる方面特科隊長は、戦闘の見積・計画及び実施の終始を通じ、方面総監の使用できる対海上火力を最も効率的に運用し、方面総監を補佐する。この際、通常、対海上火力運用、特に地対艦ミサイルの運用について対海上火力調整補佐者（FSO）たる地対艦ミサイル連隊長が火力調整者を補佐する。

第2編　対海上火力運用

第2章　情報と対海上火力の連携

第1節　概　　説

2201　要　旨

1　情報と対海上火力の連携は、情報活動と対海上火力運用を密接に連携させ、方面総監の作戦指揮を容易にするものであり、対海上火力運用のIDAサイクルを適切に実行することにより達成される。

2　本章で記述される「情報（I）」には、「見積・計画策定及び火力の発揮に資する情報」と「じ後の作戦・戦闘に反映する情報」がある。

2202　対海上火力運用のIDAサイクル

1　対海上火力運用のIDAサイクルは、次の手順で実行される。
 (1)　敵艦船の海上機動等を先見洞察し、時宜に適した対海上火力運用に資する情報の獲得及び方面総監への情報の提供・意見の提出
 (2)　方面総監の状況判断・決心に基づく適切な対海上火力の統制及び調整
 (3)　効率的な対海上火力の配分による対海上火力の発揮
 (4)　対海上火力戦闘結果の至当な評価・判定、じ後の作戦・戦闘への反映

2　対海上火力運用のIDAサイクル実行に当たっては、情報の共有が重要である。このため、火力調整者は、方面隊と方面特科隊との情報業務の連携強化に努め、次の事項に着意する。
 (1)　主要な結節における認識の統一
 　　収集努力の指向見積時、戦闘間の計画の補備・修正時、対海上火力調整手段更新時等の認識の整合
 (2)　継続的な彼我の態勢等に関する状況把握
 　　彼我の艦船情報等の共有及び彼我の対海上火力戦闘部隊に関する状況把握
 (3)　強靭性・抗堪性ある通信の確保
 　　上・下級部隊、関係部隊等との■■■■■■■の確保を主眼とした有・無線組織の構成・維持
 (4)　作戦規定の活用

- 10 -

第2章 情報と対海上火力の連携

この際、地対艦ミサイル連隊第2科においてもこれを準用させる着意が必要である。
(5) 各種システム(指揮システム、火力戦闘指揮統制システム(以下「FCS」という。)、地対艦ミサイルシステム(以下「SSMシステム」という。)等)の活用及びバックアップ

第2節 対海上火力運用に資する情報業務

2203 要　旨
1　対海上火力運用に資する情報業務の主眼は、適時適切に必要な情報等を獲得し、対海上火力運用のIDAサイクルを実行させ、戦機に投じた対海上火力発揮に寄与するにある。
2　対海上火力運用に資する情報業務においては、見積段階から情報と対海上火力の連携を重視して情報業務を適切に律し、広範多岐にわたる情報資料を迅速・的確に処理するとともに、方面隊と方面特科隊の情報等の共有を図ることが重要である。

2204 収集努力の指向
1　情報要求の確立
(1) 方面総監の情報要求の確立に際し、火力調整者は、対海上火力運用上の観点から、意見提出を行う。
(2) 意見提出に当たっては、次の情報等の獲得に留意する。

2　情報要求の更新
情報要求は、敵情解明の度合い、任務の変更、状況の変化又は作戦の効果によって、継続的に補備・修正する必要がある。特に艦船目標は絶え間なく機動

- 11 -

第2編　対海上火力運用

し変化するため、火力調整者は、機を失せず対海上火力運用上の必要な意見を提出する。

3　予期しない状況が生起した場合の処置

　火力調整者は、予期しない状況が生起した場合、方面隊情報幕僚等と密接に連携し、上級・関係部隊等から必要な情報等を入手するほか、方面特科隊観測機関の使用等、柔軟に対応することが必要である。

2205　情報資料の収集

1　火力調整者は、情報資料の収集に当たり、対海上火力発揮に必要な情報資料を獲得し得るように、敵艦船に関する見積りを継続的に行い、方面隊の情報部隊等が行う収集活動について方面隊情報幕僚に協力する。この際、対海上火力発揮に資する情報資料の収集について、■■■具体的に調整することが必要である。

2　■■

3　対海上火力戦闘後は、■■■■■■■■■■■■■■■■■■■■■■■■■■■■■■を収集することが重要である。

2206　情報資料の処理

1　火力調整者は、方面隊情報幕僚等と密接に連携し、方面隊の情報資料の処理を支援する。この際、方面隊の獲得した艦船の一般情報を目標情報に活用するため、方面特科隊が情報資料を処理するに当たり、火力調整所を通じて方面隊内の情報の共有を図る等の着意が必要である。また、地対艦ミサイルの能力■■■■■■■■■を考慮し、■■■■■■■■■■以下の精度で要求する等の着意が必要である。

2　火力調整者は、敵船団等の射撃目標が、着上陸後に我の作戦部隊の戦闘に与える影響を判定するとともに、目標（船団及び艦船）の重要度を判定し、射撃の実行要領を定める。この際、方面特科隊第2科長は、処理した目標情報について、目標の重要度を判定して方面特科隊長の目標分析に資する。

　目標の重要度及び目標分析については、陸自教範「野戦特科運用」第4410条

- 12 -

第2章　情報と対海上火力の連携

及び付録第12を参照する。

3　対海上火力戦闘後、その戦闘で得られた敵艦船の状況、特に■■あらゆる情報等を考慮して処理することが必要である。

2207　情報の使用

1　火力調整者は、得られた情報を使用して、対海上火力運用見積を実施し、火力運用計画を作成するとともに、作戦・戦闘間の対海上火力調整を行う。この際、水際付近における火力戦闘及び沿岸配置部隊等の戦闘との節調に留意する。

2　方面特科隊が得た情報については、適時適切に方面隊、指揮下部隊及び関係部隊に報告・通報する。特に、対海上火力戦闘開始等、方面総監の重要な決心に関わる情報の提供は、機を失することがないように時間的余裕をもって行う。

3　対海上火力戦闘により得られた敵艦船の状況・損耗等については、逐次報告・通報するか、評価をした後に報告する。この際、獲得した情報を使用して、じ後の作戦・戦闘、特に対海上火力運用のＩＤＡサイクルに反映し、効率的な対海上火力戦闘を継続することが重要である。

第3節　対海上火力の統制及び調整

第1款　要　　説

2208　要　　旨

1　対海上火力の統制及び調整の目的は、協力する海上・航空自衛隊を含む各種の対海上火力を連携させ、方面総監等が使用できる全対海上火力を最も効率的に運用するにある。

2　対海上火力の統制及び調整を行うことにより、次の事項を容易にすることができる。

- 13 -

第2編　対海上火力運用

(1)　対海上火力運用に関する方面総監の統制・監督の補佐
(2)　艦船目標に対する対海上火力の迅速な集中
(3)　船団（又は複数艦船群）を同時に制圧するための対海上火力の配当
(4)　臨機の艦船目標に対する迅速な対海上火力の指向
(5)　状況の変化に即応する計画の変更

2209　対海上火力の統制及び調整のための基礎的要件

対海上火力の統制及び調整を実施するに当たり必要な基礎的要件は次のとおりである。

1　船団及び艦船目標の重要度の判定、特に艦種の特定
2　各種の対海上火力の特性・能力の理解
3　射撃効果の適切な評価

2210　対海上火力の統制及び調整の責任

1　対海上火力の統制及び調整の責任は、方面総監にある。火力調整者は、戦闘の見積・計画及び実施の終始を通じ、方面総監の使用できる主要な対海上火力について火力調整を行い、方面総監を補佐する。

2　対舟艇対戦車部隊等各種対舟艇火力を方面総監が直轄して対海上火力として運用する場合、火力調整者は、その統制及び調整について方面総監を補佐する。

第2款　火力調整所

2211　要　旨

1　方面総監は、その使用できる主要な対海上火力を最も有効適切に運用するため、火力調整所（FSCC）を設け、火力調整者にこれを運営させる。

火力調整所は、方面隊の指揮所と緊密な連携ができる位置に開設する。状況により、調整センター内、若しくは火力調整所の一部又は全機能を方面隊の作戦室内に設置する。

2　火力調整所においては、方面隊の代表者と、方面特科隊及び各火力戦闘部隊の代表者が協同して、方面総監の構想に基づき対海上火力の運用を計画・調整する。

第2章　情報と対海上火力の連携

　3　細部調整所の運営等については、陸自教範「野戦特科運用」第3編第2章第3節第2款を参照する。

2212　火力調整所の機能
火力調整所の主要な機能は、次のとおりである。
　1　方面総監及び幕僚に対する最も有効な対海上火力の運用についての意見の提出
　2　方面総監の方針に基づく各種対海上火力の配当、調整及び総合化
　3　火力運用計画の作成及び対艦射撃計画等の調整
　4　対海上火力調整のための敵艦船に対する目標情報活動、対海上火力戦闘手段等の選定及び対海上火力の指向要領並びに共通の目標指示法に関する調整
　5　海上・航空自衛隊、関係部隊等からの対海上火力の要求及び要請の調整
　6　方面総監に対する対海上火力調整手段の設定に関する意見の提出
　7　射撃効果の評価及び蓄積
　8　我が対海上火力による危害予防に関する意見の提出
　9　方面総監、方面隊幕僚及び他調整所・指揮下部隊指揮所への方面特科隊等の能力・状況、対海上火力調整状況等の報告・通報
　10　空域統制に基づく対海上火力の射撃に係る統制
　11　対海上火力戦闘に関する海上・航空自衛隊との調整

2213　火力調整所の構成
　1　火力調整所の構成は、部隊の地位、状況、特に戦闘の種類・段階、使用できる対海上火力等を考慮し、方面総監が定める。
　2　火力調整所の各構成員の補助者、器材等の差出しは、構成員が所属する方面特科隊の担任である。火力調整者は、方面総監の火力運用の構想に基づき、火力調整所を運営する。
　3　火力調整所の主要な構成員及び所掌事項の一例は、次のとおりである。
　(1)　方面特科隊本部火力調整幹部
　　ア　火力調整についての火力調整者に対する補佐及びその不在間の火力調整業務
　　イ　火力調整班の業務の監督
　　ウ　火力運用に関する見積・計画の作成

－ 15 －

第2編　対海上火力運用

- (2) 方面特科隊本部第2科の代表者

  通常、第2科長、状況により、第3科の代表者が兼務

  - ア　敵艦船の目標情報活動
  - イ　方面隊等の情報部隊の運用等に関する意見具申
  - ウ　火力調整所の要員に方面特科隊の収集した情報の通報
  - エ　敵艦船目標の重要度の考察による、火力調整者の補佐
  - オ　情報図及び諸記録の整備

- (3) 方面特科隊本部第3科の代表者

  火力調整幹部、状況により第3科長

  - ア　火力調整所の要員に対する方面特科隊運用の見積・計画の明示、並びに方面特科隊の射撃能力及び火力戦闘状況の通報
  - イ　対海上火力戦闘手段の選定、対海上射撃の方法、所望効果、対海上射撃の時期、使用弾薬数等についての考察による、火力調整者の補佐
  - ウ　対海上火力の要求の方面特科隊指揮所への通報、状況により地対艦ミサイル連隊に対する射撃任務の付与
  - エ　状況図、火力戦闘図及び諸記録の整備

- (4) 地対艦ミサイル連隊の代表者

  - ア　地対艦ミサイル連隊長

    火力調整補佐者として命ぜられた場合、対海上火力運用についての火力調整者の補佐

  - イ　地対艦ミサイル連隊本部連絡幹部
    - (ｱ) 派遣先指揮官等に対する自隊の状況・能力・将来の企図等の通報及び対海上火力調整者に対する派遣先部隊の状況・計画等の報告
    - (ｲ) 敵艦船に関する情報資料の報告・通報
    - (ｳ) 火力戦闘状況の通報
  - ウ　地対艦ミサイル連隊本部第2科及び第3科の代表者
    - (ｱ) 命ぜられた場合、対海上火力運用についての方面特科隊幕僚等の援助
      - a　対海上火力に関する火力調整業務
      - b　対海上火力運用に関する意見具申

- 16 -

第2章　情報と対海上火力の連携

　　　　　c　対海上火力の運用に関する計画作成
　　　　　d　射撃の安全等専門的事項に係る業務
　　　(イ)　対海上火力調整補佐者不在間の代行
　(5)　火力調整所の構成員の一例は、陸自教範「野戦特科運用」付録第3を参照する。

第3款　対海上の火力調整の要領

2214　要　旨
1　対海上に関する火力調整者の任務遂行一般の要領は、次のとおりである。
　(1)　方面総監の指針の決定に必要な情報を提供するとともに、所要火力・弾薬（誘導弾数）等に関する意見を提出する。
　(2)　任務及び指針を基礎とし、対海上火力運用に関する見積を行い、方面総監に意見を提出して、作戦構想（火力運用構想を含む。）の決定に資する。
　(3)　作戦構想（火力運用構想）に基づき対海上火力運用に関する見積を補備拡充して、火力運用計画を作成する。
　(4)　作戦・戦闘間においては、火力運用計画を基礎とし、これを状況の変化に適合させ、逐次補備・修正の補佐をして実行に移すとともに、臨機の艦船目標等について調整を行う。
2　火力調整の一般的手順は、陸自教範「野戦特科運用」付録第4を参照する。

2215　対海上に関する火力調整の基本的要領
　対海上火力は、要求された時間に所望の対海上火力を最も有効に発揮できるように調整する。この際、■■等、柔軟に使用する。

2216　対海上火力運用に関する見積
1　対海上火力運用に関する見積は、方面隊の任務達成、あるいは任務達成のため考察される各行動方針について、対海上火力運用上影響ある要因を検討し、その要因が任務の達成あるいは各行動方針に及ぼす影響を明らかにするとともに、対海上火力運用の構想を概定して、作戦構想の決定に資し、次いで構想の決定に伴い最良の対海上火力運用を具体化して火力運用計画作成の資とするも

- 17 -

第2編　対海上火力運用

のである。また、対海上火力運用に関する見積は、方面隊幕僚の諸見積、特に作戦見積の資料となるとともに、方面特科隊の部隊運用計画作成のための基礎資料となる。

2　対海上火力運用に関する見積は、継続的に行われる。対海上火力運用に関する見積の主要な段階及び明らかにすべき事項は、おおむね次のとおりである。
 (1)　方面総監の指針の決定に必要な情報の提供及び意見の提出
　　ア　敵艦船の行動、我の対海上火力に影響を及ぼす海域の特性
　　イ　敵艦船、我の対海上火力及び海上・航空自衛隊の対海上火力の能力、特に我の任務遂行のため、必要な対海上火力戦闘部隊の数・種類、弾薬量（誘導弾数）、対海上射撃能力、情報収集能力等
 (2)　作戦構想決定のための見積
　　ア　各行動方針に応ずる対海上火力運用の構想の概定
　　イ　対海上火力運用的見地からの各行動方針の利・不利
　　ウ　各行動方針に応ずる対海上火力運用上の問題点及び対策
 (3)　火力運用計画作成のための見積
　　ア　対海上火力優先（重視する海域）
　　イ　対海上火力の配分及び対海上火力を指向する時期・海域
　　ウ　敵攻撃準備段階の対海上射撃の大綱
　　エ　対戦闘艦戦の大綱
　　オ　戦況の推移に応ずる対海上火力戦闘要領の大綱
　　カ　地対艦ミサイル連隊の戦闘のための編成
　　キ　陣地地域及び射撃海域
　　ク　弾薬（誘導弾）使用の統制
　　ケ　対海上火力の調整手段の設定

3　作戦構想決定のための対海上火力運用に関する見積の一例は、付録第2のとおりである。見積りを実施するに当たっては、第4条まで考察したのち、方面総監の承認を受け、第5条を考察する。

4　対海上火力運用に関する見積のうち、方面総監の状況判断の資となる事項については、適時方面総監に報告する。また、見積りの主要な段階において、方面隊幕僚に通報し、その幕僚見積の中に総合させるか、方面隊の幕僚見積と

- 18 -

第2章　情報と対海上火力の連携

連携して対海上の火力運用見積を実施し、相互の整合を図る場合がある。
2217　対海上火力運用の構想
1　方面総監は、火力調整者に対し、作戦構想、特に対海上火力運用の構想及び火力運用計画作成のための指針を示す。
2　対海上火力運用の構想には、次の事項が含まれる。
(1)　方　　針
　方面隊の運用と密接に連携し、対海上火力運用の目的、火力戦闘手段、目標（船団・艦船及び海域）及び火力戦闘要領等を示す。
(2)　指導要領
　ア　対海上火力優先（重視する海域）
　イ　対海上火力を指向する時期・海域・所望効果
　ウ　敵攻撃準備段階の対海上射撃
　エ　対戦闘艦戦の大綱
　オ　戦況の推移に応ずる対海上火力戦闘要領の大綱
　複数の作戦段階区分において対海上火力発揮を行う場合においては、各作戦段階区分ごとに記述する。
3　火力運用計画作成のための指針には、次の事項が含まれる。
(1)　戦闘のための編成
(2)　重要目標（船団及び艦船）に対する対海上火力に期待する効果
　この際、船団に対し具体的艦船数、艦船に対し小破、中破、大破、撃沈等に区分
(3)　地域使用の統制（陣地地域及び飛しょう経路等）
(4)　対海上火力の調整手段の設定及び空域統制
(5)　弾薬（誘導弾）の使用基準

2218　火力運用計画
1　通常、火力運用計画には、対海上の火力運用を併せて記述する。
2　火力運用計画には、対海上火力運用の構想を具体化し、方面総監が使用できる全対海上火力を調整して、これを有効適切に運用するための計画が含まれ、これは、作戦・戦闘の全期間を通ずる対海上火力の統制・調整の基本となる。
3　火力運用計画には、対海上火力運用の構想及びこれを具体化するために必

－ 19 －

第2編　対海上火力運用

要な事項を含む全般の計画と、各火力戦闘部隊の射撃要領等を総合的に調整した射撃計画等が含まれる。

　射撃計画は、特科射撃計画、対舟艇対戦車射撃計画、ヘリコプター火力戦闘計画、艦砲射撃計画等からなる。

　地対艦ミサイルの射撃要領等を定めた対艦射撃計画は、特科射撃計画に総合される。

4　火力運用計画の細部については、陸自教範「野戦特科運用」第3219条を参照する。

2219　火力運用計画の作成

1　全般の計画には、次の事項のうち必要なものを含める。
　(1)　対海上火力運用の構想
　(2)　各部隊の任務等
　　使用できる対海上火力戦闘部隊の任務、任務遂行のための一般的指示事項、戦闘のための編成、対海上火力運用上の統制・調整事項等
　(3)　弾薬の使用基準、弾薬補給等の兵站に関する事項
　(4)　指揮及び通信に関する事項

2　全般の計画は、対海上に関する事項を、水際付近以降の地上火力の項目に整合させるか、別個に項目を起こして独立的に記述する。

3　対艦射撃計画は、全般の計画に基づき、各火力戦闘部隊の代表者が相互に調整して作成する。対艦射撃計画の作成は、火力調整者としての活動の分野であるが、細部については、第3編第3章第6節第2款を参照する。

2220　作戦・戦闘間における火力調整

作戦・戦闘間における対海上の火力調整を実施するに当たり、特に着意すべき事項は、次のとおりである。

1　継続的に敵艦船の一般・目標情報資料を収集・処理し、最新の艦船情報を維持する。この際、複数の観測機関を使用して収集した情報資料の処理に留意する。

2　戦況の推移に伴い、火力運用計画、特に対艦射撃計画を逐次補備・修正し、最新の状態に維持する。

3　沿岸配置部隊等の状況及び火力戦闘部隊の状況を常に明らかにするととも

第2章　情報と対海上火力の連携

に、海上・航空自衛隊の状況を把握する。
  4　対海上火力の調整手段及び空域統制の変更について、先行的に調整及び意見具申し、迅速な火力調整を容易にする。

2221　海上・航空自衛隊との調整

　火力調整者は、対海上火力運用に関する見積に基づき、作戦・戦闘の終始を通じ海上・航空自衛隊と次の事項の調整を行う。なお、統合運用の各種作戦における調整については、本編第3章第2節を参照する。

第4款　統制及び調整の手段

2222　射撃海域及び射撃準備海域

  1　射撃海域は、射撃の準備及び実施に関する責任を明らかにするため設定するものであり、射撃準備海域は、射撃海域外で射撃を行う可能性がある海域に対し、射撃を準備させるため、必要に応じ設定するものである。いずれも、戦況の推移に応じ適宜変更する。
  2　地対艦ミサイル連隊には、射撃海域及び必要に応じ射撃準備海域を戦術任務とともに示す。この際、射撃海域については以下の事項を考慮する。
  (1)　所望の射撃海域を火制し得るよう設定し示す。この際、対舟艇対戦車火力、海上・航空自衛隊等との射撃海域の責任区分は、対海上火力の調整手段により示す。
  (2)　射撃海域の左右の限界は線で、縦深は地対艦ミサイル火力の全部あるいは一部が到達すべき線と最小射距離線で示す。この際、最小射距離線はミサイルの能力を考慮して設定する。

2223　対海上火力の調整手段

  1　対海上火力の調整手段は、一定期間、作戦・戦闘海域において対海上火力

- 21 -

第2編　対海上火力運用

の迅速な調整を容易にするとともに、我が対海上火力による危害を予防するために設定する。通常、方面総監が、海上・航空自衛隊部隊指揮官と調整して設定し、■■■■■■■■■■■■■してこれらを連ねる線で示される。地対艦誘導弾のための調整手段は、陸自教範「野戦特科運用」第3225条第3項を参照する。

2　火力調整手段は、その性格に応じ方面隊の行動命令A本文、同別紙「火力運用」、方面特科隊等行動命令等により指揮下部隊に示す。

3　対海上火力の調整手段の表記要領の一例は、付録第3を参照する。

2224　空域統制

1　空域統制の目的は、航空部隊、航空科部隊、高射特科部隊、特科部隊等が相互に妨害することなく、それぞれの活動を適切、かつ、安全に実施することにある。陸上自衛隊が設定する主要な空域統制手段には、空中回廊（AC）、低空域航路（LLTR）、標準陸上航空経路（SAAFR）がある。地対艦ミサイルの飛しょうは、航空機に準ずるため、必要により空域統制を実施する。

2　通常、地対艦ミサイルの飛しょう高度及び経路は、陸上統制空域を越えるため、運用制限区域（ROA／ROZ）の調整を実施する。

3　火力調整者は、方面隊の空域統制計画に基づき、空域統制班、各調整所等と連携して地対艦ミサイルの飛しょうに関わる統制を行う。この際、空域統制班に対し空域統制に関する要求を行うとともに、方面隊の空域統制に基づき、地対艦ミサイル連隊の射撃を統制する。

空域統制系統の一例、細部については、陸自教範「野外令」第3編第1章第2節、「本格的陸上作戦」第1編第3章第3節、「野戦特科運用」第3226条によるほか関連教範類を参照する。

第4節　対海上火力の発揮

第1款　対海上火力戦闘手段の選定

2225　対海上火力戦闘手段選定の一般的要領

対海上火力戦闘手段の選定に当たっては、目標の特性及び重要度を考慮し、第

- 22 -

第2章　情報と対海上火力の連携

2215条に準拠して行う。

2226　特科火力

地対艦ミサイル火力及びその他の特科火力を使用する場合は、当該海域・能力等を考慮し、最適な部隊を使用する。

2227　対舟艇対戦車火力

対舟艇対戦車火力を使用する場合は、火力調整所の対舟艇対戦車部隊の代表者を通じ、対舟艇対戦車部隊に要求する。

2228　ヘリコプター火力

ヘリコプター火力を使用する場合は、火力調整所の航空科部隊の代表者を通じ又は直接、対戦車ヘリコプター部隊に要求する。

2229　海上・航空自衛隊の対海上火力

協同部隊等の海上・航空自衛隊火力を使用する場合は、指揮系統上の火力調整所を経て海上・航空自衛隊の代表者を通じ調整する。

計画作成段階においては、火力調整の結果に基づき、火力調整者が作成する火力運用計画及び対艦射撃計画に海上・航空自衛隊火力を含めて反映する。通常、要求部隊に協力することを指定された航空機又は艦艇等の対海上火力を使用する。また、航空自衛隊に対し、計画要請及び緊急要請の中で対海上火力を要請する場合は、陸自教範「野戦特科運用」第3228条を参照する。

第2款　対海上火力戦闘結果の分析・反映

2230　対海上火力戦闘結果の分析

1　分析に当たっては、敵艦船（特に船団）の損耗状況を具体的に把握する。この際、論理的・客観的な分析が必要である。

2　対海上火力戦闘結果の収集

収集に当たっては、通常、当該目標情報を獲得した部隊が継続的に追随を実施する。この際、地対艦ミサイル連隊は、■■■■■■■■■■■■■■■■■■■■■■■■■する。

3　対海上火力戦闘結果の評価

評価は、収集した対海上火力戦闘結果の適切性を判断し、その正確性を検討

- 23 -

第2編　対海上火力運用

することである。評価に当たっては、過去の実績及び戦術的判断を基礎として既得の情報及び対海上火力戦闘結果を使用し検討する。この際、敵の状況、勢力組成等を考慮して、敵の残存勢力（能力等）を具体的にすることが重要である。

4　対海上火力戦闘結果の判定

判定は、彼我の作戦・戦闘への影響及び敵の残存勢力について客観的・計数的に行い、対海上火力戦闘の成果を努めて具体的に把握する。また、判定で得られた成果については、上級部隊・関係部隊及び指揮下部隊に報告・通報する。

2231　対海上火力戦闘結果の反映

1　対海上火力戦闘結果の分析によって得られた結果は、じ後の作戦・戦闘、特に対海上火力運用のＩＤＡサイクルの実行に反映させる。この際、方面隊の情報幕僚等との連携に努める。

2　得られた成果に基づき、再度、対海上火力戦闘を行う場合は、敵船団の残存艦船を考慮し、指向する対海上火力の種類及び量を適切に判断し、最も効率的な対海上火力を発揮する。また、火力運用計画を変更又は大幅に修正する場合は、方面総監に報告し、承認を得ることが必要である。

第3章　日米共同作戦及び統合運用の各種作戦における調整

第1節　日米共同作戦における調整

2301　要　旨

1　日米共同作戦における対海上火力戦闘に関する調整は、日米両部隊の対海上火力発揮を助長するとともに、必要な時期・海域に対する対海上火力を相互に補完し作戦全般を有利に進展させるため重要である。

2　火力調整者は、日米の作戦部隊間で定められた協定等に基づき、火力戦闘に関する調整のための組織を構成し、対海上火力運用（地対艦ミサイルの運用等を含む。）について米軍と調整して、方面総監を補佐する。

3　対海上火力戦闘に関する調整の実を上げるためには、相互の対海上火力戦闘部隊の編成・装備及び能力・限界を熟知するとともに、対海上火力運用構想の相違を理解することが極めて重要である。

2302　調整のための組織及び方法

2303　対海上火力運用に関する調整

第2編　対海上火力運用

2304　対海上火力運用における部隊運用に関する関係部隊等との調整

第2節　統合運用の各種作戦における調整

2305　要　旨

　1　統合運用の各種作戦における対海上火力戦闘に関する調整は、各自衛隊の対海上火力発揮を助長するとともに、必要な時期・場所に対する対海上火力を相互に補完し作戦全般を有利に進展させるため、重要である。

　2　対海上火力の統制は、通常、対海上火力支援を受ける部隊の長が行う。

第3章 日米共同作戦及び統合運用の各種作戦における調整

3 方面火力調整者は、方面総監が任務を遂行するために使用できる陸上自衛隊の対海上火力の統制及び調整を行うとともに、海上・航空自衛隊との調整を行う。

4 対海上火力戦闘に関する調整の実を上げるためには、各自衛隊対海上火力の編成・装備及び能力・限界を熟知するとともに、対海上火力運用要領、調整・統制要領等の相違を理解することが極めて重要である。

5 本節においては、主に協同による運用での対海上火力戦闘に関する調整事項を記述する。

2306 調整のための組織及び方法

2307 対海上火力運用に関する調整

- 27 -

189

第2編　対海上火力運用

4 █████████████████████████████

2308　ターゲティング

　ターゲティングは、通常、方面隊以上の部隊で実施する。ターゲティングの目的は、各自衛隊の火力を総合一体化し、縦深地域を含む作戦地域全域における効率的・効果的かつ均衡のとれた火力戦闘を実施するにある。

　ターゲティングの細部要領については、陸自教範「野戦特科運用」第3308条を参照する。

第4章　各運用場面における運用

第1節　概　　説

2401　要　旨

1　方面特科隊長は、対海上火力、特に地対艦ミサイルを運用するに当たり、いずれの運用場面においても地対艦ミサイル連隊の編成・装備及びミサイルの能力・限界を熟知し、その能力を十分に発揮させることが重要である。

2　現代戦は、空地の縦深にわたる激烈かつ流動的な立体戦の生起を予期することが必要である。このため、方面特科隊は、いかなる状況下においても地対艦ミサイルを適切に使用し、敵艦船に対し対海上火力戦闘を遂行するとともに、常に敵の航空攻撃、電子戦及び特殊武器の使用に対処することが重要である。

3　本章においては、各運用場面共通の運用、周辺海域の防衛、着上陸侵攻対処及び島しょ部への侵攻対処における運用、特に地対艦ミサイル火力の運用について記述する。また、統合運用による記述は、統合任務部隊を主体に記述し、協同による場合は、その旨をその都度記述する。

第2節　各運用場面共通の運用

第1款　要　説

2402　要　旨

1　地対艦ミサイル運用に当たっては、■■■この際、いずれの場合においても気象、海象、彼我の態勢等を考慮し、対海上火力を指向する時期・海域等を決定することに留意する。

2　本節においては、敵戦闘艦群及び輸送艦に対する対海上火力戦闘、海空作

- 29 -

第2編　対海上火力運用

戦、機雷戦、対空作戦、電子戦、対特殊武器戦等各運用場面に共通する事項を記述する。

2403　各運用場面共通の着意事項

1　中期海面飛しょうの活用

　地対艦ミサイルは、ミサイルの残存性を最優先するため、■■■■■■■■■■■■■■■■■■■■■■■■■■■■■■■■■■■■■■■する。また、■■■■■■■■■■■■■■においては、飛しょう高度が、中期海面飛しょう高度になるよう運用する。特に■■■■■■■■■■■■■■■■■■■■■■■■■■■■■■■■■■■■■■■ミサイルが中期海面飛しょう高度まで達することができるよう、着意が必要である。

2　目標情報の獲得

　対艦レーダを使用せず射撃を実施する場合は、地対艦ミサイルの性能を十分に発揮させるため、適切な目標情報を獲得し、至短時間に伝達することが必要である。目標情報の要素として次の要素を追求する。

3　局地的な航空優勢の獲得

　地対艦ミサイルは、発射点、射撃時期及び飛しょう経路を考慮し、高射部隊等の対空掩護を得るとともに海上・航空自衛隊と連携して局地的な航空優勢を確保することが重要である。航空優勢獲得の必要性は、次のとおりである。

　(1)　ミサイルのその秘匿には限界がある。特に敵航空機等対空レーダに容易に発見される。

　(2)　ミサイル射撃の爆風は、容易に陣地を暴露し、その秘匿には限界がある。特に離島等展開地域が制限される状況においては、顕著である。

　(3)　海上・航空自衛隊との協同射撃時において、協同する航空機等の飛行安

第4章　各運用場面における運用

第2款　敵戦闘艦群に対する対海上火力戦闘（対戦闘艦戦）

2404　要　旨

1　敵戦闘艦群に対する対海上火力戦闘（以下「対戦闘艦戦」という。）は、敵戦闘艦群の戦闘力を弱体化させ、海上・航空優勢の獲得に寄与するために行う対海上火力戦闘であり、じ後の対艦ミサイル火力の発揮等を容易にし、対海上火力を効率的に発揮するため、極めて重要である。

2　対戦闘艦戦は、通常、方面総監等の▨▨▨▨▨▨に、地対艦ミサイル、協同する海上・航空自衛隊の対海上火力をもって行う。

3　対戦闘艦戦は、敵の巡洋艦・駆逐艦等戦闘艦で編成された戦闘艦群を主対象とするが、極めて強力な防空能力を持つ敵戦闘艦に対しては、たとえ1隻であっても、対戦闘艦戦を実施することが必要である。

2405　対戦闘艦戦の大綱

1　方面総監は、対海上の火力運用構想において、通常、対戦闘艦戦の大綱を示す。

対戦闘艦戦の大綱においては、次の事項を明らかにする。

2　対戦闘艦戦の大綱決定のため考慮すべき事項は、次のとおりである。

第2編　対海上火力運用

　　3　火力調整者は、方面総監に対し、対戦闘艦戦の大綱決定に必要な意見を提出する。

2406　敵戦闘艦群の情報の処理

2407　対戦闘艦戦の実施上着意すべき事項

対戦闘艦戦の実施上着意すべき事項は、次のとおりである。

2408　敵戦闘艦（指揮中枢）の破壊

　　1　敵指揮中枢等の破壊の主眼は、敵の指揮中枢等に対して火力を指向して、

第4章 各運用場面における運用

組織的な戦闘力の発揮を妨害するとともに、敵のIDAサイクルの回転速度を低下させ、我の態勢の優越を獲得するにある。
　敵の指揮中枢等の破壊は、指揮中枢を保有する艦船を主対象とする。
2　敵の指揮中枢等の破壊の成否は、情報獲得の程度に大きく左右される。このため、情報活動を適切に律して、敵の指揮中枢等に関するあらゆる兆候に留意し、情報収集することが重要である。この際、その目標艦船の撃破には多量の弾薬を消費する恐れがあるため、作戦全般を考慮してその実行の可否を判断することが必要である。

3

第3款　敵輸送艦等に対する対海上火力戦闘

2409　要　旨

1　敵輸送艦等目標に対する火力戦闘の主眼は、方面隊の任務達成に寄与するため、敵部隊の先遣及び主力侵攻等に対して対海上火力を指向し、敵の輸送艦等の撃破・減殺を図り、敵の戦闘力を減殺するにある。
2　敵輸送艦等目標に対する火力戦闘に当たっては、彼我の態勢・相対戦闘力、戦況の推移、情報収集の程度、火力戦闘部隊、　　　を考慮し、実行要領を決定する。

2410　敵輸送艦等の撃破・減殺

1　敵輸送艦等の撃破・減殺の主眼は、敵の上陸に先立ち海上から敵戦闘力を減殺する等により、方面隊の任務達成に寄与するにある。
　敵戦闘力の撃破・減殺は、人員・装備を運搬する輸送艦及び揚陸艦（船団）を主対象とする。
2　敵輸送艦等の撃破・減殺に当たっては、敵輸送艦等（船団）の接近の情報を継続して収集し、敵が弱点を形成する海域・態勢及び地対艦ミサイル火力の効果が最も得られる時期・海域の両者を満たすように実施することが重要であ

- 33 -

第2編　対海上火力運用

る。この際、水際付近の火力、特に特科火力及び対舟艇火力と密接に連携し、方面総監の███████に、各種対海上火力をもって行う。

3　敵輸送艦等の目標選択は、船団区分、艦種等により異なる。どの船団のいずれの艦船目標に射撃するかは、方面隊の任務及び沿岸配置部隊の戦闘及び弾薬量（誘導弾数）等を考慮し選定する。

4　通常、輸送艦等（船団）を護衛するため、防空能力の高い戦闘艦又は戦闘艦群が帯同する。戦闘艦に対する射撃の細部については、本章第2節第2款を参照する。

2411　敵輸送艦等の情報の処理

第4款　海空作戦における対海上火力支援

2412　要　旨

海空作戦は、海上作戦を有利に導くため、海上自衛隊の部隊と航空自衛隊の部隊が、組織的連携のもとに、通常、協同で行う作戦である。

海空作戦は、艦隊防空、対艦攻撃及び協同偵察に区分される。

1　艦隊防空は、海上・航空自衛隊が協同して、敵の航空攻撃を撃破又は排除し、海上自衛隊の艦艇及び護衛中の船舶を防護する。

2　対艦攻撃は、海上・航空自衛隊が協同して、敵の海上戦力を撃破又は排除する行動である。状況により陸上自衛隊が地対艦ミサイルをもって火力支援する。

第4章　各運用場面における運用

　3　協同偵察は、海上・航空自衛隊が協同して、敵の海上戦力について行う偵察である。

2413　陸上自衛隊の地対艦ミサイルで火力支援する場合の着意事項
　1　選定した目標艦船情報の共有
　2　指揮・作戦統制及び調整関係の明確化
　3　保有するシステムの連携、作戦規定等により彼我の全般状況、目標の状況等諸情報の共有
　4　適切な任務分担
　　各自衛隊の特性に応じて適切に任務を分担し、敵航空攻撃の排除、敵艦艇の撃破及び偵察を総合的に実施
　5　友軍相撃の防止
　　火力調整手段（海上を含む。）、空域統制・彼我識別要領等を適切にし、海上・航空自衛隊の戦闘機及び陸上自衛隊の地対艦ミサイル等との間の友軍相撃を防止
　6　細部は、統合教範「統合運用教範」、「海空作戦教範」等を参照する。

第5款　機雷戦における対海上火力支援

2414　要　　旨
　機雷戦は、海上自衛隊が主体となり、通常、陸上・航空自衛隊が協同して機雷を敷設し又は敵の敷設機雷に対処する作戦であり、機雷敷設戦と対機雷戦に区分される。
　1　機雷敷設戦
　　機雷によって敵の艦船を撃破し、行動を制約するとともに、困難な対機雷戦を敵に強要するため、敵の支配する海域等に機雷を敷設する攻勢的な機雷敷設と、敵の海上部隊の通航の阻止及び我が海峡、港湾、近海の海上後方連絡線を防護するため我が国周辺海域に機雷を敷設する守勢的な機雷敷設からなり、海上・航空自衛隊の艦艇及び航空機が主体となって行う。
　2　対機雷戦
　　危険海域の設定・迂回水路の設定等の機雷の脅威を回避する機雷回避、機雷

- 35 -

第2編　対海上火力運用

掃海及び機雷掃討による機雷排除、消磁装置の活用・音響管制等の敷設機雷による危険の局限又は避行する等自己防御手段を活用する機雷防御からなり、海上自衛隊の艦艇及び航空機が主体となって行う。なお、対機雷戦には、各自衛隊の部隊により実施される敵による機雷敷設の見張り、浮遊、浮流機雷の発見等を行うための機雷の監視が、適切な対機雷戦を実施するために必須の前提条件である。

　3　細部は、統合教範「統合運用教範」、「機雷戦教範」等を参照する。

2415　陸上自衛隊の特性と役割

陸上自衛隊は、沿岸監視能力、地対艦ミサイル等による対艦船・対舟艇攻撃能力、水際障害物による障害設置能力及び重要施設等の警護能力を有している。このため、機雷戦においては、次の役割を有する。

　1　沿岸の機雷監視
　2　我が機雷敷設又は機雷排除を妨害する敵艦船に対する攻撃
　3　機雷敷設と連接する水際障害物の設置
　4　海上・航空自衛隊の陸上展開部隊の警護

2416　陸上自衛隊の地対艦ミサイルで協同する場合の着意事項

　1　適切な達成目標の確立

海上交通の途絶等を招く可能性があり、防衛作戦全般及び部外への影響が極めて大きいため、防護すべき海域、その優先順位等を十分考慮し、機雷戦の達成目標を適切に確立しなければならない。

　2　継続的な警戒監視

主要海峡、重要港湾、海上交通の要衝等において、部隊が連携して、継続的な機雷の監視を行う。

　3　情報の共有

敵の機雷敷設情報を早期に収集するとともに、所要の通報を行い情報の共有を図る。

　4　艦船の安全確保

敵の機雷を発見した場合又は我の機雷を敷設する場合には、危険回避のため、速やかに情報を関係機関等に伝達し、我が国及び中立国の艦船の安全確保を図る。

第4章　各運用場面における運用

第6款　対　空　作　戦

2417　要　　旨
　方面特科隊の対空作戦の主眼は、方面特科隊等に直接脅威となる敵航空機等を撃墜するとともに、対空警告・警報、隠蔽・掩蔽、偽装、分散、欺騙、築城、夜間の利用等の対空防護の手段によって敵の経空脅威を回避し、火力戦闘に寄与するにある。

2418　対空作戦に関する指揮の一般要領
　方面特科隊長は、方面隊の対空作戦に関する構想に基づき、自らの対空作戦に関する方針を確立し、戦況に応ずる対空戦闘態勢を整え、敵の航空攻撃等に対処する。この際、作戦規定を活用して敵の航空偵察及び航空攻撃等に対する対応行動を定めるとともに、対空作戦に関する指揮・統制を適切にして、使用できる対空火力を有効適切に運用する。

2419　対空作戦のための組織
　1　対空警告・警報組織
　効果的な対空作戦を遂行するためには、対空警告・警報の的確な伝達が重要である。このため、方面特科隊は、方面隊の警告系及びその他の利用し得る通信手段を活用して対空警告・警報組織を構成する。
　2　対空戦闘組織
　(1)　方面特科隊長は、任務、地域の特性、敵の航空可能行動、高射特科部隊の状況、通信能力等を考慮して、対空戦闘組織を構成する。
　(2)　方面特科隊の対空戦闘組織は、努めて高射特科部隊を骨幹とする対空戦闘組織と連接させ、対空戦闘に直結する目標情報の入手を図るとともに、組織的な対空火力を発揮し得るよう構成する。この際、対空情報処理装置の端末を有する場合は、方面隊の対空戦闘組織に加入する。
　(3)　効果的な対空戦闘を遂行するため、対空火器（携帯地対空誘導弾、重機関銃等）の配置、主射撃区域、目標情報の伝達、射撃の制限等について所要の統制を行うとともに、必要に応じ指揮下部隊の対空火器を直轄して使用する。

－ 37 －

第2編　対海上火力運用

2420　対空作戦に関する統制及び調整

　1　方面特科隊長は、方面隊の作戦規定によるほか、方面総監の対空作戦に関する統制に基づき、対空警告・警報に応ずる戦闘準備の態勢、対空情報活動、対空射撃について戦闘上の基準となる事項を明示するとともに、対空防護について細部要領を定める。

　2　方面特科隊の保有する携帯地対空誘導弾及び重機関銃は、状況により、方面隊の対空火力の一環として直轄して運用される。

　3　方面特科隊長は、対空戦闘力の発揮を容易にするため、近傍に高射特科部隊が所在する場合、自隊の対空火器の配置、目標情報の授受、対空射撃の要領等について調整する。この際、特に広域に展開する地対艦ミサイル部隊を考慮する。

2421　対空作戦の実施

　1　方面特科隊は、対空警告・警報、隠蔽・掩蔽、偽装、分散、欺騙、夜間の利用等の対空防護によって敵の航空偵察及び航空攻撃等を回避するとともに、任務を遂行するために必要な対空戦闘を行う。この際、地対艦ミサイル部隊等広域展開する部隊には、戦闘における明確な判断基準を付与する。

　2　対空射撃の開始の時期は、方面総監が明示する。

第7款　電　子　戦

2422　要　旨

　方面特科隊の電子戦の主眼は、敵の通信電子活動を探知・逆用し、その効果を低下又は無効にするとともに、我の通信電子活動の自由を確保して、対海上火力戦闘を容易にするにある。

　方面特科隊は、主として通信電子防護（EP）を行うとともに、方面隊の統制下にその他の通信電子活動を行う。また、敵の通信電子部隊・施設・艦船を制圧・破壊する。地対艦ミサイル連隊には、必要によりジャミングを行う敵艦船（以下「ジャマ艦」という。）に対して射撃を実施させる。

2423　電子戦に関する指揮の一般要領

　1　方面特科隊長は、方面隊の電子戦に関する構想に基づき、自隊の通信電子

第4章　各運用場面における運用

防護について計画・実施するとともに、方面隊の行う電子戦に関し、対海上火力運用の見地から方面総監に意見を提出する。

2　電子戦に関する主務幕僚は第3科長であり、第2科長及び通信幹部は、それぞれ情報及び通信電子運用の見地から第3科長の活動を援助する。

3　電子戦に関する計画のうち、制圧・破壊に関する事項は「火力運用計画」に、その他は「方面特科隊部隊運用に関する計画」に含まれる。

2424　通信電子防護

1　通信電子防護は、敵の通信電子偵察又は通信電子攻撃に対し、我が通信電子活動の自由を確保するものであり、対通信電子偵察及び対通信電子攻撃に区分され、対通信電子攻撃には、対通信電子妨害、対通信電子欺騙、対放射源ミサイル（ARM）攻撃等がある。

　方面特科隊が行う通信電子防護の対象には、■■■■■■■■■■■■■■■■■■■■■■■■■■■■■■等がある。

2　方面特科隊長は、敵の通信電子偵察及び通信電子攻撃の能力とこれらが部隊の行動に及ぼす影響を判断し、通信電子防護を計画・実施する。また、妨害等を受けた場合は、速やかに方面隊に報告する。

　通信電子防護の計画・実施に当たり各機能ごとに考慮すべき事項は、以下のとおりである。

(1)　対通信電子偵察

　■■■■■■■■■■■■■■■■■■■■■■する。このため、通信電子活動に関する統制及び保全を適切にする。

(2)　対通信電子攻撃

　ア　対通信電子妨害

　　敵の行う通信電子妨害を排除又は回避する。このため、通信諸元の運用を適切にするとともに、予備の手段・諸元・器材等を準備する。

　イ　対通信電子欺騙

　　敵の偽信を看破し、敵に乗ぜられない。このため、情報活動との連携を図るとともに、通信電子規律を維持する。

　ウ　対放射源ミサイル攻撃対処

　　敵の対放射源ミサイル（ARM）による通信電子攻撃を回避する。この

- 39 -

第2編　対海上火力運用

ため、通信電子施設の防護等を行う。

2425　その他の電子戦

1　通信電子攻撃（EA）

　方面隊の統制下に敵の通信電子活動に対する通信電子欺騙等限定された任務を遂行する。

2　通信電子情報活動（ES）

　敵の電子戦能力、部隊の配置、活動等の情報は、方面隊から入手するほか方面特科隊自ら収集する。また、方面特科隊の収集した情報資料については、方面隊に速やかに報告・通報する。

3　制圧・破壊

　敵の通信電子部隊・施設・艦船を火力により制圧・破壊する。この際、我の電子戦部隊等と通信・連絡要領及び射撃要領について調整する。

第8款　対特殊武器戦

2426　要　旨

　方面特科隊の対特殊武器戦の主眼は、敵の特殊武器使用による被害を局限して、火力戦闘を容易にするにある。

　方面特科隊は、方面隊の対特殊武器戦に関する構想に基づき、敵の特殊武器の破壊措置のための火力の準備及び対特殊武器戦のための組織の構成を行うとともに、自隊の特殊武器情報、除染等の防護行動を行う。

　細部については、陸自教範「対特殊武器戦」を参照、地対艦ミサイル連隊以下については、第3編第3章第7節第6款を参照する。

2427　対特殊武器戦に関する指揮の一般要領

　方面特科隊長は、対特殊武器戦における火力運用に関し、方面総監に意見を提出するとともに、方面特科隊の対特殊武器戦に関し、第3科長に対特殊武器戦のための組織、部隊の運用、対特殊武器戦に関する所要の統制・調整事項等に関する指針を示して、計画を作成させる。

2428　対特殊武器戦のための組織

　方面特科隊長は、通常、指揮・統制、情報及び警告・警戒等の組織に、特殊武

－ 40 －

第4章　各運用場面における運用

器攻撃の脅威に応じ、化学特技者、部隊防護装備品等を増強して対特殊武器戦のための組織を構成する。必要に応じ、所要の要員をもって防護班、除染作業隊等の組織を臨時に編成する。

2429　対特殊武器戦のための部隊運用及び各部隊に示す事項
　1　方面特科隊長は、敵の特殊武器攻撃に伴う被害を最小限にとどめて、戦闘力の維持・回復を図るように部隊を運用する。
　2　方面特科隊長は、対特殊武器戦の構想に基づき、対特殊武器戦のための組織、偵察及び除染に関する事項並びに分散・築城の基準、防護の程度等について計画し、部隊に示す。

2430　対特殊武器戦の実施
　1　作戦準備
　(1)　要　　旨
　　　方面特科隊長は、特殊武器攻撃のおそれがある場合、特に機に投じた正確な情報の入手、分散・秘匿、機動力の発揮、予備隊の運用、部隊の独立性の維持、兵站支援、士気の高揚、規律の維持等を考慮し、情報及び警戒の強化、防護施設等の準備、特殊武器攻撃に対する訓練及び予行等を周到に行う。
　(2)　情報及び警戒の強化
　　　あらゆる部隊及び手段をもって特殊武器攻撃の兆候を察知するように努める。また、作戦上の要求との調和を図り、努めて部隊を分散させるとともに、部隊の行動を秘匿し、被害の局限を図る。
　(3)　防護施設等の準備
　　　陣地の編成に当たっては、地形を利用するとともに、努めて特殊武器攻撃に耐え得る施設等を整える。この際、特に段列地域の抗堪性の強化に留意する。
　(4)　訓練及び予行
　　　作戦準備との調和を図り、訓練及び対処要領に関する予行を実施させる。この際、特殊武器防護に関する知識と技能を一隊員に至るまで普及するよう着意する。

第2編　対海上火力運用

2　作戦指導
(1)　特殊武器攻撃のおそれがある場合

　　方面特科隊長は、作戦実施間全般において、特殊武器攻撃の脅威の度が増大するに伴い、情報及び警戒の処置を強化する。敵の特殊武器投射手段等が解明できる場合は、これらの破壊に努める。攻撃する場合は、任務を基礎として、敵の特殊武器の種類・特性、攻撃目標となる投射手段・配備等の敵部隊の状況、相対戦闘力、機動・火力・特殊武器防護装備等の我が部隊の状況、地形・気象、攻撃後の特殊武器の影響等を考慮して、攻撃部隊の編成及び攻撃要領を適切に行う。

(2)　特殊武器攻撃を受けた場合

　　方面特科隊長は、迅速な対応行動により、被害の拡大を防止しつつ戦闘力の回復を図り、強固な意志をもって任務を続行する。この際、特殊武器情報及び被害の状況を迅速かつ正確に把握するとともに、指揮下部隊に行動の準拠を明示する。

　ア　作戦準備間において特殊武器攻撃を受けた場合
　　(ｱ)　特殊武器攻撃による被害状況を把握するとともに、被害の局限、2次汚染防止等の被害の拡大防止を図る。
　　(ｲ)　特殊武器攻撃による汚染地域は、作戦地域の重要性、戦況の推移、除染部隊の能力、地形・気象の影響等を考慮して、除染して再利用するか又は除染を限定して汚染地域を障害として利用する等して、全般の作戦準備に万全を期すよう着意する。

　イ　作戦間において特殊武器攻撃を受けた場合
　　(ｱ)　特殊武器攻撃に連携する敵の行動、特殊武器情報及び被害状況を速やかに把握し、被害の拡大防止等の必要な処置を行い、任務を続行するとともに、あらゆる手段を尽くして方面総監に報告する。この際、各級指揮官の自主積極的な行動の助長及びパニック防止に留意する。
　　(ｲ)　特殊武器攻撃による汚染地域の使用は、努めて回避する。汚染地域の回避又は除染の余裕がない場合には、速やかに防護の処置をさせ、汚染地域からの退避又は脱出を図り、被害の局限に努める。この際、敵の特殊武器の反復攻撃がある場合等は、除染を限定するか又は除染せずに

汚染地域を障害として利用するよう着意する。

第3節　周辺海域の防衛

2431　要　旨

1　島国である我が国に対する武力攻撃が行われる場合には、航空攻撃に併せ、艦船などによる攻撃及び我が国の生命線である海上交通路に対する攻撃が予想される。

　作戦に当たっては、敵の進出を阻止し、その戦力を消耗させることにより所要の海上優勢を獲得することを主眼とする。このため、敵の艦船を早期に発見し、これを撃破する。また、船舶の護衛及び海峡、港湾、その他沿岸の防備を行い、海上交通の安全を確保する。

2　対処に当たっては、海上自衛隊の対水上戦、対潜戦、対空戦等を主体として、これに各種作戦のうち防空作戦、海空作戦及び機雷戦を組み合わせて実施する。このため、海上自衛隊の主要部隊を主体的な防衛力として、陸上・航空自衛隊の警戒監視能力及び対艦攻撃能力、航空自衛隊の防空能力を補完的な防衛力として作戦を実施するとともに、関係機関等と緊密な連携を保持する。

3　本節は、地対艦ミサイル部隊が周辺海域の防衛において作戦協力をするに当たり、対海上火力の運用及び部隊運用の基本原則を記述する。

2432　対海上火力運用

1　周辺海域の防衛における対海上火力運用の目的は、地対艦ミサイル火力を発揮し、主に敵戦闘艦等を撃破・減殺して、我が国の海上優勢及び航空優勢の獲得に寄与するにある。

　対海上火力運用の主眼は、海上・航空自衛隊の実施する作戦と密接に連携して、地対艦ミサイル火力の性能・特性を活かし、敵戦闘艦等を減殺・撃破するにある。このため、方面総監は、必要な対海上火力を統合任務部隊指揮官へ協力させる。

2　対海上火力運用の特性は、海上自衛隊の対水上戦及び対艦攻撃を支援することから、敵の目標は、通常、敵戦闘艦となり、これを減殺するために大量の

第2編 対海上火力運用

誘導弾を必要とする。また、海域の特性から、██となる。このため海上・航空自衛隊との████████████が火力発揮等に不可欠である。

3 統合運用時のシステム連接の一例は、付録第4を参照、海上自衛隊との情報共有の一例は、付録第5を参照する。

2433 部隊運用

第4章　各運用場面における運用

2434　対海上火力戦闘

　陸上自衛隊の支援部隊は、統合任務部隊の実施する対艦攻撃に協力する。通常、敵の目的は航空・海上優勢の確保であり、着上陸侵攻を伴わないため、敵戦闘艦で構成された水上艦隊が主敵となる。

　戦闘艦に対する対海上火力発揮は、本編第4章第2節第2款を参照する。

１　対海上火力戦闘準備

　統合任務部隊は、各自衛隊の対海上火力戦闘手段の特性に合わせて、各自衛隊の対海上火力を統制し、その時期、海域及び射撃する目標等を調整し、目標配分等を含めた射撃要領を計画する。

　陸上自衛隊の火力調整班は、統合任務部隊の統制に合わせて火力運用計画等を作成する。計画作成の際、火力調整班は、地対艦ミサイルの特性に合わせた射撃要領を適宜統合任務部隊へ意見具申することが重要である。

２　沿岸海域への侵入

　統合任務部隊は、指揮官の決心に資する敵の彼我識別、艦種の特定等を実施する。

　陸上自衛隊の支援部隊は、■■■また、敵艦船目標の針路変更等に対応するため、継続的な情報の入手に努める。

３　地対艦ミサイル射程内への侵入

　統合任務部隊が射撃任務を付与する場合は、その射撃任務に対応し速やかに火力を発揮する。海域及び目標艦船で示される場合等の状況・調整により対艦攻撃要領は異なるが、必要な情報を収集し対応する。

　いずれの場合も、艦船の所望効果に応ずる所要弾数を算定するとともに、12ＳＳＭにおいては、通常、■■■■■により■■に対する射撃を実施する。また、88ＳＳＭにおいても敵艦船間隔を考慮し、努めて■■に対する射撃を追

- 45 -

第2編　対海上火力運用

求する。

4　対艦レーダ覆域内への侵入

戦況の推移に伴い、陸上自衛隊の保有する観測器材、特に ████████████████████████████████ の覆域内に敵艦船が進入した際は、速やかにレーダ標定を実施し、敵艦船への所望効果に応じた弾薬の使用により効率的な射撃を実施させる。この際、12SSMにおいては、████ に対して火力を指向させる。

射撃方式には、████████████████████ があり、状況に応じて最良の方式を選択する。

統合任務部隊から射撃任務が付与された場合は、射撃任務に基づき実施し、射撃を委任された場合は、自ら射撃命令を作成し、統合任務部隊へ報告する。また、対艦レーダ情報等陸上自衛隊の保有する情報は、統合任務部隊へ報告し、情報の共有を図ることが重要である。

5　射撃効果の確認

地対艦ミサイル連隊の保有する情報収集能力は、██ である。このため、統合任務部隊へ射撃効果確認のための情報要求を行い、敵に与えた損害を努めて正確・計数的に把握し、次の射撃要領、所要弾数等へ反映させることが重要である。

6　海上・航空自衛隊との協同射撃要領

第4章　各運用場面における運用

第4節　着上陸侵攻対処

2435　要　旨

1　島国である我が国の領土を占領しようとする場合、敵は、侵攻正面で航空優勢・海上優勢を得た後、海又は空から地上部隊が上陸又は降着することが予想される。

作戦に当たっては、敵地上部隊が艦船や航空機で移動する間及び組織的な戦闘力の発揮が困難な着上陸の前後の弱点をとらえ、これを早期に撃破することを主眼とする。このため、離島守備部隊とともに、海岸地域及び着上陸地点で同時並行的に対処するとともに、敵地上部隊等を着上陸侵攻対処間に撃破できなかった場合、強靭な抵抗によって敵の進出を阻止し、好機をとらえて努めて沿岸部に近い内陸部において敵を撃破する。

2　対処に当たっては、各自衛隊の防衛力を総合的に発揮させて作戦を実施する。

沿岸海域においては、海上自衛隊又は航空自衛隊が単一自衛隊で行う作戦並びに各種作戦のうち防空作戦、空地作戦、海空作戦、着上陸作戦、機雷戦及び空挺作戦を実施する。

海岸地域及び着上陸地点においては、陸上自衛隊の着上陸侵攻対処を主体として、各種作戦のうち防空作戦、空地作戦、海空作戦、着上陸作戦、機雷戦及び空挺作戦を実施する。

内陸部においては、陸上自衛隊の内陸部の作戦を主体として、各種作戦のうち防空作戦、空地作戦、海空作戦、着上陸作戦及び空挺作戦を実施する。この

- 47 -

第2編　対海上火力運用

際、■■■■■■■■■■■■■■■■■■■■■■■■■■■■■■■■■■

3　本節は、方面特科隊及び地対艦ミサイル連隊の着上陸侵攻対処における対海上火力運用及び部隊運用の基本原則を記述する。

2436　対海上火力運用

1　着上陸侵攻対処における対海上火力運用の目的は、敵の戦力の減殺又は敵の侵攻企図を破砕するため、海上機動中の敵艦船を撃破するにある。また、その主眼は、海上・航空自衛隊及び米軍と連携して、敵地上部隊の海上機動間を捉え、沿岸海域において地対艦ミサイル等による火力発揮により、敵戦闘力（主に輸送艦及び揚陸艦）を撃破・減殺するにある。

2　対海上火力運用に当たっては、方面総監は、着上陸侵攻対処全般を考慮し、地対艦ミサイルへの期待度（具体的数値目標）を明示する。火力調整者（対海上火力調整補佐者）は、見積上の撃破可能数、どの段階で、どの目標に、どの程度の地対艦ミサイルを使用するか等を意見具申し、方面総監を補佐する。

3　射撃の要領は、ミサイルの最大射程を活かし、■■する。この際、いずれの場合においても気象・海象、彼我の態勢・能力等及び海空作戦、機雷戦等統合運用の各種作戦の状況を考慮し、対海上火力を指向する時期・場所・目標を決定する。特に地対艦ミサイルは、弾薬（誘導弾数）が限定され、あらゆる場面で使用することは、通常、困難である。このため、どの段階で、どの目標に使用するかを明確に決定することが重要である。

4　方面特科隊は、敵の侵攻に対し適切な火力戦闘手段を選定し、敵を逐次減殺する。特に沿岸海域の地対艦ミサイル火力と水際付近の特科火力、対舟艇火力等との責任区分を明確にすることが重要である。この際、それぞれの火力戦闘手段の明確な期待効果を示すことに留意する。

2437　部隊運用

1　■■

第4章 各運用場面における運用

2 敵の攻撃準備段階に地対艦ミサイルを運用する場合は、次の事項について考慮する。

3 運用上、特に着意する事項

2438 対海上火力戦闘の開始時期

1 着上陸侵攻対処における方面特科隊の射撃開始は、任務、海域、予想され

第2編　対海上火力運用

る敵の侵攻要領、企図の秘匿、弾薬の状況等を考慮し、通常、方面総監がその時期を決定する。

2　着上陸侵攻対処における対艦レーダの照射時期及び水際付近の戦闘のための試射の時期・要領は、方面総監が統制する。通常、対艦レーダの照射は、敵艦船が覆域に入る時期に実施する。この際、対艦レーダ覆域の直前の情報入手に努め照射の時期・方向を誤らないように着意する。

水際付近の火力戦闘で火砲等を使用する場合、試射は、努めて敵の現出直前に実施する。この際、陣地及び火力の編成を察知されないため、試射陣地、試射点及び実施の時期の選定を適切にする。また、海上・航空自衛隊の行動、機雷及び水際障害構築作業等の危害予防に留意する。

2439　敵の攻撃準備段階に対する対海上火力戦闘

通常、着上陸侵攻対処を主体として、海上、航空自衛隊が協力するが、状況により周辺沿岸海域の中で、当初侵攻する敵の戦闘艦群等に対して、統合運用の各種作戦である海空作戦及び対艦攻撃が実施され、地対艦ミサイルが協力することがある。

1　敵攻撃準備段階の対海上射撃

敵の攻撃準備妨害に当たり方面総監は、敵攻撃準備段階の対海上射撃の実施の可否を決心する。この際、火力調整者は、じ後の任務等を考慮し、方面総監へ実施の可否を意見具申する。

(1)　敵攻撃準備段階の対海上射撃は、敵の攻撃準備を妨害するために行う計画射撃であり、敵の攻撃準備の段階から、艦砲等により対地攻撃する戦闘艦、防空網を形成する戦闘艦、掃海により通路を啓開する掃海艦等各種支援艦に対し、対海上火力を集中する。

この射撃は、通常、方面総監の利用できるすべての対海上火力を使用する。

第4章　各運用場面における運用

(2)　方面総監は、じ後の任務、彼我の相対火力、海域、目標情報の期待度、敵の対抗策、我が企図の秘匿、予想効果、準備弾薬等を考慮して、実施の可否、規模、目標、射撃要領等を決定する。

　　　敵攻撃準備段階の対海上射撃は、敵が掃海活動及び艦砲支援等のため水際付近に近接せざるを得ない脆弱な態勢・時期等を捕捉して実施することが重要である。

(3)　目標に関する信頼性のある最新の情報を得ることは、敵攻撃準備段階の対海上射撃成功のため不可欠の要件である。また、各種の情報及び観測手段により敵の侵攻の時期・態勢を察知するに努める。

2　対戦闘艦戦

敵攻撃準備段階の対海上射撃の一部として対戦闘艦戦を実施する。

(1)　遠距離から対海上火力を発揮する場合は、必要に応じて所要の地対艦ミサイル部隊を海岸部等の前方地域に推進させ、敵戦闘艦等を減殺・撃破する。このため、必要に応じ所要の地対艦ミサイル連隊を前方に推進するとともに、確実に目標情報を獲得し、地対艦ミサイル連隊に射撃任務を付与する。

(2)　近距離において対海上火力を発揮する場合は、対艦レーダを活用し、敵戦闘艦等の個艦ごとに正確な地対艦ミサイル火力を集中して減殺・撃破する。

(3)　いずれの場合も、個艦に対して必要な弾薬数等を集中することに留意する。

　　　細部要領は、本編第4章第2節第2款を参照する。

2440　敵の先導部隊に対する対海上火力戦闘

先導部隊を地対艦ミサイルで射撃する場合、中型以上の輸送艦に目標を選定するとともに、その他の特科火力、対舟艇火力等地対艦ミサイル以外の火力戦闘手

- 51 -

第2編　対海上火力運用

段との間で適切な目標配分が重要である。
　1　先導部隊に対する射撃の考慮事項
　　(1)　情報獲得の程度　　　　　　以上の中型艦船の有無)
　　(2)　防御準備の程度
　　(3)　弾薬の状況
　　(4)　海上・航空自衛隊の状況、特科部隊の戦闘準備の状況
　2　沿岸海域への侵入
　　方面隊等は、敵の彼我識別及び艦種の特定等を実施する。
　　方面特科隊は、■■■また、敵艦船目標の針路変更等に対応するため、継続的な情報の入手に努める。
　3　地対艦ミサイル射程内への侵入
　　方面隊等の情報により先導部隊艦船の目標情報を得たならば、方面特科隊は、速やかに先導部隊に対海上火力を指向させ、地対艦ミサイル連隊に対し射撃任務を付与し射撃を実行させる。この際、射撃の考慮事項は本条第1項による。また、12SSMをもって実施する場合は、通常、■■■■■■■により、88SSMをもって実施する場合は、敵艦船間隔を考慮し、努めて■に対する射撃を追求する。
　4　対艦レーダ覆域内への侵入
　　戦況の推移に伴い、敵の艦船が地対艦ミサイル連隊の保有する対艦レーダ覆域内に進入した際は、速やかにレーダ標定を実施し、通常、泊地に至る接近経路上に、敵艦船への所望効果に応じた弾薬の使用により効率的な射撃を実施させる。この際、12SSMにおいては、■に対して火力を指向させる。
　　射撃方式には、■■■■■■■■■■■■■■■■■■状況に応じて最良の方式を選択する。
　　方面特科隊が射撃任務を付与する場合は、射撃任務に基づき、地対艦ミサイル連隊に射撃を実行させる。地対艦ミサイル連隊長に射撃を委任する場合は、連隊に射撃命令を作成・報告させ、射撃を許可する。また、対艦レーダの情報

第4章 各運用場面における運用

は、速やかに方面隊へ報告し、情報を共有することが重要である。
　5　水際付近への侵入
　方面特科隊は、水際付近に蝟（い）集する敵に対し、特科火力、対舟艇火力等の対海上火力を連続的に集中して敵の地歩確立を阻止・妨害するとともに、敵部隊を撃破・減殺する。この際、水際付近に対する火力は、視界の状態にかかわらず指向できるように準備する。特に対艦レーダを活用すると有利である。また、地対艦ミサイル火力との目標区分・沿岸海域及び水際付近の区分により整斉円滑な火力発揮をすることが重要である。
　6　射撃効果の確認
　方面特科隊の装備する情報収集能力では、通常、敵艦船の細部の状況は把握できない。このため、方面隊、沿岸配置部隊等と連携し、敵に与えた損害を正確に把握して、次の射撃の要領、所要弾数計算へ反映させることが重要である。

2441　敵の主力部隊に対する対海上火力戦闘

　1　

　2　

　主力部隊を地対艦ミサイルで射撃する場合、適切な目標を選定することが重要である。以下、主に第1梯隊に対する射撃を記述する。
　3　主力部隊に対する射撃の考慮事項

第2編　対海上火力運用

　　4　沿岸海域への侵入
　方面隊等は、敵の彼我識別、艦種の特定等を実施する。
　方面特科隊は、■■また、敵艦船目標の針路変更等に対応するため、継続的な情報の入手に努める。
　　5　地対艦ミサイル射程内への侵入
　方面隊等の情報により主力艦船の目標情報を得たならば、方面特科隊は、速やかに主力部隊に対海上火力を指向させ、地対艦ミサイル連隊に対し射撃任務を付与し射撃を実行させる。この際、射撃の考慮事項は本条第3項による。また、12SSMをもって実施する場合は、通常、■■■■■■■■により、88SSMをもって実施する場合は敵艦船間隔を考慮し、努めて個艦に対する射撃を追求する。また、射撃を実施しない場合においても、敵艦船情報を逐次、連隊等へ提供し、地対艦ミサイルの準備の促進を図ることに留意する。
　　6　対艦レーダ覆域内への侵入
　戦況の推移に伴い、敵の輸送艦等が■■■■■■■■■■■■■■■■■■の覆域内に進入した際は、速やかにレーダ標定を実施し、敵艦船への所望効果に応じた弾薬の使用により効率的な射撃を実施させる。この際、12SSMにおいては、■■に対して火力を指向させる。
　射撃方式には、■■■■■■■■■■■■■■■■■■■■■■状況に応じて最良の方式を選択する。
　方面特科隊が、射撃任務を付与する場合は、射撃任務に基づき、地対艦ミサイル連隊に射撃を実行させる。地対艦ミサイル連隊長に射撃を委任する場合は、連隊に射撃命令を作成・報告させ、射撃を許可する。また、対艦レーダの情報は、方面隊へ報告し、情報を共有することが必要である。

第4章　各運用場面における運用

7　水際付近への侵入

　方面特科隊は、先導部隊に引き続き水際付近に接近する敵に対し、沿岸配置部隊の火力を含む最大の火力を連続的に集中して敵の地歩確立を阻止・妨害するとともに、敵部隊を撃破・減殺する。状況により、地対艦ミサイル火力（特に12SSM）を水際付近の火力戦闘に使用する。

8　射撃効果の確認

　方面特科隊の装備する情報収集能力では、■■■■■■■■■■■■■■■■このため、方面隊、沿岸配置部隊等と連携し、敵に与えた損害を正確に把握し、次の射撃の要領、所要弾数計算へ反映させることが重要である。

9　第2梯隊に対する火力戦闘

2442　敵の後続部隊に対する対海上火力戦闘

　本段階において射撃をするのは、通常、計画には含まれているが実行上未使用弾を保有、あるいは再補給がある場合に限定される。

　射撃を企図する場合で、対艦レーダの情報を得られない場合は、他の情報収集機関を使用する。

　射撃機会が極めて限定され、遠距離からの射撃は困難であるため、限定された射撃機会を得て内陸部から一挙に火力発揮して敵の戦力の減殺に努める。この際、目標を限定し、輸送量の多い艦船に火力を指向することが重要である。

第2編　対海上火力運用

第5節　島しょ部への侵攻対処

2443　要　　旨

1　多くの島しょ部が存在する我が国の地理的特性から、我が国に対する武力攻撃の一形態として島しょ部に対する侵攻が予想される。

作戦に当たっては、部隊をあらかじめ島しょ部に配置して対処する。ただし、部隊をあらかじめ配置できない場合は、敵の活動を早期に察知し、速やかに所要の部隊を機動及び展開させることにより対処する。

事前に兆候を得た場合には、洋上において移動中の敵部隊に対処し、阻止、撃破するとともに、海上・航空輸送により、所要の部隊を早期に島しょ部に集中し、敵の侵攻を阻止する。

敵地上部隊等の島しょへの着上陸を許した場合、島しょの敵地上部隊の孤立化を図り、所要の部隊により島しょを奪回する。

2　対処に当たっては、島しょ部では着上陸に対処するための作戦と同様の、洋上では我が国周辺海域の防衛のための作戦と同様の各種作戦を組み合わせて実施する。このため、陸上自衛隊の部隊を島しょ部の防衛又は奪回のための主体的な戦力とし、海上自衛隊の主要部隊を洋上における主体的な戦力とするとともに、航空自衛隊の防空能力及び対地・対艦攻撃能力を補完的な戦力として作戦を実施する。

3　本節は、地対艦ミサイル部隊の島しょ部への侵攻対処における対海上火力運用及び部隊運用の基本原則を、事前配置による対着上陸作戦を主に記述する。

2444　対海上火力運用

1　島しょ部への侵攻対処における対海上火力運用の目的は、海上・航空自衛隊と密接に連携し、侵攻する敵艦船を撃破して離島確保に寄与するにある。また、その主眼は、遠距離においては、海上・航空自衛隊の実施する作戦と連携して地対艦ミサイル火力を発揮し、一方着上陸侵攻部隊に対しては、主に輸送艦・揚陸艦等に対して火力を発揮して、敵艦船を減殺・撃破し、敵の着上陸の遅延及び戦闘力を減殺する。この際、任務、弾薬量等を考慮し、適切な目標配分を行うことが重要である。

- 56 -

第4章　各運用場面における運用

離島の特性上、地対艦ミサイルの最大射程で射撃が容易であり、対艦レーダ覆域外の火力運用は、本編第4章第3節、離島に着上陸を企図する敵艦船に対しては、本編第4章第4節を参照する。

2　離島の作戦は、統合運用により実施され、その指揮関係は、一時的に統合任務部隊を編成される場合及び協同による場合がある。このため、方面総監は、その指揮関係に合わせて必要な対海上火力・組織を統合任務部隊等指揮官へ協力させる。以降、本節では、統合任務部隊へ協力する部隊を地対艦ミサイル部隊と呼称する。

2445　部隊運用

その他、地対艦ミサイルの運用に当たり、次の事項に着意する。

1
2
3

第2編　対海上火力運用

4

2446　対海上火力戦闘

敵の侵攻規模により異なるが、離島に侵攻する敵艦船に多数の大型輸送艦が使用されない場合があり、この場合は、地対艦ミサイルの射撃目標となる敵艦船は、限定されるところとなる。このため、目標となり得る敵艦船を精選し火力発揮する必要がある。

1　沿岸海域への侵入

統合任務部隊は、指揮官の決心のため、敵の彼我識別、艦種の特定等を実施する。

地対艦ミサイル部隊は、■■■また、敵艦船目標の針路変更等に対応するため、継続的な情報の入手に努める。

2　地対艦ミサイルの射程内への侵入

射撃の決心を行うための■■■■■■■■■■■■■■■■■■■■■■■■ため、統合任務部隊の情報の入手に努め、■■■■■■■■■■■■■■■■■■■■■■■■■■■■■■■■統合任務部隊の付与する射撃任務に対応し、速やかに火力発揮を実施する。

12ＳＳＭをもって実施する場合は、通常、■■■■■■■■■により■■に対する射撃を実施する。また、88ＳＳＭをもって実施する場合は、艦船間隔を考慮し、努めて■■■に対する射撃を追求する。

3　対艦レーダの覆域内への侵入

離島において全般的に標高が低い場合は、対艦レーダの標定距離が限定され

- 58 -

第4章　各運用場面における運用

る一方、敵艦船の航路（接近経路）も限定される等の弱点を呈する。このため、戦況の推移に伴い、敵の艦船が地対艦ミサイル部隊の保有する対艦レーダの覆域内に進入した際は、速やかにレーダ標定を実施し、経路上の弱点を捕捉し、敵艦船への所望効果に応じた弾薬の使用により効率的な射撃を実施させる。この際、機雷戦等との連携に着意する。

　12ＳＳＭをもって実施する場合は、■■■■に対して火力を指向させる。

　射撃方式には、■■■■■■■■■■■■■■■■■状況に応じて最良の方式を選択する。

4　水際付近への侵入

　島しょ部周辺は一般に珊瑚礁等天然障害が発達し、航路は限定される。このため、水際付近に蝟（い）集する敵に対し、離島守備部隊の対舟艇火力を含む対海上火力を連続的に集中して敵の地歩確立を阻止・妨害するとともに、敵部隊を撃破・減殺する。この際、水際障害との連携に着意するとともに、状況により地対艦ミサイルを使用する。

5　射撃効果の確認

　統合任務部隊の情報を収集し、敵に与えた損害を正確に把握し、次の射撃の要領、所要弾数算定へ反映させるとともに、戦闘全般に寄与することが重要である。

2447　奪回作戦における着意事項

1　着上陸準備段階のヘリコプター・航空・艦砲火力等による事前制圧に協力するため、地対艦ミサイル火力が隣接島しょから発揮可能であれば、状況により、隣接島しょに陣地占領させ、敵艦船に火力発揮する。この際、特に敵の戦闘艦等に火力を指向し、敵の防空火網を弱体化させ航空優勢の確保に寄与する。

2　敵輸送艦による兵站物資、人員・装備等の輸送等、地対艦ミサイルの火力発揮の好機を捕捉したならば、すみやかに射撃を実施し、敵の各種行動を妨害することに着意する。

第3編　地対艦ミサイル連隊

本編は、地対艦ミサイル連隊以下の運用及び連隊長以下の指揮実行の要領の基本原則を記述する。

第1章　総　説

本章は、地対艦ミサイルの編制・機能及び指揮について記述する。

第1節　編制及び機能

3101　編　制

地対艦ミサイル連隊（以下「連隊」という。）は、連隊本部、本部管理中隊及び射撃中隊からなる。

3102　機　能

1　連隊本部

連隊本部は、連隊長の指揮・統制、諸計画の作成及びその実施の指導監督に必要な業務を行うとともに、命じられた場合、方面特科隊の対海上火力の統制・調整業務を援助する。

2　本部管理中隊

本部管理中隊は、連隊本部の機能発揮に必要な人員・装備・陣地施設等を準備するとともに、連隊の通信、兵站業務等を行う。

3　射撃中隊

射撃中隊は、連隊の射撃実行部隊として、通常、連隊長の指揮下で移動し、陣地を占領して、射撃を実行する。

第2節 指　　揮

第1款 連　隊　長

3103　指揮一般の要領

連隊長は、指揮下部隊を掌握し、継続的に状況判断を行い、明確な企図の下に適時適切な命令を与えてその行動を律し、実行を監督する。

1　状況判断
(1)　連隊長は、任務を基礎とし、連隊の運用について継続的に状況判断を行い、適時適切に決心する。
(2)　連隊長が状況判断を行うに当たっては、任務及び状況に応じ、戦況の推移を洞察して、何を、いつ決定すべきかを至当に判断することが重要である。

2　部隊運用に関する計画及び命令

連隊長は、方面特科隊の計画及び状況判断に基づき、通常、幕僚等に連隊の運用に関する構想及び計画作成に必要な指針を示して計画を作成させ、適時必要な事項を命令として下達する。

(1)　連隊の運用に関する計画には、部隊移動、陣地占領、通信、測量、情報、射撃、警戒、電子戦、兵站、衛生、人事、欺騙等のうち必要な事項を含める。連隊が、連隊の運用に関する計画の別紙類として、部隊移動（行進・宿営）、陣地占領、通信、測量、情報、観測、兵站、衛生及び人事について計画を作成する場合の様式の一例については、付紙第7を参照する。
(2)　計画作成に当たっては、重要事項の漏れを防ぎ、かつ、融通性を保持するとともに、その精粗を状況に適合させ、時宜を失しないようにする。この際、方面特科隊及び関係部隊等と密接に調整する。
(3)　命令は、連隊長の企図及び受令部隊の任務を明確にし、その内容を簡明にする。連隊長は、自ら的確に命令を下達する。この際、時期及び方法を適切にし、受令部隊に対し十分な準備の余裕を与えるとともに、作戦規定（SOP）を活用して指揮を軽快にする。

第1章 総　説

3　統　御

　地対艦ミサイル連隊は、戦闘においては広地域にわたり分散して陣地占領する。このため、部隊の団結を強固にして指揮の実行を効果的にするよう良好な統御を行うことが重要である。

第2款　副連隊長及び幕僚等

3104　副連隊長

　1　副連隊長は、常に連隊長の立場において連隊長を補佐するとともに、連隊長に事故があるとき又は欠けたときは、その職務を行う。

　2　副連隊長は、前項の職務に併せて、幕僚の業務を統制し、その活動を指導するほか、通常、次の職務を行う。
　(1)　指揮所の運営を監督する。
　(2)　命令・企図の徹底、士気の高揚等を図る。
　(3)　警戒を統制する。
　(4)　報告・通報等を監督するとともに、作戦日誌を作成する。

3105　幕僚等

　1　連隊本部には次の幕僚等が置かれる。

部隊幕僚	第1科長、第2科長、第3科長、第4科長
係幹部	通信幹部、衛生運用幹部
その他	対艦情報幹部、対艦作戦幹部、（連絡幹部）

　2　各員の職務については、付録第1を参照する。

第3款　指揮所

3106　要　旨

　1　指揮所は、部隊の指揮及び射撃指揮の中枢であり、連隊長は、通常、指揮所において指揮する。

　2　連隊長は、対海上に関する火力調整のための主要な段階及び対海上火力調整補佐者となる場合においては、必要により方面隊（火力調整所）に位置する。

第3編　地対艦ミサイル連隊

　3　連隊長等が指揮所を離れる場合は、指揮所との通信・連絡を常に確保する。

3107　指揮所の選定
　1　■■■

　2　連隊長は、必要に応じ中隊指揮所を予備指揮所として指定するか、あるいは予備指揮所を準備して、連隊指揮所を破壊等された場合においても、指揮に支障がないようにする。

　3　連隊指揮所が方面特科隊の予備指揮所に指定された場合は、方面特科隊指揮所と適宜離隔する。

3108　指揮所の移転
　1　連隊長は、方面特科隊長の命令により、連隊の陣地変換の一環として、指揮所を移転する。連隊長は、戦況の推移、方面特科隊等の指揮所の移転に関する構想に基づき、指揮所の移転について先行的に計画し、必要な準備を行う。

　2　指揮所の移転に当たっては、指揮の中絶を防止するため、通常、指揮所予定位置における通信施設等を整えた後、要員を梯次に移動させる。

3109　連　　絡
　1　連隊長は、部隊相互間の意思の疎通及び状況把握のため、関係部隊との連絡を確保する。

　2　連絡は、通信手段の使用、指揮官・幕僚等の会合、連絡幹部の派遣、文書の送達等により行う。連隊長は、任務に基づき、各種の手段を活用して状況に適応する連絡を確保する。

　3　連隊長は、連絡幹部を、通常、方面隊火力調整所及び方面特科隊本部に派遣する。この際、通信の確保のため、必要に応じ方面隊の専用回線及び供用回線の配当を受ける。

第2章　対海上火力運用

> 本章は、地対艦ミサイル連隊長が、対海上火力調整補佐者に命じられた場合、特に留意すべき事項を記述する。対海上火力運用の補佐業務は、第2編「対海上火力運用」を参照する。

第1節　概　　説

3201　要　　旨

1　連隊長は、方面特科隊の対海上火力の統制及び調整について、方面総監等から命じられた場合、対海上火力調整補佐者（以下「火力調整補佐者」という。）となり、火力調整者たる方面特科隊長を補佐する。

2　火力調整者たる方面特科隊長は、戦闘の見積り・計画及び実施の終始を通じ、方面総監の使用できる対海上火力を最も効率的に運用し、方面総監を補佐する。

　方面隊火力調整者の業務は、通常、対海上・対地火力の運用を含み、複雑であり、かつ、多岐に亘る。このため、地対艦ミサイル連隊長の対海上火力に関する意見具申、特に地対艦ミサイルの運用に関する補佐が必要である。

第2節　情報と対海上火力の連携

第1款　対海上火力運用に資する情報業務

3202　要　　旨

　対海上火力運用に資する情報業務においては、見積り段階から情報と対海上火力の連携を重視して情報業務を支援する。

　火力調整補佐者は、収集した情報を適時に関係部隊へ通報し、艦船情報の共有を図る。

第3編　地対艦ミサイル連隊

1　収集努力の指向

　情報要求の確立に際し、火力調整補佐者は、対海上火力運用上の観点から、火力調整者に意見具申する。

2　情報資料の収集

　■■

(2)　使用する海域の地図等の座標を統一する。通常、対海上火力運用は、■■■■■■■■■■■■■■■を使用することで統制する。

3　情報資料の処理

　方面隊の情報資料の処理に当たり、火力調整補佐者は、情報幕僚等と密接に連携し、その処理を支援する。特に一般目標を目標情報に活用する際、目標情報の精度と地対艦ミサイル等特科火力、対舟艇対戦車火力及び海上・航空自衛隊火力の能力について意見具申する。

4　情報の使用

(1)　対海上の火力運用見積・計画等への意見提出

(2)　効率的な対海上火力戦闘を行うため、敵艦船の損耗状況を継続的に把握し、対海上火力運用のIDAサイクルに反映させる。

第2款　対海上火力の統制及び調整

3203　要　旨

1　火力調整補佐者は、火力調整者に地対艦ミサイル等の特性・能力、効果的な火力発揮要領等対海上に関する火力運用を適宜意見具申する。

2　見積り・計画及び実施の終始を通じ、その作成を支援するとともに、方面総監の使用できる主要な対海上火力について火力調整を支援し、火力調整者を補佐する。

3204　火力調整所の構成及び所掌事項

　火力調整補佐者は、火力調整者の火力調整所の設置に必要な業務隊力・資材等を差し出し、その運営を支援する。

第2章　対海上火力運用

1　火力調整補佐者は、方面隊火力調整所の構成員として、通常、連絡幹部及び所要の人員・車両・通信器材等を差し出し、対海上火力に関する調整を援助させる。火力調整補佐者は、対海上火力調整の主要な段階に、必要に応じて方面隊火力調整所に位置する。また、状況により連隊の必要な幕僚等を援助させる。

2　火力調整所の機能及び構成の一例は、第2212条及び第2213条を参照する。

3205　対海上の火力調整の要領

1　対海上火力運用に関する見積は、火力調整者の業務であり、火力調整補佐者は、その見積りを補佐する。
　火力調整補佐者は、各対海上火力の特性・能力を踏まえ、所要弾数、統制及び調整要領等専門的事項を意見具申する。

2　対海上火力運用に関する見積は、継続的に行われる。対海上火力運用に関する見積の主要な段階及び明らかにすべき事項は、第2編第2章第3節第3款のとおりであるが、状況により次の事項を火力調整者に意見具申する。

■■■■■■■■■■■■■■■■■■■■■■■■■■■■■■

3　火力運用計画
(1)　火力調整補佐者は、火力運用計画の作成に際して、対海上火力に関する事項を補佐するとともに、命じられた場合、対艦射撃計画を作成する。
(2)　対艦射撃計画は、本編第3章第6節第2款を参照する。

第3編　地対艦ミサイル連隊

第3章　部 隊 運 用

> 本章は、地対艦ミサイル連隊の作戦・戦闘遂行上必要な機能に関する運用及び地対艦ミサイル連隊長の指揮実行の要領の共通原則について記述する。

第1節　部隊移動

第1款　行　　　進

第1目　要　　　説

3301　要　　旨

1　連隊は、海岸付近から内陸部の広域にわたり分散して陣地を占領する。このため、連隊長は、行進の要領を適切に定め、指揮下部隊を適時所望の地域に行進させる。
　連隊は、一団となり、あるいは適宜の部隊ごとに行進する。また、状況により■■■■■■■■、一部の部隊及び器材をヘリコプターにより移動させる。
　いずれの場合においても、敵と接触した場合を考慮し、必要な戦闘準備を整えておくとともに、夜間行進に習熟しておくことが重要である。

2　行進の成否は、その準備の良否に左右されることが多い。このため、行進準備間においては、企図を秘匿しつつ、行進計画の作成、行進経路の偵察、整備及び補給、命令下達等の行進準備を適切に行う。また、準備の状況を適時方面特科隊に報告する。

3　行進に際しては、あらゆる困難を克服して所望の時期と場所に整斉と行進する。この間、行進規律を維持するとともに、確実な警戒を継続し、不測の事態に対しては、的確・機敏に対処して行進を続行する。

4　本款は、方面特科隊から統制を受けて、連隊の行進に引き続く陣地占領又は、宿営する場合の行進及び集結地の占領について記述する。

5　行進の細部については、本款によるほか、訓練資料「車両部隊の行動」を

参照する。

第2目　行進の準備

3302　行進計画

1　連隊長は、方面特科隊長の行進命令及び行進終了後の任務に基づき、第3科長に連隊の行進に関する構想（行進目標、行進経路、行進の順序、行進開始時刻・到着時刻等）を示し、行進計画を作成させる。
2　連隊行進計画の作成に当たり考慮する事項は、次のとおりである。
(1)　行進間の配置
　　ア　連隊本部及び本部管理中隊（標定小隊、通信小隊の一部及び補給班を除く。）は、通常、連隊の先頭を行進させる。偵察班又は通行統制班、状況により、作業隊を連隊から先行（以下、本節では「先行班」という。）させる。この際、宿営等じ後の行動を考慮し、先行班員には、通信・衛生・補給・化学係及び各中隊の代表者を含ませておくと有利である。
　　イ　射撃中隊は、通常、連隊の中間付近を行進させる。
　　ウ　補給班は、後尾班として連隊の後尾を行進させる。この際、同行する野整備部隊は、後尾班とともに行動するように調整する。状況により、補給班をもって編成する段列は、他部隊の段列とともに行進させる。
　　エ　標定小隊及び通信小隊の一部は、必要に応じ先遣する。
(2)　行進間の警戒
　　連隊長は、警戒組織を確立するとともに、監視員、対空火器（携帯地対空誘導弾を含む。）、斥候、対戦車火器、要すれば専任の警戒部隊を適宜の位置に配置して、直ちに対応行動がとれるように計画する。特に、特殊武器の攻撃を受けるおそれのある場合は、防護準備を周到に行うとともに、多数の経路の利用、部隊間隔の十分な保持、小部隊による不規行進、停止した場合の密集防止、迂回路の準備等を行う。
(3)　行進の統制
　　連隊は、通常、方面特科隊の統制を受けて行進する。連隊長は、方面特科隊の発進点以前及び分進点以降の行進の統制を行う。

第3編　地対艦ミサイル連隊

　連隊長が自ら全般の統制をする場合は、通行統制班を編成し、連隊の前方を行進させる。

3　連隊の行進計画の様式の一例については、付録第7-1を参照する。

3303　行進経路の偵察

1　連隊長は、通常、第2科長又は対艦情報幹部を長とする偵察班を編成し、行進経路を偵察する。この際、方面特科隊等から情報を入手するほか、地図・航空写真、航空機等を活用して行進開始前及び行進間を通じて経路を偵察する。

　降雨・積雪時、天候の激変時等及び敵遊撃部隊等の妨害を予想するときは、行進直前及び行進間継続して経路の状況等を確認する。

2　行進経路の偵察においては、主として次の事項を実施する。

3304　整備及び補給

　連隊長は、車両の整備及び燃料の補給を行うため、十分な時間を与えるとともに、補給班等の運用を適切にする。また、野整備部隊と準備間及び行進間の整備に関して緊密に連携をとる。

　連隊は、行進間に必要な燃料その他の補給品を、通常、自ら携行する。この際、事前の整備の実施、部品・燃料の増加携行、これに伴う輸送手段の確保及び行進途上における円滑な補給・整備に着意する。

3305　命令下達

1　行進準備に関する命令

　連隊長は、方面特科隊長の行進に関する企図を承知したならば、次のうち必要な事項について早期に命令する。この際、指揮下部隊に準備の余裕と準拠を与えることが重要である。

(1) 行進目標及び行進経路
(2) 出発時刻又は出発準備完了時刻
(3) 発進点(SP)、分進点（RP）、統制点（PP）等
(4) 宿営地等の撤収と車両への積載準備
(5) 発射機・車両及び無線機等の点検・整備
(6) 燃料・弾薬（特に誘導弾）・糧食等の補給
(7) 先行班等の準備
(8) 通信に関する統制
(9) 警戒の重点、警戒に関する各部隊の任務、対処要領等

2　連隊長は、行進計画のうち必要な事項を、適時行進命令として下達する。この際、作戦規定（SOP）を活用するとともに、地図、オーバーレイ等を利用して簡明にする。

3306　主力から離隔して配置する部隊の処置

1　連隊は、■■■■■■■■、主力から離隔して配置する部隊を、通常、集結地等から所定の地域に分進させる。この際、行進目標、行進のための編成、行進経路、出発・到着時期、行進間の通信、補給、目標到着後の行動の準拠等について示すとともに、通信の確保に留意することが必要である。

2　連隊長は、■■■■■の配置に当たり、地形、移動経路、移動のための時間の余裕等を考慮し、要すればヘリコプターの支援を方面特科隊へ要望する。
　ヘリコプターの使用に当たっては、輸送の時期、発地・着地、経路、輸送の対象器材等について、支援担当の航空科部隊と十分に調整することが重要である。

第3目　行進の実施

3307　行進の開始

　連隊長は、計画に従い行進を指揮し、連隊を所命の時期に目的地に到着させる。このため、企図の秘匿及び保全に注意し、かつ、整斉・円滑に行進を開始させる。この際、特に出発地の確実な整理、出発時の行動の秘匿及び発進点の整斉とした通過について着意する。

第3編　地対艦ミサイル連隊

3308　行進間の指揮

1　連隊長は、行進の指揮に最も適した位置を行進し、行進の状況の把握、行進規律の維持・警戒等に関する指揮・監督を行う。また、必要に応じ、隊形、速度、車間距離等の変更を行い、行進を状況に適合させる。

2　連隊長は、通行統制班を活用して、行進を統制する。

3　通行統制班は、次の業務を行う。

連隊の前方を行進し、逐次行進経路上の重要な交差点、踏切、混雑が予想される地点等に誘導員を配置して、通行統制を行うとともに、警戒等を行う。

4　後尾班は、次の業務を行う。

(1)　発進点及び休止点で出発態勢の確認

(2)　誘導員の収容及び標識の撤収

(3)　同行する野整備部隊の支援を受け、故障車両等の応急処置

(4)　必要に応じ、後尾位置及び後方の状況の報告

5　経路上に障害等が存在する場合は、先行させた作業隊等をもって、努めて主力の到着に先立って除去を図る。

3309　行進間の通信

行進間の通信は、通常、無線通信による。

連隊長は、必要に応じ、通信小隊を先遣し、行進経路上の要点に中継所を開設させ、行進間の通信を確保する。この際、航空機が利用できれば活用する。

無線通信の使用が制限された場合は、作戦規定を活用し、通常、伝令・逓伝又は無線傍受等によって通信を維持する。

3310　行進間の警戒

連隊長は、空・地に対する警戒を厳にして行進する。敵の地上・航空攻撃を受けた場合、当初、作戦規定に基づき、所在部隊をもって対処させるとともに、状況、特に地形及び敵の兵力を速やかに把握し、迅速に対処要領を確立して、早期に敵の脅威を排除するに努める。この際、主力の行進を続行させるか、一時停止させるかは、状況によるが、努めて、警戒部隊又は一部をもって対処し、連隊主力の行進は、継続する。

1　敵遊撃部隊等の攻撃対処

連隊長は、行進を継続するか迂回するか、又は停止して敵の妨害を排除する

第3章　部隊運用

かを速やかに決心する。
- (1) 敵の小部隊の妨害を受け、かつ、迂回路がなく強行通過が困難な場合は、一部又は主力をもってこの敵を撃退し、行進を再開する。
- (2) 敵の妨害の排除が困難な場合は、速やかに付近の地形を利用して防護の態勢を確立し、これを撃退する。

2　敵航空攻撃対処

対空警報は、連隊長又は中隊長が伝達する。緊急時は、梯隊の長が自己の責任で対処する。

3311　行進間の処置

1　休　止

休止は、主として昼・夜間行進への転移のための準備及び車両の点検・整備、積載品の点検、補給及び給食等のため行う。

休止地域は、努めて対空及び対遊撃警戒を考慮して選定する。大休止に当たっては、通常、路外に分散する。小休止においても、努めて路外に分散するが、やむを得ない場合には、道路を使用し、その片側を開放する。また、車両を路外に止める場合は、じ後の行進への転移に便利なように配置する。

いずれの場合においても、休止間の警戒及び通行統制のため警戒員及び統制員を配置する。

2　故障車両

故障車両が生じた場合、連隊長は、同行する野整備部隊に修理を要求するとともに、必要に応じ所要の人員・器材をもって整備を支援させる。

回復に長時間を要する場合は、じ後の行動の準拠を示して残置し、連隊主力は行進を続行させる。残置する場合は所要の積載品の積替えを実施する。

3312　気象等の特性に応ずる指揮

1　寒冷・炎暑・降雨時等

連隊長は、寒冷・炎暑時の状況に応じて、休止、給食、衛生、整備、特に車両の整備を適切に指導するとともに、降雨・降雪時等、経路の状況が変化するおそれのある場合は、先行班等から道路情報を入手するとともに、必要な偵察を行い、行進速度の変更、通過のための処置、あるいは経路の変更等について、早期に決心する。

− 73 −

第3編　地対艦ミサイル連隊

2　夜　　　間

　夜間行進は、昼間に比し、一般に、敵の偵察及び航空攻撃に対し有利であるが、偵察及び指揮・統制を困難にし、行進速度は、通常、低下する。夜間行進に当たっては、警戒を厳重にし、行進、灯火制限、操縦用暗視装置の使用、通信等に関する規律を徹底することが重要である。

3313　集結地の占領

　連隊は、方面特科隊長の命により、集結地を占領する。じ後の戦闘を考慮して偵察、情報、諸計画の作成、部隊に対する命令指示の下達・徹底、警戒、部隊の休息、整備、補給、関係部隊との調整等のうち必要な事項を行う。
　集結地の占領の手順は、第3315条の手順に準じて行う。

第2款　宿　　　営

3314　要　　　旨

1　宿営は、戦闘力の充実を図り、じ後の行動を準備するために行う。このため、連隊長は、戦闘上の要求と休養との調和を図り、宿営の準備及び実施を適切に指導する。

2　本款は、方面特科隊から統制を受けて、連隊として行進に引き続き宿営する場合の要領について記述する。

3315　宿営地占領の準備

　宿営地は、通常、方面特科隊長から概略の地域が示される。
　連隊長は、任務を基礎とし、状況、特に地形、敵の脅威の度、全般の部隊配置、宿営期間の長短、じ後の行動等を考慮し、宿営の構想を定め、宿営計画を作成する。また、主力の宿営地の占領を容易にするため、先行班を活用し宿営地の細部の偵察を行う。

　1　宿営計画・命令
　　(1)　連隊長は、通常、第3科長に宿営の目的、宿営地域、宿営法等の指針を示し、宿営計画を作成させる。
　　(2)　宿営計画は、行進計画の作成と並行して、努めて行進開始に先立って作成するが、使用できる時間の長短を考慮して計画する内容の精粗を状況に適

合させる。
　　連隊の宿営計画の様式の一例は、付録第7－2を参照する。
　(3)　連隊長は、宿営計画のうち必要な事項を命令する。
　2　宿営地の偵察
　(1)　先行班は、宿営地を偵察し、各中隊に宿営地域及び進入・進出路を配当し、かつ、分進点に誘導員を配置して部隊を誘導する。また、水源その他の衛生事項、現地で利用できる物資、宿舎等を調査する。
　(2)　連隊長は、先行班に偵察・選定を命じた場合においても、努めて連隊主力に先行して先行班の準備した細部配置、警戒の要領等を点検し、要すれば所要の修正を行う。
　(3)　偵察時間の余裕がない場合は、宿営地の概要を示し、各中隊ごとに位置を選定させ、宿営に移らせることがあるが、じ後速やかに警戒等を統制する。
　(4)　宿営地として望ましい事項は、次のとおりである。
　　ア　人員・車両及び施設の分散のための十分な地積・道路網を有すること。
　　イ　車両の進入・進出に便利なこと。
　　ウ　排水がよく、地盤が堅固なこと。
　　エ　空・地の敵に対して隠蔽していること。
　　オ　天然の障害により掩護され、また、警戒に便利なこと。
　　カ　給水に便利なこと。
　　キ　感染症及び特殊武器により汚染されていないこと。
　　ク　集落及び市街地においては、特に防火に便利なこと。

3316　宿営地の占領

1　宿営地への進入は、通常、先行班の誘導の下に警戒を厳にして、整斉と行う。

2　連隊長は、中隊が各宿営地に進入したならば、速やかに各中隊長に人員・車両等の異常の有無、宿営地の占領状況等を報告させ、方面特科隊長にその状況を報告する。

3317　宿営間の行動

1　宿営間は、じ後の行動を準備しつつ、戦闘力の維持・向上に努める。このため、宿営期間の長短、全般の状況等により異なるが、環境の整理、通行の統

制、防疫、警戒、防火、通信等の処置を適切にし、休養、補給、整備等に努める。

2　連隊長は、宿営期間の長短、全般の状況等を考慮し、宿営地における通信組織を定める。この際、少なくとも方面特科隊及び警戒部隊との通信・連絡を確保する。

宿営期間が短い場合は、伝令・無線通信等によるのが有利であるが、期間が長くなるに従い、有線通信網を構成する。

3　宿営期間が長くなるに従い、士気の高揚及び訓練の充実に努めるとともに、警戒及び保全に注意する。

4　連隊は、敵の脅威の度に応じて戦備の度を適切に定め、休養との調和を図る。

3318　宿営間の警戒

連隊長は、常に、空地からの敵の脅威に対する警戒を厳重にする。このため、方面特科隊及び隣接部隊の行う警戒配置、近接戦闘部隊の行動等と調整し、敵情、特に航空機の活動状況、航空機の接近経路等を考慮して宿営地の全般配置を適切にするとともに、所要の警戒のための処置を行う。

警戒の細部要領は、本章第7節を参照する。

第2節　陣地占領

第1款　要　説

3319　要　旨

1　地対艦ミサイル連隊は、作戦区域内において、地域使用の優先権を有する。

2　連隊の陣地は、状況及び地対艦ミサイルの特性を考慮し、任務の達成が最も容易であることを主眼とし、あわせて、敵の空・地からの敵の攻撃に対し損害を軽減して健在できるように選定する。この際、築城・分散・偽装・隠蔽・掩蔽等の防護の処置を講ずる。

3　本節は、連隊が、連隊長の指揮下に陣地占領する場合の陣地の構成、陣地占領の準備、陣地の占領、築城、陣地変換等について記述する。

第3章　部隊運用

3320　連隊陣地の構成

1　連隊の陣地は、通常、射撃中隊陣地、連隊指揮所、本部管理中隊指揮所、レーダ陣地、無線中継所、連隊段列地域、連隊収容所等からなる。

2　方面特科隊長から示される連隊の陣地地域は、通常、射撃中隊の陣地を主体とする概略地域である。

3　連隊長は、射撃中隊の陣地、連隊指揮所、連隊段列地域、レーダ陣地等連隊の主要な陣地を示す。この際、射撃中隊の陣地は、地対艦ミサイルの特性を考慮して確実な射撃が実行できるようにする。

3321　射撃中隊陣地

1　射撃中隊陣地は、射撃小隊陣地、中隊指揮所、駐車場、管理班地域、宿営地域、警戒のための施設等からなる。

2　連隊長は、射撃中隊陣地として、十分な地積を有する概略地域及び射撃方位角を示し、細部位置は中隊長に選定させる。

3　射撃中隊陣地の細部については、本編第4章第3節第1款を参照する。

3322　連隊指揮所

1　連隊指揮所は、連隊本部位置及び射撃指揮所、信務所、交換所、無線所、対空布板所、駐車場等の各施設並びにこれらを配置する地域の総称である。

2　連隊長は、概略位置を示し、細部位置は、第3科長が、第1科長及び本部管理中隊長等と調整して選定する。

第3編　地対艦ミサイル連隊

7　■■

8　■■■

9　対空布板所及びヘリコプターの発着地は、他の施設から努めて離隔させ、対空布板の操作及びヘリコプターの発着に十分な地積が得られる位置に選定する。

10　駐車場は、隠蔽・掩蔽、進入・進出路、地積等を考慮し、特に車輪跡を上空に暴露しない位置に選定する。

11　連隊指揮所の配置の一例については、付録第10－1を参照する。

3323　本部管理中隊指揮所

本部管理中隊指揮所は、■■

3324　レーダ陣地

1　■■■

2　■■■

3　■■

4　■■■

3325　無線中継所

1　無線中継所は、主として対艦レーダと指揮統制装置との間の情報系通信網の構成及び必要に応じ連隊と射撃中隊との通信を確保するため、中継装置を配置して開設する。

2　連隊長は、無線中継所の概略配置を示し、細部位置は通信小隊長が第3科

第3章　部隊運用

長及び通信幹部と調整して選定する。
　3　無線中継所位置は、電波伝搬が良好で開設作業、警戒・防護及び補給等が容易であり、かつ、敵の妨害・標定等を避け得る場所に配置する。
　4　無線中継所は、必要に応じ、人員の増強、補給品の増加携行等の処置を講ずることが必要である。また、無線中継所の重複配置及び野整備部隊の配置について着意する。

3326　連隊段列地域

　1　連隊段列は、補給班、必要により中隊の兵站要員・器材等をもって編成し、補給班長又は第4科長等をもって段列長とする。特科直接支援中隊の配属を受けた場合、特科直接支援中隊長を段列長に指定する場合がある。
　2　連隊段列地域には、通常、補給班位置、駐車場、回収所、炊事場、人事班、遺体安置所、宿営施設等の施設を設置する。また、開設する整備所の位置については、同行する野整備部隊と調整して選定する。
　3　連隊の段列地域は、次の事項を考慮して選定する。

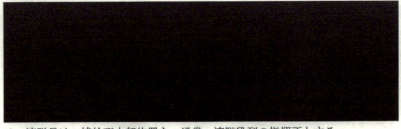

　4　連隊長は、補給班本部位置を、通常、連隊段列の指揮所とする。
　5　補給班は、糧食交付所及び燃料交付所の施設を開設する。また、状況により合同炊事を行う場合は、合同炊事所を開設する。
　6　連隊が同行する野整備部隊の支援を受ける場合、段列長をもって野整備部隊の開設する整備所の位置を統制する。
　7　連隊段列地域の配置の一例については、付録第10－2を参照する。

3327　連隊収容所

　連隊収容所は、次の事項を考慮して、▬▬▬▬▬▬▬▬に選定する。
　1　傷病者の収容・後送に便利であること。

2 敵の攻撃が予想される著明な地形・地物等から離隔していること。
3 隠蔽・掩蔽が良好であること。
4 近くに水源が得られ、かつ、排水が良好であること。
5 交通等で混雑が生じない地域であること。
6 連絡・通信に便利なこと。

3328 分 進 点（RP）
　連隊の分進点を設ける場合は、各中隊が連隊の行進の統制から離れ、各中隊長の指揮で所定の地域に分進する地点で、なるべく陣地に近く、隠蔽良好で、かつ、通行の統制が容易な地点を選定する。選定に当たっては、著明な道路の交差点、隘路等敵の攻撃又は混雑が予想される地点を避ける。

3329 予 備 陣 地
　連隊は、敵の航空攻撃等、地上攻撃、特殊武器攻撃等のため、同一陣地で任務遂行が困難となる場合等を考慮し、連隊又は中隊等の予備陣地を選定する。
　1　予備陣地の選定に当たっては、陣地地域の地積、装備器材、利用できる時間等に基づき、本陣地・予備陣地間の移動、敵による妨害等を考慮して決定する。
　2　射撃中隊の予備陣地は、通常、連隊陣地地域内に選定し、あらかじめ所要の陣地設備、進入路、通信、測量等の準備を行う。また、状況によりレーダ陣地、無線中継所、予備指揮所等についても同様に予備陣地を準備する。
　3　連隊の予備陣地を設ける場合は、あらかじめ所要の準備を行う。

3330 偽 陣 地
　1　偽陣地は、敵の注意力と航空攻撃等とを分散し、本陣地を欺騙する。
　2　偽陣地は、方面特科隊長の統制下に設けるが、連隊長自ら計画するときは、その位置について承認を受ける。この際、偽陣地に対する敵の航空攻撃等により、我が部隊・施設が危害を受けないようにする。
　3　偽陣地の構築の方法・程度は、状況によるが、創意工夫に努める。

第3章　部隊運用

第2款　陣地占領の準備

3331　要　旨

1　陣地占領は、行進に引き続き、又は集結地あるいは既に占領している陣地から行う。連隊長は、いずれの場合においても、地図、地誌資料、航空偵察等により陣地の全般配置等を検討し、陣地占領の構想を定め、現地の偵察、陣地の占領に必要な命令の下達等の陣地占領の準備を行う。細部位置の偵察・選定は、通常、陣地の偵察・占領命令により、各中隊長に行わせる。

2　陣地占領の準備に関する指揮は、常に任務と状況、特に偵察し得る時間、敵情、気象、地形及び射撃準備完了時期とに適合することが重要である。

3　連隊の陣地占領の一例は、付録9-1を参照する。

3332　方面特科隊命令の受領

1　方面特科隊の陣地占領命令の受領に当たり、特に確認すべき事項は次のとおりである。

(1)　陣地地域及び射撃海域
(2)　陣地進入時期
(3)　射撃準備完了時期
(4)　陣地周辺の関係部隊の状況

2　連隊長は、方面特科隊長の陣地占領命令受領又は偵察のため連隊を離れるに当たり、先遣する偵察者(通常、第2科長又は対艦情報幹部及び各中隊の偵察要員)、随行班の範囲及びその車両数を指定するとともに、連隊主力の指揮官(通常、副連隊長)を定め、次のうち必要な事項を命ずる。

(1)　行進開始時期・行進の順序
(2)　行進経路
(3)　到着地点・到着予定時刻
(4)　行進速度
(5)　通信、連絡
(6)　警　戒
(7)　その他、特に必要な事項

- 81 -

第3編　地対艦ミサイル連隊

3　随行班は、■■

4　連隊は、その任務及び特性上広域に展開するため、標定小隊、通信小隊、射撃中隊等に対する統制を適切に実施し、効率的な偵察を実施するように努める。

5　連隊長は、随行班の編成を、通常、作戦規定に定め、命令受領のため同行する人員を努めて制限する。

3333　関係部隊との調整

1　連隊長は、事前に作戦地域全般の地域使用及び移動の統制並びに方面隊の火力運用の構想を承知するとともに、図上、状況により現地において地形を偵察して状況判断し、陣地占領の構想を定め、関係部隊等と陣地占領について、詳細かつ具体的に調整し、結果を方面特科隊長へ報告する。また、連隊長は、連隊の陣地占領の構想の確立に伴い、必要により、連隊の陣地地域、行進経路等について方面特科隊と調整する。

2　連隊長は、次の事項について方面特科隊及び関係部隊等と調整する。
　(1)　レーダ陣地及び無線中継所位置について沿岸配置部隊及び通信科部隊等と調整
　(2)　対空掩護について高射特科部隊と、また、警戒・掩護等について関係部隊と調整
　(3)　施設支援の要領、特に築城器資材の使用等について施設科部隊と調整
　(4)　陣地偵察、■■■■■■■■の配置等のためのヘリコプターの使用、特に実施時期、発着地、経路等について航空科部隊と調整
　(5)　射撃陣地の近傍に配置される部隊に射撃時の危険区域を通報、危険区域の範囲は、付録10－4を参照する。

3334　陣地の偵察

1　連隊長は、任務を基礎とし、状況、特に予定陣地地域の状況を考慮し、偵察の経路・内容・順序等の偵察に関する構想を定める。

2　連隊長は、陣地が広域に分散するため、重点を定めて偵察を実施するとと

第3章　部隊運用

もに、ヘリコプター及び先遣した偵察者の偵察結果等の活用に努め、概略の陣地地域を定める。

3　連隊長は、概略の陣地地域の決定に伴い、陣地偵察命令を下達して、随行班に偵察の任務を与える。この際、連隊の陣地地域、レーダ陣地の位置、無線中継所の位置、各射撃中隊陣地、その施設等の概略位置を現地又は図上で示す。また、偵察結果の報告時期・場所、各中隊長に連隊陣地占領命令を下達する予定時期・地点等を示す。

4　偵察は、使用できる時間、地形、範囲、随行班の編成等によって異なるが、次のうち必要な事項について行う。

上記のうち、射撃中隊の射撃陣地、対艦レーダの位置は、その一部でも連隊長自ら偵察することが望ましい。

5　偵察に当たっては、敵、地形・植生、気象、明暗の度等を考慮して、偵察のための編成・移動経路を適切にするとともに、車両の停止位置、偵察要領等陣地付近の行動を秘匿して、我が予定陣地を暴露しないように着意する。この際、地雷・汚染・破壊等の敵の妨害に留意し、陣地地域の安全化を図ることに留意する。

3335　陣地占領計画

1　連隊長は、任務を基礎とし、偵察の結果、方面隊の火力運用、方面特科隊の計画、陣地の健在性等を考慮して、陣地占領の構想を確立し、陣地占領計画を作成する。

- 83 -

第3編　地対艦ミサイル連隊

　2　陣地占領計画の様式の一例については、付録第7―3を参照する。

3336　陣地占領命令

　1　連隊長は、陣地占領計画に基づき、各中隊長等に集結地等において、通常、口頭で命令を下達する。この際、重要な事項については確認の処置を講ずる。

　2　主力の指揮官に対する命令は、新陣地に招致して下達するか、連隊長自ら集結地等に至り下達する。

　　時間の余裕がない場合、又は主力が行進中の場合は、通常、無線、状況により伝令通信等により、必要事項を下達する。

3337　陣地進入の準備

　1　連隊長は、陣地占領命令の下達後、通常、各中隊ごとに、陣地の偵察・選定及び陣地進入準備等の陣地占領の準備を実施させる。

　　準備事項及び実施の程度は、使用できる時間の余裕に応じ決定する。

　2　陣地進入準備は、主力を集結地等に待機させ、各中隊長の随行班あるいは、所要の準備要員をもって行うか、当初から各中隊を陣地地域付近に移動させ、全力で工事等の陣地占領準備を実施させる。

　3　連隊長は、陣地進入の準備に当たり、諸準備を状況に適合させる。陣地進入の準備は、各陣地・施設の準備、通信組織の構成、測量、進入路の補修、通行の統制、標識の設置、誘導員の配置、射界の清掃、偽装、工事、弾薬の準備、警戒、車両の整備等のうち必要な事項について実施させる。

　4　連隊長は、本部管理中隊長等（通信小隊長を含む。）に指揮所に関する事項を、段列長に段列地域に関する事項を示し、指揮所及び段列地域の進入準備を実施させる。射撃中隊長の行う陣地占領の準備の細部要領については、本編第4章第3節を参照する。

第3款　陣地の占領

3338　要　　旨

　1　陣地の占領においては、陣地進入、射撃準備、各施設の開設及び陣地の強化を行う。

　2　連隊長は、方面特科隊長の示す射撃準備完了時期を基準とし、状況に適合

第3章　部隊運用

した陣地の占領を指揮する。状況により、射撃指揮所及び各射撃中隊には、陣地地域進入後速やかに射撃できるように準備させる。

3339　陣地進入
1　陣地進入は、企図を秘匿し、整斉・円滑かつ迅速に行う。
2　連隊長は、各中隊長の指揮下で、射撃中隊及び本部管理中隊の各小隊・班ごとに陣地を占領させる。状況により、分進点等の要点に自ら進出し、あるいは幕僚等を派遣して陣地進入を指導する。また、分進点付近においては、停止、渋滞及び混乱が生じないよう着意する。
3　射撃中隊の射撃小隊は、通常、中隊の待機地域に進入させる。

3340　射撃準備
1　射撃準備の精粗は、射撃の成否を左右する。このため、連隊は、器材等の点検、連隊のシステム構成、射撃諸元の準備及び戦闘予行等を状況の許す限り周到に行う。
　(1)　器材等の点検
　　器材それぞれが有する自己点検機能により、誘導弾は発射機の自己点検機能を利用し、点検を実施させる。
　(2)　システム構成

　(3)　射撃諸元の準備
　　ア　対艦射撃計画に基づく射撃の準備
　　イ　射撃能力及び射撃準備状況の把握及び伝達
　　　(ｱ)　射撃能力範囲、計画飛しょう経路、射撃陣地準備状況等
　　　(ｲ)　各射撃中隊の発射準備所要時間及び再搭載所要時間
　　ウ　地図、火力調整手段、友軍現況等各種データ設定

- 85 -

第3編　地対艦ミサイル連隊

(4)　戦闘予行

　通常、射撃準備間に連隊で統制し、戦闘予行を実施するが、その規模・要領・実施時期等は、状況による。また、予行実施においては、統制装置のバックアップ及び中継経路の変更等システムの再構成に留意する。

2　連隊長は、射撃準備を完了したならば、速やかに次の事項を方面特科隊長に報告する。

(1)　連隊の射撃能力範囲及び情報収集能力範囲
(2)　弾薬（特に誘導弾）の状況
(3)　射撃任務受領からミサイル発射までに要する時間

3341　陣地の強化

　連隊は、進入後速やかに陣地を強化する。その主要なものは、次のとおりである。

1　発射点の準備及び待機地域の補備・強化
2　通信組織の拡充
3　警戒・偽装・築城
4　再搭載位置の準備
5　通行の統制
6　予備陣地等の準備

3342　夜間の陣地の占領

　夜間に陣地を占領する場合は、特に昼間における占領の準備、確実な部隊の掌握、関係部隊との密接な連絡、厳重な警戒等が重要である。

1　夜間の陣地の占領のため昼間に準備する事項は、本節第2款によるほか、次のとおりである。

(1)　有線通信網の構成及び識別の処置
(2)　陣地・進入路の表示、危険箇所の補修
(3)　操縦手による現地の事前確認
(4)　警戒配置の決定及び敵襲撃時の行動準拠の徹底

2　夜間の陣地進入の準備においては、薄暮時期の活用に着意する。

3　夜間の陣地進入は、特に灯火の使用に注意し、音響防止の処置を講じ、かつ、各車に誘導員を配置し、静粛に整斉と行う。操縦用暗視装置の使用は必要

第3章　部隊運用

に応じ統制する。また、薄暮・荒天等を利用して一挙に進入することが有利な場合は、これを行う。

第4款　築　城

3343　要　旨

1　築城は、敵の火力、特に航空攻撃等から我が部隊、施設、補給品等を防護するとともに、我が火力の発揮を容易にする重要な戦闘力の要素である。

2　連隊長は、任務、予想される敵の航空攻撃等の要領、我が部隊の配置、築城の所要量、使用できる時間・資材、作業能力等を考慮して築城計画を作成し、適宜に命令し、指導・監督する。この際、常に敵の侵攻状況を把握するとともに射撃中隊の待機地域、統制装置、連隊本部位置等の築城を重視する。

3344　築城一般の要領

1　連隊長は、築城計画の作成に当たり、築城の優先順位及び工事の程度、要すれば作業開始・完了時期、資材、施設科部隊の支援配当等を早期に計画して、各中隊等に準備の余裕を与える。

2　作業の実施に当たっては、常に工事間の偽装に着意し、陣地の秘匿に努めるとともに、地形・地物の利用及び器資材の使用を適切にして、工事量の軽減に努める。

3　施設科部隊の支援を受けた場合は、特有の技術及び器資材により、特に重要な発射機、統制装置、誘導弾等の築城に関して支援を受けるとともに、技術的な援助を受ける。

4　連隊の施設器材は、特に重要な作業において器材の特性が十分発揮できるものに対して使用する。

5　状況が許す限り陣地の要点に地雷、指向性散弾及び障害物を設ける。地雷及び小型指向性散弾を設置する場合は、方面特科隊及び関係部隊に報告・通報し、我が部隊の通過を安全にする処置を行う。

6　射撃中隊の築城は、本編第4章第3節第4款を参照し、本部管理中隊は、射撃中隊を準用する。

第3編　地対艦ミサイル連隊

第5款　陣地変換

3345　要　旨

1　連隊長は、陣地変換に際し、任務を基礎とし、状況を判断して、射撃を中絶する時間を努めて短縮するように、その要領を適切に定める。この際、準備を周到にして、掩護の処置を講じ、機敏に実施することが必要である。また、陣地変換は、夜間・薄明、天候等による視程不良時の活用を考慮する。

新陣地の偵察・占領等に関しては、本節第2款及び第3款を準用する。

2　連隊長が陣地変換の要領を定めるに当たっては、陣地変換の開始・終了の時期、変換の方法、通信の変換、測量の拡張等を状況に適合させることが重要である。

3346　陣地変換の準備

1　連隊長は、方面特科隊長の命令に基づき、陣地変換を計画・準備する。

2　陣地変換の計画・準備に当たっては、方面特科隊長の陣地変換に関する構想に基づき、努めて先行的に開始する。この際、陣地変換の実施要領について、方面特科隊長の承認を受ける。状況により方面隊の統制を受ける。

3　陣地変換のためには、変換経路及び新陣地の偵察が、特に重要である。偵察に当たっては、■■について、特に留意する。状況により、作業隊を編成して偵察に同行させ、変換経路の啓開あるいは新陣地の敵地雷等の探知・処理等の安全化を実施する。

4　連隊長は、計画に基づき各中隊に陣地変換の予告を与え、次任務、弾薬・燃料の補給要領、有線通信の撤収等について明示する。この際、企図の秘匿に着意する。

5　新陣地の準備の程度は、任務、状況等により異なるが、主力到着までに少なくとも陣地進入及び射撃指揮通信組織の構成等の諸準備を完了することが望ましい。

6　陣地の撤収に当たっては、企図の秘匿及び保全に注意し、かつ、整斉・円滑に行進を開始できるように準備する。この際、特に出発地の確実な整理、出

第3章　部隊運用

発時の行動の秘匿及び発進点の整斉とした通過について着意する。

7　指揮所は、同時に又は梯次に移転する。連隊が同時に変換する場合においても、新指揮所における所要の準備を整えた後、主力の移動を行うようにする。指揮所の陣地変換については、第3109条を参照する。

8　連隊段列は、連隊主力の陣地変換に伴い、有効かつ適切に各中隊等を支援できるように変換させる。変換に当たっては、射撃中隊等の行動とのふん合を考慮し、兵站活動の中断を防止し、継続的な支援ができるように、その時期、変換要領等を定める。変換に当たっては、計画・偵察・準備を周到にするとともに、夜間、視程不良時等を活用し、企図の秘匿に努める。

第4科長は、変換を必要とする場合、各中隊等に必要な補給、特に燃料の充足、整備を促進して変換を容易にする。また、残置する物品の種類・数量・位置等を示し、追送を計画するとともに、不要施設の撤収及び整理を行う。

3347　陣地変換の実施

1　陣地変換の発動は、方面特科隊長の命令で実施する。

2　連隊長は、通常、新陣地において主力の陣地変換を指揮する。状況により、連隊長等は旧陣地に残り陣地変換を指揮する。

陣地変換の実施に当たっては、特に部隊等の行動の秘匿に努め、敵の目標とならないようにする。

3　連隊長は、陣地変換中においても、方面特科隊と不断の通信を確保することが重要である。

4　連隊段列は、努めて同時に変換する。この際、同行する野整備部隊の変換について、所要の調整を実施する。

第3節　通　　　信

3348　要　　旨

1　連隊の通信は、射撃指揮組織と情報組織との連接、部隊指揮等のため不可欠である。

2　連隊は、通常、有・無線通信を併用したデータ伝送を重視して連隊本部と指揮下部隊との間に通信組織を構成・維持・運営して、対海上火力戦闘に資す

- 89 -

第3編　地対艦ミサイル連隊

るとともに、方面特科隊及び関係部隊との間に通信を確保する。この際、■■■■■■■■■■■■■■■■■■■■■■■■■■■の活用に留意する。状況により、■■■■■■■■■■■■■■■■■■■■■■を行う。

3　本節は、通信組織の構成・維持の責任、通信計画、通信の運用等について記述する。通信電子防護については、本章第7節5款による。

3349　通　信　計　画

1　連隊長は、通信幹部に通信の確保を重視する時期・場所、通信手段及び優先順位並びに構成完了の時期の指針を示し、通信計画を作成させる。

2　通信計画の様式の一例については、付録第7-4を参照する。

3350　通信組織の構成・維持

1　連隊長は、通信計画のうち、指揮下部隊に必要な事項を命令して、状況に即応する適切な通信組織を構成・維持させ、連隊内及び関係部隊との必要な通信を連続不断に確保する。この際、常に通信保全及び通信電子防護に着意する。

2　連隊が利用する作戦部隊の通信組織は、次のとおりである。

(1)　作戦部隊の通信組織を利用した専用回線

　必要に応じ、方面特科隊本部と連隊の間に準備する。

(2)　作戦部隊から配当された供用回線

3　指揮統制システム

7　連隊及び各中隊が加入又は構成する無線通信系は次のとおりである。

- 90 -

第3章　部隊運用

3　射撃系及び情報系の運営
　(1)　射撃指揮通信は、通常、■■第3科長は、射撃指揮通信の現況を把握し、状況に応ずる通信手段を選定して、通信組織を効果的に運営する。
　(2)　情報のための通信は、通常、■■■■■■■■■■■■■■■■■■■■■■■■し、
4　電波管制下では、■■■■■■■■■■■■■■■■■■■■重要な通信を確保する。この際、無線通信は、管制解除後直ちに使用できるよう準備する。

第4節　測　　量

3352　要　　旨
　1　連隊の測量は、効果的な目標情報活動及び射撃の基礎である。
　2　連隊長は、任務を基礎とし、早期に測量運用の構想を確立し、測量計画を作成する。また、標定小隊及び射撃中隊の測量を統制し、各中隊にそれぞれ測量作業を実施させる。状況により、射撃中隊に標定小隊の測量の一部を実施させる。
　3　本節は、連隊の測量計画及び測量作業について記述する。

3353　測　量　計　画
　1　連隊長は、第2科長に指揮下部隊の運用、測量の範囲、完了の時期、優先順位等の指針を示し、測量計画を作成させる。
　2　測量計画の様式の一例については、付録第7－5を参照する。

3354　測　量　作　業
　連隊は、通常、方面特科隊の設定する測量統制点、あるいは既設の三角点又は平時準備の測量成果等を使用して、各中隊等に測量統制点を示し測量を実施させる。
　射撃中隊及び標定小隊の実施する測量作業については、第3465条及び第3536条を参照する。

第5節　情　報

3355　要　旨

1　連隊長は、任務を基礎とし、状況及び戦況の推移を予察して情報要求を確立するとともに、情報組織の構成、標定小隊の運用及び情報業務の運営を一体化して情報活動を律し、適時、敵の艦船及び航空機の活動状況等の情報を獲得して、指揮、特に射撃の指揮に直結することを第一義として、連隊の情報活動を行う。この際、適時適切に目標情報を獲得するとともに、射撃実行に資する目標分析を行うことが重要である。

2　連隊長は、方面特科隊、関係部隊等との調整を密にして、情報を収集するとともに、方面特科隊及び指揮下部隊のため必要な情報資料を報告又は通報する。

3　情報活動を有効に行うためには、気象・海象・海域の状況、彼我の配置、敵艦船及び航空機の編成・装備・能力・慣用戦法等の事前における詳細な研究、連絡・通信の確保及び測量が重要である。

4　連隊の情報組織は、通常、連隊指揮所、中隊指揮所、対艦レーダ等及び情報活動のための通信組織をもって構成し、方面特科隊及び関係部隊等の組織と連携する。この際、各種情報システム（FCCS等）の活用に留意する。

5　本節は、情報計画、情報処理等情報業務の運営及び観測機関の運用について記述する。

3356　情　報　計　画

1　情報計画は、情報主要素（EEI）及びその他の情報要求（OIR）を解明する具体的な要領を明らかにするものであり、観測計画作成の基礎となる。

2　連隊長は、第2科長に作戦・戦闘の各段階において収集すべき情報とその時期、重視すべき海域、標定小隊の運用の大綱等の指針を示し、情報計画を作成させる。

3　情報計画には、情報活動に関する構想、標定小隊の運用、方面特科隊、関係部隊等からの情報資料収集要領、情報活動上の統制事項等を示す。

4　情報計画の様式の一例については、付録第7－6を参照する。

第3章　部隊運用

3357　観測計画
1　観測計画は、情報資料の収集及び射撃の観測のための標定小隊の運用に関する計画であり、第2科長が第3科長と調整し情報計画の付紙として作成する。この際、観測計画の内容を情報計画に含めて情報・観測計画として作成することができる。
2　観測計画の作成に当たり、着意する事項は次のとおりである。
 (1)　情報上の要求と射撃上の要求とを考慮して、観測区域及び観測の重要な海域を具体化する。
 (2)　連隊の観測区域は、努めて完全に観測できるように計画する。このため、■■
 (3)　観測の重要な海域は、昼夜にわたり継続的かつ確実に観測できるよう指向する。このため、■■■■■■■■■■■■■■■について調整する。
 (4)　目標の標定及び射撃の観測を有利にするように観測機関の位置を適切に計画するとともに、必要により観測区域の変更ができるようにする。
 (5)　■■■■■■■■■■■■■■■■■■■■■■■■■■■■■■■■
3　レーダ位置からの視界図、レーダ視界図等を総合的に検討して、■■■■■し、要すれば配置観測区域又は配置の変更を行う。
4　観測計画の様式の一例については、付録第7-7を参照する。

3358　情報組織の構成
1　連隊の情報組織は、連隊本部第2科を中枢とし、指揮統制装置に標定小隊の各■■■を連接させて構成する。また、方面特科隊及び方面隊（火力調整所）の情報組織に連接する。
2　状況により、連隊の情報組織は、方面隊の沿岸監視組織として使用統制される。

- 95 -

第3編　地対艦ミサイル連隊

3359　情報業務の運営
 1　要　旨
　　連隊長は、状況に応ずる情報要求を定め、収集努力の重点を明確にするとともに、艦船情報資料及び航空情報資料の収集・処理を適切に指導して、適時に必要な情報を獲得する。また、獲得した情報は、適切に使用するとともに、方面特科隊（火力調整所）及び関係部隊等に、報告・通報する。
 2　収集努力の指向
 (1)　連隊長は、先行的に情報要求特に情報主要素を明示し、情報活動の準拠を明らかにする。
 (2)　収集努力の指向を適切にするためには、気象・海象・地形、敵の海上部隊の編成・装備・能力・慣用戦法、電子戦能力及び各種見積り ████████████████████████ について、方面隊（火力調整所）、方面特科隊等の見積り及び情報等を共有することが重要である。
 (3)　連隊長が特に重視する情報は、次のとおりである。
　　████████████████████████████████
　　████████████████████████████████
　　████████████████████████████████
 3　情報資料の収集
 (1)　連隊長は、方面隊（火力調整所）、方面特科隊及び関係部隊から、海上における艦船情報及び航空情報を収集する。また、対艦レーダをもって、自ら艦船情報を収集する。
 (2)　連隊長は、方面隊（火力調整所）、方面特科隊及び関係部隊から、████████████████████████ について、早期から情報を収集し、情報の共有を図る。
 (3)　連隊長は、第2科の情報収集活動を継続的に指導する。このため、入手した ████████████████████ に基づき、対艦レーダの捜索時期の統制、捜索海域の変更等を行う。
 4　情報資料の処理
 (1)　連隊長は、収集した情報資料を射撃に直結させることを主眼に正確・迅速に処理する。

- 96 -

第3章　部隊運用

(2)　情報資料の処理に当たり、侵攻する敵の艦船の状況を明らかにし、主侵攻正面の判定に寄与する。この際、■■■■■■■■■■■■■■■■■■■■■に乗ぜられることなく、各種情報を総合的に判断して、敵の行動を把握することが重要である。

(3)　目標の符番号

■■

(4)　目標分析等

■■■

5　情報の使用

　連隊長は、対艦レーダ等で得た情報を自ら使用するとともに、方面特科隊及び方面隊（火力調整所）及び関係部隊に必要な情報又は情報資料を報告・通報する。

第6節　射　　撃

第1款　要　　説

3360　要　旨

1　連隊長は、各中隊の射撃を■■■■■し、火力を効果的に運用する。

2　連隊長は、方面特科隊の射撃任務に基づき、適切な射撃実行要領を定め、戦況に適合した射撃を実行する。また、方面特科隊長の射撃計画作成上の指針を受け、命ぜられた場合、対艦射撃計画を作成する。

3　連隊長は、射撃を適切に実施するため、通信、情報、測量、弾薬（誘導弾）等の準備を周到・的確に行うとともに、すべての戦技、装備、組織、運用を射撃に帰一させる。

4　連隊は、いかなる状況下においても正確・機敏な射撃を実行する。このため、連隊長は、射撃命令及び射撃号令に基づいた射撃を確実に実施させるとと

- 97 -

第3編　地対艦ミサイル連隊

もに、射撃について定められた事項を正しく実行させ、射撃規律を維持する。

5　連隊は、計画飛しょう経路、火力集中点（算定基準点）射撃部隊、弾薬、射撃の方法等を表形式で計画した射撃予定表で、射撃を計画する。射撃の発動は、別命する時刻による。状況により、射撃予定表は、飛しょう経路のみを計画し、目標・時期・所望効果の要求に基づいて実施する。射撃諸元の準備の程度は、状況により異なる。また、射撃時期の指定方法により、弾着時刻指定射撃（TOT）、発射時刻指定射撃（TOA）及び即時射撃（Q）に区分される。

6　本節は、方面特科隊長から命ぜられた場合の対艦射撃計画の作成及び射撃の実行要領について記述する。

3361　射撃に関する命令

1　射撃任務

(1)　射撃任務は、方面特科隊長が地対艦ミサイル連隊に射撃部隊又は発射弾数、射撃目標、射撃の方法（使用飛しょう経路）又は所望効果、射撃の時期等の全部又は一部を示して、射撃の実施を命ずるものである。

(2)　射撃任務の付与の方法は、通常、あらかじめ対艦射撃計画で示し、これを発動させる。また、射撃目標の選定等射撃任務の一部が地対艦ミサイル連隊長に委任される場合がある。この場合は、委任する海域、時期、射撃すべき目標の種類等の必要な指示を受ける。

2　射撃命令及び射撃号令

射撃命令は、連隊長等が射撃任務に基づき、指揮下部隊等に射撃の実施を命ずるものである。射撃命令の細部及び射撃号令については、第3366条、第3492条及び訓練資料「88式地対艦誘導弾」を参照する。

第2款　対艦射撃計画

3362　要　　旨

連隊は、方面特科隊長から命ぜられた場合、方面特科隊長の計画作成のための指針に基づき対艦射撃計画を作成する。作成した対艦射撃計画は、方面特科隊長の承認を受け、方面特科隊の射撃計画に総合される。

第3章　部隊運用

3363　対艦射撃計画の作成
1　連隊長は、対艦射撃計画の作成に当たり、次のうち必要な指針を示し、第3科長に作成させる。
(1)　戦闘各期の射撃実行要領の大綱
(2)　重要な目標に対する所望効果、射撃の時期及び優先順位
(3)　戦闘各期における誘導弾の使用統制
(4)　計画の完成時期
2　対艦射撃計画には、次のうち必要な事項を含める。
(1)　戦闘各期の射撃実行要領
　　通常、射撃予定表として作成する。項目は、戦闘各期ごとの射撃目標、射撃目的、所望効果、実施射撃中隊・発射弾数、射撃の時期、計画飛しょう経路、最終攻撃方向等がある。
(2)　火集点（算定基準点）一覧表及びオーバーレイ
(3)　計画飛しょう経路諸元表及びオーバーレイ
(4)　射撃に関する統制・調整事項
　ア　海上における火力調整手段
　イ　水際付近における火力調整手段
　ウ　関係部隊等との火力調整手段
　エ　射撃調整空域の設定
　オ　発射時の危険区域の設定及び通報要領
　カ　気象、海象等に関する情報の報告・通報要領
3　対艦射撃計画の作成に当たり、着意すべき事項は次のとおりである。
(1)　当初から努めて綿密に調整して状況の進展に応じ逐次具体化する。また、完成後も状況の変化に応じ、逐次補備・修正する。
(2)　戦闘各期の誘導弾の使用統制を適切にする。

第3款　射撃の実施

3364　要　　旨
1　方面特科隊長は、目標分析及び射撃結果を活用して、適時に射撃の決心を

- 99 -

第3編　地対艦ミサイル連隊

行い、連隊に射撃任務を付与し射撃の実行を命ずる。

連隊長は、射撃任務に基づき、指定された目標位置又は、███████████目標位置に対し、射撃中隊に射撃の実行を命ずる。

2　射撃の実施に当たっては、対艦レーダ及び方面特科隊等の情報により、目標の状態、特に敵の艦船数及び位置を確認して、射撃実行要領を適切に決定する。また、射撃効果の把握に努め、じ後の射撃に反映させる。

3　射撃の実施を委任された場合、その内容に基づき、必要な火力調整手段の発動について、火力調整所に要請する。

4　発射時の危険区域の周辺に所在する部隊に対し、危険区域、発射時期を通報する。

5　敵の航空攻撃等による発射機等の被害を局限するため、敵の航空活動に関する情報を取得することが重要である。

6　射撃の一次停止及び再開については、連隊長の命令により実施するとともに必要な事項は、作戦規定（SOP）に定める。細部実施要領は第3492条を参照する。

7　火力戦闘の流れの一例については、付録第9－3及び訓練資料「88式地対艦誘導弾」を参照する。

3365　射撃実行要領の決定

連隊長は、射撃任務に基づき、敵艦船の状況、射撃中隊の状況等を考慮し、第3科長に射撃目標、所望効果、射撃時期等の指針を示し、射撃実行要領を決定する。

射撃を委任された場合の射撃目標、所望効果、射撃時期等射撃実行要領の決定に当たり考慮すべき事項は、次のとおりである。

1　射撃目標の選定
(1)　目標情報処理の成果による目標の重要度に基づき、目標分析を行い、射撃目標を決定する。
(2)　射撃目標は、艦種、艦船数、船団の隊形等の状況に応じ、射撃実行が容易なように艦船群に区分して目標群を設定する。この際、射撃の目的及び効果を考慮し、状況により、個艦に対し設定する。

第3章　部隊運用

2　所望効果の決定

所望効果は、船団の撃破艦船数の比率として示すものと、個艦に対し示すものがある。所望効果の算定を委任された場合は、目標の重要度、使用可能弾数等を考慮して決定する。細部は、第3367条を参照する。

3　発射弾数の決定

発射弾数は、目標の艦種、艦船数及び所望効果を基礎とし、敵の対抗手段等を考慮して決定する。各種目標に対する所要弾数算定の一例は、付録第6並びに訓練資料「野戦特科諸元」及び「88式地対艦誘導弾」等を参照する。

4　射撃部隊の決定

射撃部隊は、発射弾数に基づき、各射撃中隊の射撃準備の程度、使用可能弾数等の状況を考慮して決定する。

5　射撃時期の決定

射撃時期は、射撃の緊急度、目標の状態（艦船数、船団の隊形等）、各射撃中隊の射撃準備の状況、奇襲効果等を考慮して決定する。

6　飛しょう経路等の決定

(1)　飛しょう経路は、山地等の障害の回避、射撃陣地及びミサイルの飛しょうの秘匿等を考慮し、計画飛しょう経路として射撃計画を準備する。射撃に当たっては、ミサイルの健在性、射程等を考慮して、計画飛しょう経路のうちから選定する。

(2)　最終攻撃方向は、目標の状態、移動速度・方向等を考慮し、飛しょう経路と関連して、射撃効果を増大するように決定する。

7　射撃方式の決定（12ＳＳＭ）

　　████████████████████████を決定する。

3366　射撃命令の下達

1　連隊長は、射撃実行要領の決定に伴い、射撃中隊に射撃命令を下達し射撃の実行を命ずる。

2　射撃命令の伝達は、連隊の指揮統制装置から射撃中隊の射撃統制装置に対して実施する。通常、射撃予定表に必要な事項を追加して、その実行を命ずる。

3　射撃命令の内容は次のとおりである。

- 101 -

第3編　地対艦ミサイル連隊
　(1)　射撃部隊（ＦＣＵ番号）
　(2)　射撃任務番号
　(3)　目標指定番号
　(4)　発射弾数
　(5)　射撃時期の指定方法及びその時期
　(6)　射撃陣地
　(7)　計画飛しょう経路
　(8)　最終攻撃方向
　(9)　▆▆▆▆▆▆（12ＳＳＭ）

4　射撃命令の下達に当たっては、射撃命令のデータ伝送に先立ち、中隊に対し射撃命令又はその一部を音声で下達して、射撃陣地への進入準備を促進させるほか、じ後の任務に対応するため、必要に応じて再搭載に関する指示等を指示する。この際、各中隊の発射準備所要時間をあらかじめ把握し、十分な余裕を与えることが必要である。発射準備所要時間の一例は、付録第９－４を参照する。

3367　所　望　効　果
所望効果に応ずる各種の射撃を指揮するに当たり、次の事項に着意する。
1　小　　破
　小破は、敵艦船の戦闘、指揮通信又は航行能力等一部の戦闘力の発揮を一時的に抑制するものである。このため、射撃後は、効果の継続の要否について監視する。
2　中　　破
　中破は、一定の時間、敵艦船の戦闘力の発揮を不能にするものであり、その戦力回復には、通常、当該艦船独力では不可能である。
3　大　　破
　大破は、長時間、敵艦船の戦闘力の発揮を不能にするものであり、その戦力回復には、一定期間の修理を必要とする。
4　撃　　沈
　撃沈は、敵艦船を沈めるもので、必要な弾数を集中して行う。
5　船団に対する効果

第3章　部隊運用

船団に対する効果は、方面総監が決定するもので、状況により異なる。

3368　各種目標に対する射撃

1　戦闘艦

(1)　連隊長は、射撃の効果、艦船の状況、企図の秘匿等を考慮し、射撃実施の可否、実施の規模等について意見具申する。

(2)　射撃の実施に当たり、連隊長は、所望効果を考慮し、目標艦船数を確認して、目的を達成できるよう射撃実行要領を定める。この際、連隊の全般配置の秘匿及び射撃実施部隊の損害防止に留意する。

2　輸送艦・揚陸艦

(1)　連隊は、努めて多くの敵の輸送艦・揚陸艦を撃破するよう射撃する。このため、連隊長は、敵輸送艦・揚陸艦の海上移動中、又は泊地に停泊中等の機会を捕捉して射撃を行う。

(2)　海上移動中の敵輸送艦・揚陸艦を射撃する場合は、対艦レーダによる数回の捜索等により、■■■■■■■■■■■■■■■■■■■■■■■■■■■■■■■■■■■■必要がある。

(3)　輸送艦・揚陸艦を泊地で射撃する場合は、上陸部隊が上陸用舟艇に移乗する以前に、努めて大型の艦船を射撃する。

3　ジャマ艦

■■■ジャマ艦射撃については、付録第11を参照する。

3369　射撃効果の確認

射撃効果の確認は、じ後の戦闘指導上重要である。連隊長は、状況の許す限り、射撃実施後対艦レーダにより射撃効果を確認し、じ後の射撃に資するとともに、確認結果を方面特科隊長に報告する。

第3編　地対艦ミサイル連隊

第7節　警　　戒

第1款　要　　説

3370　要　旨

1　連隊長は、連隊に対する空地からの敵の脅威及び程度を判断し、監視網の構成、警告・警報の処置、通信の設定等の警戒のための処置を適切にして敵の奇襲を防止する。また、敵の攻撃に際しては、迅速にこれを排除、又は阻止する(以下「自衛戦闘」という。)。

2　連隊の警戒の対象となる脅威には、敵の航空機、攻撃ヘリコプター、空挺・ヘリボン攻撃、遊撃活動及び特殊武器攻撃等があり、警戒のための処置には、偵察、空地に対する監視網の構成、警告・警報の処置、通信の設定等のほか、隠蔽・掩蔽、偽装及び分散による秘匿、欺騙、築城、特に障害物の利用等がある。また、電子戦について常に留意する。

3　連隊は、広域に展開するため、方面隊の全般配置及び高射特科部隊と連携し、対地対空警戒・戦闘組織を構成することが重要である。

4　本節は、主として陣地占領間の警戒の要領、特に遊撃、対空挺・ヘリボン自衛警戒組織及び戦闘一般の要領並びに通信電子防護及び対特殊武器戦一般の要領について記述する。宿営・集結間の警戒は、本節を参照する。

3371　警戒のための処置

1　警戒のための処置は、連隊の陣地において各中隊が分散し、相互支援が、通常、困難であることから、中隊ごと対処する。連隊長は、各中隊長等に警戒の責任区域を配当し、警戒のための処置及び必要な統制を行う。

2　警告・警報

連隊長は、通常、作戦規定で定められた要領により、■■■■■■■■■■■■■■を使用して警告・警報する。

第3章　部隊運用

第2款　対遊撃・対機甲警戒

3372　要　旨
　1　連隊長は、潜入する遊撃部隊を積極果敢な自衛戦闘により、撃破又は排除させる。また、状況により侵入する敵機甲部隊の攻撃に対処する。
　2　連隊長は、敵の脅威に対して、通常、中隊長等に委任する事項、対処の大綱等必要な指針を示して対処させる。

3373　対遊撃・対機甲自衛戦闘組織
　中隊等ごと、監視線の構成、火力の準備、障害の設置等をさせる。この際、火器相互の射撃を密接に調整させる。

3374　対遊撃・対機甲自衛戦闘一般要領
　1　敵遊撃部隊に対しては、小火器、手榴弾等をもって撃退し、陣地に侵入したものは、捕獲、あるいはこれを撃破する。この際、敵の欺騙行動に留意する。
　2　敵機甲部隊の攻撃に対しては、命令又は警報により防護の配置につかせる。この際、防護配備を過早に暴露しないようにするとともに、歩哨をできる限り長くその位置にとどめて敵情の把握を確実にする。
　　敵機甲部隊に対しては、抵抗線以遠の敵戦車等に対して、各種自衛火器による自衛戦闘によりこれを排除する。

第3款　対空警戒

3375　要　旨
　1　連隊は、方面隊、方面特科隊又は高射特科部隊等の対空情報により、対空戦闘を準備するとともに、対空警告・警報及び対空監視哨の報告に基づき、対空戦闘を実施する。
　2　敵航空機に対しては、その攻撃等の機会を与えないため、偽装、分散、車輪跡の除去、排土の処置等により陣地を秘匿するとともに、築城を実施して、人員・器材等を防護するに努めるが、連隊又は中隊等を目標として攻撃する敵機に対しては、積極的に対空射撃を行い、これを撃墜する。

第3編　地対艦ミサイル連隊

　3　携帯地対空誘導弾の配置、主射撃区域、目標情報の伝達、射撃の制限等については、通常、連隊が統制し、状況により中隊等が統制する。また、方面隊、方面特科隊等の統制下で運用されることがある。この際、特に通信・連絡を確保して、対空情報を直接伝達することが必要である。

3376　対空自衛戦闘一般の要領

　1　携帯地対空誘導弾及び重機関銃は、敵航空機の攻撃方向、特に低空接近経路を火制できるように配置する。この際、重機関銃は、努めて火力を集中させる。

　2　連隊長は、連隊が統制する携帯地対空誘導弾及び対空機関銃の射撃について、射撃開始の条件、目標の選定基準、発射弾数の統制等を明示し、目標の選定、射法、発射時期等の指揮は、それぞれの現場の指揮官に実施させる。小火器の対空射撃の開始の権限は、通常、中隊長等に委任する。

第4款　対空挺・ヘリボン警戒

3377　要　　旨

　連隊は、陣地占領間、陣地付近に敵の空挺・ヘリボン攻撃を受けることがある。このため、連隊長は、射撃任務の緊急度、方面隊等上級部隊の対処計画、地形、連隊への脅威の度等を考慮して対応行動を決定する。この際、対空情報の早期入手に努める。

3378　対空挺・ヘリボン自衛戦闘一般の要領

　1　侵入する敵航空機に対しては、使用できる全火力を集中して、努めて空中において撃破する。

　2　陣地内に降着する敵部隊は、降着直後の弱点に乗じてこれを撃破又は、阻止・拘束する。

　3　陣地近傍に降着する敵部隊に対しては、降着状況を速やかに方面特科隊に報告し、まず抵抗線強化等の処置を行い方面特科隊の命令に基づき行動する。

　4　対空戦闘及び対地上戦闘要領の細部は、本節第2款及び第3款を準用する。

第3章　部隊運用

第5款　通信電子防護

3379　要　　旨
1　連隊は、主として通信電子防護を行い、通信電子活動を維持する。
2　連隊長は、戦闘遂行に必要な通信電子防護について常に計画・実施する。このため、状況特に気象・地形、敵の電子戦能力、我が通信手段の特性等を考慮し、各種状況に即応する通信電子防護を適切に指導する。
3　通信電子防護の計画・実施に当たり留意すべき事項は、次のとおりである。
(1)　敵の電子戦能力が、連隊の通信電子活動に及ぼす影響の程度を適切に見積もる。見積りに当たっては、敵の電子戦に関する最新の情報を使用することが重要である。
(2)　電子戦の対象となる器材は、気象・地形を利用するとともに、その器材が保有する対電子機能を最大限に活用して、状況に即応する対策を講ずる。
(3)　電子戦の対象とならない有線通信、音響・視覚通信、伝令通信等を努めて活用する。
(4)　厳しい電子戦環境下にあって、妨害等の困難を克服できるように不断の訓練を行うとともに、電子戦の対象となる器材の整備及び取扱いに慣熟させる。

3380　通信電子防護一般の要領
1　対通信電子偵察
　　連隊長は、■■このため、地形等を利用した指揮所・無線中継所・レーダ陣地等の位置の選定、厳正な通信規律の維持、通信保全特に伝送保全の確立、通信諸元の運用等を適切にする。
2　対通信電子攻撃
(1)　対通信電子妨害
　　連隊長は、■■

- 107 -

第3編　地対艦ミサイル連隊

敵の通信電子妨害を受けた場合は、通信電子活動を継続するか、又は回避して対処する。通信電子活動を継続する場合は、通信電子器材固有の対電子機能を駆使して通信を確保する。いずれの場合も敵に妨害効果を察知されないようにする。

(2)　対通信電子欺瞞

連隊長は、戦術的・技術的観点等から総合的に分析し、敵の偽信を迅速・的確に看破する。■■■このため、情報活動との連携を図るとともに、通信電子規律を維持する。

(3)　対放射源ミサイル攻撃対処

敵の対放射源ミサイル（ARM）による通信電子攻撃を回避するため、■■■■■■■■■■■■■■■■■■■■■■■■■■■■とともに、築城による防護等の処置を行う。

3　対象別留意事項

連隊が行う通信電子防護においては、■■■■■■■■■■■■■■■■■■■■■■が対象となる。これらの運用に当たり特に留意すべき事項は、次のとおりである。

(1)　■■

(2)　■■■■■■■■■■■■■■■■■■■■■■■■■■■電波の放射に当たっては、方面特科隊及び方面隊（火力調整所）と調整するとともに■■■■■■■■■■■■■■■■■■■■■■を実施し、努めて■■■■■■■■■■■■し、敵の標定を回避するとともに、敵の対放射源ミサイル（ARM）の目標とならないように着意する。

(3)　■■■■■■■■■■■■■■■■■■■■■■■■■■■■■■■■■また、陣地地域においては、陣地進入等の緊要な時期における短時間の使用にとどめる。

第3章　部隊運用

4　報告・通報
　連隊は、敵の通信電子施設・部隊等に関する情報を入手した場合及び敵の妨害・欺騙を受けた場合は、その都度、速やかに方面特科隊に報告・通報する。

第6款　対特殊武器戦

3381　要　旨
1　連隊長は、特殊武器攻撃に関する情報を適時かつ正確に入手し、あらかじめ特殊武器に応じて適切な対応行動を定めるとともに、指揮下部隊が各種の状況に応じて主動的に対処できるよう指導する。
2　連隊長は、部隊の防護を適切にするため、部隊運用の融通性を保持しつつ警告・警報組織の確立、地形の選定、汚染防止設備の設置、防護掩蔽部の構築、防護資材の補給・整備等を適切に行い、周到な防護準備を行う。
3　特殊武器攻撃が切迫している場合には、適切な分散、機動力の発揮、行動の秘匿、接触の維持、地形の利用及び築城等を考慮して、被害を最小限にするための方策を確立して任務を遂行する。
4　特殊武器攻撃に対しては、必要に応じ、当初の計画を補備・修正する等、適時適切な処置を行い、任務の続行に努める。

3382　特殊武器防護一般の要領
1　連隊は、敵の特殊武器に関する情報を方面特科隊から入手するとともに、必要により、歩哨等に化学係等を増強し、検知・測定器材等を活用して、警戒に当たらせる。
2　特殊武器攻撃を受けるおそれのある場合は、特に次の事項を考慮する。
　(1)　核武器に対する防護
　　　任務遂行に支障を来さない範囲で中隊・施設等を努めて分散させるとともに、地形を活用して、築城の強化を図る。部隊の分散に当たっては、地形、予想される核武器の効果、築城・装甲防護力等を考慮し、通常、複数の射撃中隊が同時に1個の核武器によって損耗しないように努める。
　(2)　化学武器に対する防護
　　　化学武器の威力の程度に応じて警戒の処置及び隊員の防護の程度を適切

- 109 -

にするとともに、防護規律を徹底する。防護の程度には、防護装備品等を携行する状態から、防護マスク、防護衣等を完全に装着する状態まで各種ある。細部は、陸自教範「対特殊武器戦」を参照する。歩哨等の配置に当たっては、風向を考慮し、通常、部隊の風上に選定する。
(3) 生物武器に対する防護
化学武器に対する防護に準ずるほか、特に健康管理、防疫等を適切に行う。
(4) 特殊武器防護の設備
ア 特殊武器防護のため、状況により、気密、換気、除染等の設備を有する防護掩蔽部を構築する。
所在の施設が利用できる場合には、防護掩蔽部として利用する。利用できるものには、掩蓋構造物、トンネル、コンクリート建造物の地下室、地下道、洞窟等がある。
イ 防護掩蔽部を構築する場合は、努めて地下式とし、その上部は厚さ■以上の土、砂袋等で覆う。
ウ 細部については、陸自教範「対特殊武器戦」第3編及び訓練資料「陣地構築作業」を参照する。
3 連隊長は、敵の特殊武器攻撃に際しては、直ちに警告・警報を発令するとともに、防護処置を講じ、被害の局限に努める。また、使用された特殊武器の種類、規模、被害の状況等を速やかに報告するとともに、配置の変更、除染等の処置を講じて、任務の続行に努める。この際、戦闘行動と防護行動の調和及びパニックの防止に留意する。

第8節 兵　　站

第1款 要　　説

3383 要　旨
1 連隊は、一部の整備機能を除き、独立的に行動できる兵站能力を有する。
2 兵站の目的は、部隊の戦闘力を維持・増進して作戦を支援するにある。連隊長は、任務を基礎とし、状況、特に地形、連隊の兵站能力、同行する野整備

第3章　部隊運用

部隊の支援能力等を考慮し、早期に兵站運用の構想を定め、兵站計画を作成する。
　連隊長は、適時命令を下達し、軽快かつ効率的な兵站活動により連隊の戦闘力を維持・増進する。
3　連隊長は、連隊の一部を師団・旅団等に配属する場合は、所要の兵站要員、器材等を増強し、また、部品等を増加携行させ、じ後の行動を容易にする。この際、同行する野整備部隊について調整する。
4　連隊は、■■■■■■分散配置する部隊に対し、常続的な兵站支援を実施することが必要である。
5　本節は、連隊段列及び兵站計画並びに補給、整備、回収等について記述する。

3384　連　隊　段　列
1　連隊長は、本部管理中隊補給班、必要により中隊の兵站要員、器材等をもって連隊段列を編成し、補給班長又は第4科長等をもって段列長とする。
　特科直接支援中隊の配属を受けた場合、特科直接支援中隊長を段列長に指定する場合がある。
2　連隊段列は、作戦・戦闘間、支援に便利な地域に開設して、各中隊に対する兵站支援を行う。同行する野整備部隊は、通常、段列とともに行動させる。
　段列の補給班地域の偵察及び占領については第3編第5章第3節「連隊段列の占領」を参照する。

3385　配属部隊に対する兵站支援
　連隊長は、連隊に配属された中隊等に対して兵站支援を行う。この際、連隊の能力以上の兵站支援所要が予想される場合は、その本属部隊等から支援が受けられるように調整する。また、同行する野整備部隊に対しては給食等の支援を行う。

3386　兵　站　計　画
1　連隊長は、第4科長に段列地域の開設時期・場所、補給・整備等兵站業務の重点等の指針を示して、兵站計画を作成させる。
2　兵站計画の様式の一例については、付録第7―8を参照する。
　連隊においては、衛生計画とあわせ、兵站・衛生計画として作成することができる。

- 111 -

第3編　地対艦ミサイル連隊

第2款　補　　給　　等

3387　要　　旨

1　補給の目的は、作戦上必要とする装備品等を適時適所に充足し、部隊の物的戦闘力を維持・増進するにある。

連隊長は、給食の状況及び装備品等の現況を的確に把握し、各種補給品の効率的使用及び愛護・節用を図るとともに、連隊の行動に必要な補給品等の種類・数量等を明らかにして、適時充足し、更新する。

各種補給品の一例については、陸自教範「兵站」第2編を参照する。

2　連隊長は、補給の実施に当たり、方面特科隊の命令・指示・作戦規定等を十分に承知するとともに、連隊の作戦規定を活用して軽快かつ効率的に業務を実施する。

3　連隊においては、補給班、通信小隊、衛生班等が、中隊においては、主として、管理班が補給を担任する。

4　本款においては、主として補給品の取得（請求）・配分（受領・交付）及び緊急破棄について記述する。

3388　第1種補給品

第1種補給品は、糧食であり、戦況にかかわらず常続的に消費され、補給の良否は、士気に大きく影響する。連隊は、固有予備糧食として、部隊携糧■■個人携糧■■を保有し、連隊長の命令において使用する。

1　請　　求

補給班は、通常、各中隊の人事日報に基づき、糧食の消費日までの人員の増減を考慮して、糧食請求書を作成し、定められた時刻までに、糧食補給点へ提出する。糧食請求書の提出が困難な場合は、電話、電報等で請求を行う。

2　受　　領

補給班は、自隊車両をもって、交付時間予定表に基づき、糧食補給点において糧食を受領する。部隊交付又は交会交付による糧食の受領に当たっては、品目・数量、受領日時、部隊の位置等について、糧食補給点と調整する。

第3章　部隊運用

3　交　　付
(1)　補給班は、連隊の糧食交付所で各中隊別に荷分けした後、中隊に受領させる。状況により部隊交付を行う。
(2)　分散配置する████████████に対しては、事前集積、増加携行等により糧食等を確保させるとともに、自隊車両、ヘリコプター等により追送を実施する。

4　記　　録
補給班は、糧食補給点で受け取った交付票、荷分表、糧食請求書、予備糧食に関する記録等を整理・保管する。

5　給　　食
炊事は、通常、連隊から示す給食計画に基づき中隊ごとに行う。状況により連隊が行う。炊事に当たっては、企図の秘匿に努めるとともに、衛生及び安全に注意する。

3389　第3種補給品
第3種補給品は、液体燃料及び油脂類である。これらの補給に当たって、種類・規格に注意し、車種及び季節に適応することが重要である。また、火災予防に注意する。

1　請　　求
(1)　補給班は、通常、各中隊が提出した空缶と実缶とを交換し、空缶をもって、燃料補給点に請求する。増加予備燃料の請求又は要求された場合、第4科長は、第3科長と調整して燃料請求書を作成し、燃料補給点に提出する。また、燃料使用の統制を受けた場合は、通常、毎日、燃料請求書を作成し、燃料補給点に提出する。
(2)　補給班は、エンジンオイル等の油脂類に関する各中隊の集計、あるいは見積に基づいて、所要量を燃料補給点に請求する。

2　受　　領
(1)　補給班は、通常、燃料補給点において、各中隊から集めた燃料携行缶、状況により、ドラム缶による空実交換により燃料を受領する。受領に当たっては、燃料の種類、数量及び容器を点検する。
(2)　使用の統制が行われた場合は、燃料補給点において、交付票とともに燃

第3編　地対艦ミサイル連隊

料を受領する。
 3　交　付
 (1)　補給班は、受領した燃料を段列地域に開設する燃料交付所において、空実交換又は個々の車両に対する直接給油により、中隊に補給所交付する。状況により、部隊交付を行う。
 (2)　燃料の使用が統制された場合には、第4科長は、割当について第3科長と調整し、連隊長の承認を得て燃料の使用統制を行う。
 (3)　分散配置する■■■■■に対しては、事前集積、増加携行等により燃料等を確保させるとともに、自隊車両、ヘリコプター等により追送を実施する。
 4　記　録
 　補給班は、消費経験資料、燃料補給点で受け取った交付票、燃料請求書、在庫に関する記録等を保管する。
 3390　第5種補給品
 　第5種補給品は、弾薬類である。この中で、特に誘導弾は、直接、地対艦ミサイル連隊の戦闘に重大な影響を及ぼすため、連隊長は、示された使用基準に基づき、弾薬の使用及び補給を周到・適切に計画する。弾薬を使用した場合、定数弾薬をできる限り速やかに充足する。
 　連隊長は、通常、日々受領する数量を計画し、あらかじめ方面特科隊第4科長を通じ弾薬補給点と調整して補給の円滑を図ることが必要である。
 1　弾薬所要に関する意見の提出
 　連隊長は、必要に応じ、方面隊の任務、作戦構想、気象・地形、敵の可能行動等を考慮して、作戦に必要な誘導弾の所要量について早期に方面特科隊長に意見を提出する。
 2　請　求
 (1)　連隊長は、弾薬の請求量を定め、請求票を作成し、方面特科隊第4科長の弾薬認証を得た後、弾薬補給点等に提出する。
 (2)　化学火工品は、示された使用規準等の範囲内で請求票を作成し、支援担任の弾薬補給点等に提出する。

第3章　部隊運用

3　受　領
(1)　連隊は、各中隊の発射機、装填機及び所要の車両をもって弾薬輸送隊を編成し、通常、連隊長が指名する幹部に指揮させ、支援担任の弾薬補給点等から受領する。第4科長は、あらかじめ弾薬補給点等に請求量を通報するとともに、受領時刻等について調整し、受領及び輸送について計画する。
(2)　部隊交付又は交会交付を受ける場合は、方面特科隊第4科及び輸送担任部隊と弾薬の種類、数量、受領時期・場所等について調整する。

4　交　付
(1)　誘導弾は、弾薬補給点等で完成弾を受領し、各中隊に交付する。
(2)　小火器弾薬・化学火工品等は、補給班が、弾薬交付所において各中隊へ交付する。

5　報告及び記録
(1)　第4科長は、弾薬請求票の控え、各中隊に対する交付票、連隊の弾薬現況表、射耗弾薬の種類・数量等の諸記録を保管する。
(2)　第4科長は、弾薬補給上の結節時期に弾薬現況を連隊長に報告する。射撃中隊は、弾薬現況記録を作成し保管する。

3391　その他の補給品
1　その他の補給品は、それぞれの所掌系統で、補給される。補給の方法には、請求補給又は推進補給がある。
　請求補給のうち、直接交換による場合、指定された直接交換品目は、所要のものを方面隊の各兵站支援部隊に提出して交換する。
2　品目区分及び請求・受領先は次のとおりである。
　師団・旅団に配属された場合は、陸自教範「兵站」を参照する。

第3編　地対艦ミサイル連隊

区　分	品　目		連隊内担任	請求・受領（）は開設部隊
第2種	出版物		第1科	請求：方面特科隊 受領：需品補給点等(需品・化学補給隊)
	(1)編制表に定められた装備品のうち主要装備品以外のもの (2)被服装具 (3)消耗性補給品等 （除染剤、乾電池、事務用品等）	通　信	通信小隊	通信補給点等(通信支援隊)又は全般支援部品等交付所(補給中隊)
		武　器	補給班	全般支援部品等交付所(補給中隊)
		需　品		需品補給点等(需品・化学補給隊)
		化　学		化学補給点等(需品・化学補給隊)
		施　設		全般支援部品等交付所(補給中隊)
		衛　生	衛生班	衛生補給点等（方面衛生隊）
第4種	築城資材(地雷・爆破資材を除く。)		補給班	施設補給点等（施設団）
第6種	日用品、し好品等		第1科	請求：方面特科隊 受領：糧食補給点、需品補給点、全般支援部品等交付所 (需品・化学補給隊等)
第7種	編制表に定数が定められた主要装備品		通信小隊、補給班	第2種の該当項に同じ。
第8種	衛生資材		衛生班	衛生補給点等（方面衛生隊）
第9種	整備用部品		通信小隊、補給班	第2種の該当項に同じ。
第10種	地　図		第2科	請求：方面特科隊 受領：地図補給隊、航空写真：AG-2
	水		補給班	方面給水所、(需品・化学補給隊)
	第1～9種に属さない補給品		補給班	その都度示される。

3　請　求

　連隊は、各中隊の請求（非消耗品については、中隊長の亡失又は損傷の証明書をつける。）に基づき、連隊の請求書を作成し、規制品目は方面特科隊に、

第3章　部隊運用

その他の品目は第2項に示す支援部隊に提出する。

その他の補給品の請求は、通常、所定の請求書で行うが、現況報告若しくは損耗報告、直接交換又は請求でこれに代えることがある。

請求は、通常、定められた期間ごとに行うが、緊急の場合は随時に行う。

4　受　領

その他の補給品の受領日時及び場所は、通常、方面特科隊から示されるが、緊急の必要品はその都度受領する。日用品等は、第1種補給品と同時に受領するのが便利である。また、衛生資材等は、傷病者後送時の救急車を利用することができる。

5　交　付

その他の補給品の交付は、通常、戦闘の休止時等に行うが、緊急を要するものは迅速な方法で行う。

6　記録及び報告

連隊は、定数を示す補給品の書類、その他の補給品の現況記録、規制品目表、各中隊からの請求つづり、請求票の写し、直接交換票つづり、補給品の請求・交付に関する方面特科隊の指示等を保管する。

3392　装備品等の緊急破棄

装備品・弾薬等が、戦況上、急を要する場合で、敵にろ獲されるおそれがあり、後送の余裕がない場合は、方面特科隊にその状況を報告し、許可を受けて行う。許可を受ける余裕がない場合は、緊急破棄を行った後、その結果を方面特科隊に報告する。破棄の方法については、関係教範類による。

第3款　整　備

3393　要　旨

整備の目的は、装備品等を常に良好な状態に維持し、あるいは使用可能な状態に回復させ、連隊の物的戦闘力を維持するにある。連隊は、通常、同行する野整備部隊の支援を受けるとともに、装備品等の現況を確実に把握し、予防整備の徹底を図り、これらを常に良好な状態に維持する。このため、隊員に予防整備の重要性を認識させるとともに、整備のために十分な時間を与える。

第3編　地対艦ミサイル連隊

戦闘間、特に発射機は努めて現場で整備できるよう、野整備部隊に要求する。

3394　整　備　規　律

連隊は、常に関係諸規則を遵守し、整備実施上定められた事項を正しく履行する。特に整備段階区分を厳守するとともに、許された範囲外の部品の流用を戒め、不当な整備及び取扱いの防止に努め、かつ作業の安全を図る。

作戦間、応急の処置を必要とする場合、連隊長は、明確な準拠を与えて処置させる。

3395　部　隊　整　備

部隊整備は、第1段階整備であり、使用部隊（使用者）が、携行工具・付属品等を使用して実施する予防整備（A・B整備）、携行部品等を使用して実施する軽易な故障整備等である。

部隊整備における整備内容及び担任は次のとおりである。

区　　分	第　1　段　階　整　備	
	内　　容	担　　任
発　射　機	A・B整備	■
装填機・弾薬運搬車	A・B整備	■
統制装置	A・B整備	射撃統制陸曹
中継装置	A・B整備	■
対艦レーダ	A・B整備	■
小　火　器	A・B整備	使用者
車　　　両	A・B整備	使用者又は取扱者
通信電子器材	A・B整備	通信手又は使用者
その他の装備品	通常、補給系統の区分に従い、整備を担任する。	

整備に関する計画及び諸記録の整備担任は、連隊内の担任に同じである。

第3章　部隊運用

3396　第2段階以上の整備
　連隊は、第2段階以上の整備を必要とする場合、次の部隊に対して整備要求する。

区　分	連隊内担任	要請（請求）先
火　器	補給班	特科直接支援大隊特科直接支援中隊（C）火器整備小隊
車　両	補給班	特科直接支援大隊特科直接支援中隊（C）車両整備小隊
誘導武器	補給班	特科直接支援大隊特科直接支援中隊（C）火器整備小隊
通信電子器材	通信小隊	特科直接支援大隊特科直接支援中隊（C）通信電子整備小隊
施設器材	補給班	特科直接支援大隊特科直接支援中隊（C）車両整備小隊
化学器材	補給班	全般支援大隊整備中隊■■■■■■
需品器材	補給班	全般支援大隊整備中■■■■■■
衛生器材	衛生班	衛生補給点（方面衛生隊）

3397　点　検
　連隊長は、連隊装備品について、定期的又は臨時に点検を行う。点検は、その目的・実施時期・品目・要領等を明確にして、最小限の人員と時間で効率的に行う。
　点検は、通常、装備品等の整備の状況、使用法の適否、予防整備実施の適否、整備に関する規定の履行状況、諸記録・諸帳簿の整理状況等について、定期的に又は必要の都度に行う。この際、要すれば野整備部隊に整備員等の協力を要請する。

第4款　回　収　等

3398　回　収
　1　回収の目的は、使用不能・遺棄その他の装備品等のうち再利用価値のあるものを速やかに収集・処理して活用し、兵站の経済性を高めるにある。
　2　連隊長は、任務遂行に支障のない範囲において回収業務を実施する。このため、回収所を連隊段列地域内に開設する。
　3　補給班、衛生班は、収集した回収品を物品管理区分に選別・分類し、連隊段列に送付するか、全般支援回収所等に後送する。収集または後送できない回

第3編　地対艦ミサイル連隊

収品は、種類・位置・数量等を関係部隊へ通報する。取扱いの危険な弾薬等は、標識を付け、処理担任部隊等に通報し、その処理が終了するまで危害防止に注意する。

4　誘導弾の発射筒は、射撃実施後、通常、各射撃中隊に回収させ、方面隊等の回収所に後送する。

5　傷病者の個人装備火器及び携行弾薬（以下「個人装備火器等」とする。）は、中隊又は連隊収容所で収集する。個人装備火器等以外の装備品（背のう、鉄帽、防護マスク、戦闘用防護衣、飯ごう、水筒等）は、通常、収集することなく、傷病者とともに管理する。また、戦没者の個人装備火器等、個人装備火器等以外の装備品については、連隊収容所で収集し、連隊回収所へ後送する。ただし、連隊収容所受入れ前に戦没者と認定された場合は、中隊で収集した後、連隊回収所へ後送する。

傷病者及び戦没者の携行弾薬は、通常、中隊又は連隊収容所において収集する。

3399　ろ獲品の処理

1　連隊は、ろ獲品を発見した場合、速やかに方面特科隊等上級部隊に報告するとともに、その指示により回収品に準じて処理する。■■■■■■■■■■■■■■■■■■■■■■■■■■■■■■■■■■■■

2　ろ獲品の取扱いに当たっては、■■■■■■■■■■■■■■■■■■■■■■■■■ことが必要である。特に、武器・弾薬等の危険かつ大量のろ獲品は、監視の処置を行い、その位置・品目・数量等を報告して指示を受ける。再び敵の手に入る恐れがあるときは、破棄できるように準備する。

3　敵の衛生資材等については、ジュネーブ条約及び上級部隊の定めるところによる。

第9節　衛　　生

33100　要　旨

1　衛生の目的は、個人の健康を良好に維持し、傷病者を治療・後送して、部隊の人的戦闘力を維持・増進するとともに、その係累を除去するにある。

第3章 部隊運用

衛生業務の適否は、部隊の規律、士気等に大きく影響する。連隊長は、衛生班等を適切に運用して治療、後送及び防疫等を行い、連隊の人的戦闘力を維持・増進するとともに、その係累を除去しなければならない。

2 連隊長は、衛生運用幹部に連隊収容所の開設時期・場所、治療及び後送、防疫等の衛生業務の重点等の指針を示し、衛生計画を作成させる。衛生計画の一例については、付録第7－9を参照する。

3 本節は、連隊の衛生、特に治療及び後送、防疫について記述し、衛生班が実施する補給等兵站業務は、本章第8節を参照する。

33101 治療及び後送

治療及び後送の目的は、傷病者に対し迅速確実な救急処置等を行い、早期戦力化を図るとともに、傷病者を適切にトリアージし速やかに後送して早期に完全な治療を行い、連隊の人的戦闘力の損耗を防止するにある。連隊長は、各中隊の第一線救護を指導・監督し、これと連隊の治療及び後送との一貫性を確立する。

1 第一線救護

戦闘間においては、傷病者自ら又は隊員相互に救急処置を行うか、あるいは必要に応じ衛生班の救護員等により応急処置を受ける。じ後、速やかに戦闘任務に復帰するか、連隊収容所に赴く。

2 連隊収容所

衛生班は、戦闘間、通常、連隊収容所を開設し、連隊陣地地域に発生した傷病者のトリアージ及び応急治療を行う。戦闘任務に耐え得る者は、中隊に復帰させ、また、後送を要する患者には後送の準備を行う。

3 後　送

中隊の傷病者は、徒歩又は臨時に編成した担架班、あるいは衛生班の救急車により連隊収容所に後送する。連隊収容所からは、連隊又は方面衛生隊等の救急車、状況によりヘリコプターにより、野外病院等へ後送する。また、方面特科隊等が後送待機所を開設した場合、後送待機所への後送は連隊が行う。

33102 防　疫

1 連隊長は、防疫のための必要な処置を計画する。防疫の機能は、予防及び撲滅に区分されるが、特に予防を重視する。

2 予防に当たっては、体力の維持、衛生環境の改善及び衛生規律の維持等の

－ 121 －

健康管理施策を確実に実施するとともに、病原体の侵入防止、感染経路の遮断、予防接種の徹底、衛生教育、食品衛生検査等を確実に行い、感染症の発生を未然に防止する。

3 感染症の発生に際しては、早期に適切な対策を講じ、速やかに野外病院等へ後送する。このため、衛生班を適切に運用するとともに、方面衛生隊等の所要の支援を受ける。後送が直ちにできない場合は、一時的に天幕等を活用し、隔離する。また、感染症の撲滅は、初度対処が重要である。このため、正確な情報を迅速に報告する。

第10節 人　　事

33103 要　旨
1 人事の目的は、部隊の人的戦闘力を維持・増進して作戦を支援するにある。
2 連隊長は、卓越した統御及び適正な人事権の行使により、連隊の人的戦闘力を充実・向上して、その人的戦闘力を最大限に発揮させる。
3 連隊長は、第1科長に、連隊の人事業務に関する指針を示し人事計画を作成させる。人事計画の様式の一例については、付録第7－10を参照する。
4 本節は、連隊の勢力、補任、規律、士気、戦没者の取扱い、捕虜等の取扱い、健康管理及び安全管理について記述する。

33104 勢　力
1 勢力の把握
　連隊長は、自ら視察するほか、人事記録、人事日報、人員要約日報、人事損耗に関する報告等により連隊の勢力の現況を的確に把握する。
2 補　充
　連隊長は、欠員の状況を正確に把握し、補充に関し適時意見を提出するとともに、補充業務を指導・監督する。この際、幹部及び重要特技者の確保に努める。
(1) 連隊は、通常、現実に生じた欠員を補充するため、通常、所定の時期に補充請求書をもって、方面特科隊に請求する。緊急の場合は、その都度、最も迅速な手段で請求し、じ後正式の請求書を提出する。

第3章　部隊運用

(2)　補充員に対しては、戦場及び部隊の環境に速やかに順応させ、かつ、部隊の団結に融合するよう、適切に訓練を行う。

33105　補　　任

1　連隊長は、戦闘上の要求に応じ、各職務に適格な資質及び能力のある隊員を配置し、部隊の人的戦闘力を充実する。

2　連隊長は、所属する陸士の任免等を行う。その他の任免、補職、職種区分、特技区分等については、方面特科隊長に意見を提出する。

3　補任業務の実施に当たっては、補充業務との一体化、統御、教育訓練及び士気高揚に関する諸施策との密接な連携に着意する。

33106　規　　律

1　規律は、部隊存立のため、不可欠かつ基本的な要素である。連隊長は、隊員に使命を自覚させるとともに、自らの適切な指揮、統御により規律を維持し、規律違反者の発生による人的損耗を最小限にする。

2　職務離脱者の取締り及び落伍者の保護

(1)　連隊長は、集結地及び陣地の占領間は、通常、歩哨及び巡察等により、行進中は部隊の統制により職務離脱者の取締り及び落伍者の保護を行う。

(2)　第1科長は、各中隊から送られた職務離脱者及び落伍者を迅速に処置し、原所属に復帰させるか、方面特科隊に後送する。状況により、警務科部隊に通知する。

33107　士　　気

連隊長は、適切な指揮、卓越した統御、精到な訓練、特に精神教育によるほか、適切な部隊の管理により、士気の高揚とその維持に努める。このため、表彰・栄典、休養、給与、厚生、郵便等士気に直接関係ある諸業務のほか、補職、健康管理、安全管理、傷病者・戦没者の取扱い、家族支援、広報等の諸業務を適切に行うとともに、給食等の兵站及び衛生の施策と有機的に連携させることが重要である。

33108　戦没者の取扱い

1　戦没者の取扱い業務は、遺体、遺骨、遺品等の処理を確実、丁重かつ適時に実施して、隊員の士気を高め、遺族及び一般国民の信頼度の維持・向上に寄与するものである。連隊長は、戦没者の取扱いに当たっては、関係法規に準拠

- 123 -

第3編　地対艦ミサイル連隊

し、丁重かつ確実に行わなければならない。

2　連隊は、各中隊から後送された遺体を受け入れ、遺体識別報告書を作成し、通常、方面隊の遺体安置所に遺品とともに後送する。後送が困難な場合は仮埋葬し、状況により、火葬を行う。このため、連隊は、通常、遺体安置所を、状況により、埋葬所及び火葬場を、段列地域付近に設置・運営する。この際、環境衛生に留意する。

3　敵の遺体は、国際人道法等及び上級部隊指揮官の定めるところにより、隊員の遺体と同様に丁重に取り扱い、通常、これを火葬することなく仮埋葬する。

4　戦没者の取扱業務の基礎となる記録・報告には、通常、次のものがある。
　(1)　遺体識別報告
　(2)　仮埋葬に関する記録及び報告
　(3)　埋葬に関する報告
　(4)　火葬個別報告
　(5)　遺品目録及び遺留金券目録

33109　捕虜等の取扱い

1　捕虜等の取扱業務は、国際人道法、事態対処法制等を遵守かつ適正に実施することにより、国際信義の維持・向上に寄与するものである。

　連隊長は、捕虜等の取扱いに必要な関係法規、取扱要領等を指揮下部隊の一員に至るまで十分徹底しておくことが必要である。

2　連隊は、連隊捕虜収集所を指揮所近傍に開設し、運営する。連隊捕虜収集所においては、中隊からの捕虜等を受領し、身分確認・識別に関する業務を行う。また、傷病捕虜等に対しては、衛生要員等をもって応急処置等を行う。

3　連隊は、通常、各中隊からの捕虜等の後送を担当する。

　方面捕虜等収集所への後送は、通常、方面隊の人員・車両をもって実施される。

4　記録・報告

　拘束報告書、確認記録、判断書並びに判断同意書、引渡書等、人事要約書等の定時報告等を行う。

33110　健康管理

1　健康管理は、個人の健康状態を良好に維持する人事の一機能であり、特に

第3章 部隊運用

精神衛生面における適応能力の向上を図ることが必要である。

2 連隊長は、常に、中隊の健康状態及び行動地域の特性を把握して、適時、健康管理に関する指針を示し、業務実施のための準拠を与えるとともに、中隊の健康管理業務を指導・監督して、連隊の人的戦闘力の維持・増進に努める。

33111 安全管理

1 安全管理は、任務遂行に当たり隊員の生命・身体の安全保持に資する人事の一機能であり、特に個人の能力、心理的特性等を考慮する必要がある。

2 連隊長は、連隊の規模又は任務等の特性に応じ、安全保持のための組織を確立し、常に安全保持に留意して指導・監督する。

第11節 民　　事

33112 要　旨

1 民事は、部外との相互の信頼と協力関係を確立し、部隊の行動を容易にするとともに、住民の安全を確保するため重要である。

2 陣地地域の取得、現地資材の調達、射撃の際の一般住民及び民用物の保護等において民事業務が必要となる。

　業務の実施に当たっては、通常、方面特科隊を通じて実施するが、状況により民事調整所と連携するとともに、法務幕僚等と密接に連携し、法的正当性を保持する。

3 本節においては、主として連隊の行動に及ぼす民事上の処置又は着意すべき事項について記述する。民事に関するその他の業務については、陸自教範「民事」によるほか関係教範類を参照する。

33113 陣地地域の取得

1 陣地地域の取得の要請

(1) 陣地地域の取得の適否は、作戦遂行に重大な影響を及ぼす。実施に当たっては、部隊の行動に先行して円滑かつ適正に行うことが重要である。この際、関係法規に基づいて陣地地域の取得を行う場合、関係部外機関との連携を保持しつつ方面特科隊に要請する。

(2) 連隊における陣地地域の取得・利用

第3編　地対艦ミサイル連隊

　　　ア　連隊は、自隊の不動産所要を方面特科隊の第4科長等に提出する。
　　　イ　連隊は、状況により、方面特科隊の定めるところに基づき、借り上げ等により、連隊自ら陣地地域の取得・利用を行う。
　　2　現地資材の調達
　　　連隊は、必要な築城資材又は補給品目等を明確にし、方面特科隊の第4科長等に要請する。この際、輸送力を節用するため、納地、納期、規格、数量等を適切にして、現地での調達を追求する。

33114　陣地地域の使用にかかわる国民の保護
　1　連隊の陣地地域及び近傍に避難施設又は住民の避難地域がある場合は、敵の航空攻撃等、我が射撃によるブースタの落下等により被害を及ぼす可能性があることから、努めて被害が及ばない地域に陣地地域を選定する着意が必要である。
　2　やむを得ず、陣地地域近傍に住民避難先地域が所在する場合については、方面特科隊を通じて、住民避難先地域の移動について要請を行う。

第4章 射撃中隊

本章は、射撃中隊が、主として連隊長の指揮下で行動する場合について記述する。また、第3編第3章に記載されている事項を基礎として理解する必要がある。

第1節 概 説

第1款 要 説

3401 要 旨

1 中隊は、通常、連隊長の▨▨▨▨▨に移動し、陣地を占領して、戦況に適合した正確・機敏な射撃を実行する。状況により、▨▨▨▨▨▨▨▨▨▨沿岸配置部隊等に配属を命ぜられる。

2 本節は、中隊の特性及び機能について記述する。

3402 特 性

1 中隊は、中隊長を核心とする団結の基礎単位であり、かつ、連隊の射撃実行単位部隊として、通常、連隊の射撃命令により射撃を実行する。また、自隊の兵站、衛生及び人事の機能を持つ最小の部隊である。

2 沿岸配置部隊等に配属させる場合は、必要に応じ、連隊から補給、射撃指揮、通信等の必要な人員・装備等を増強される。

3403 戦闘間における隊員の心得

1 隊員は、周密にして機敏、沈着にして剛胆、旺盛な責任感をもって任務を完遂しなければならない。

2 隊員は、極めて困難な状況においても、敢闘精神に徹し、たとえ1機の発射機、1発のミサイル、1名の隊員となっても、戦闘を続行する気概を持たなければならない。

3 隊員は、常に正確・機敏な射撃の実行を目標として、チームワークを重視し、創意工夫に努め、自己の戦技能力を十分発揮しなければならない。

第3編　地対艦ミサイル連隊

4　隊員は、常に警戒心を旺盛にし、言動を慎み、進んで偽装・工事を行い、陣地等の秘匿、航空攻撃等による損害の軽減に努めなければならない。

5　隊員は、武器等を愛護・整備し、弾薬・資材を節用しなければならない。

第2款　編制及び機能

3404　編　制

射撃中隊は、中隊本部、指揮小隊、射撃小隊及び管理班からなる。

3405　各隊(班)の機能

1　中隊本部

中隊長の指揮・統制に必要な業務を行う。

2　指揮小隊

射撃統制装置をもって射撃を統制する。

3　射撃小隊

発射機をもって射撃を実行する。

(1)　小隊本部は、射撃小隊を指揮・統制する。

4　管理班

第3款　中　隊　長

3406　職　責

中隊長は、連隊長の命を受け、中隊を指揮し、中隊の行動について全責任を負う。

第3編　地対艦ミサイル連隊

第4款　誘導弾の取扱い

34104　要　旨

　誘導弾は、精密な部品、多量の推進薬等から構成されており、不適切な取扱いは故障発生の原因となり、かつ、重大な事故の発生により、戦闘力を損耗するおそれがある。このため、中隊長は、誘導弾の取扱い・整備について適切に指導・監督する。

34105　誘導弾取扱い一般の要領

　誘導弾を取り扱う者は、誘導弾についての識能を深め、安全上の諸規定を遵守することが必要である。

　誘導弾取扱い一般の要領は、次のとおりである。

1. 誘導弾は、慎重に取り扱い、過度の衝撃を与えない。
2. 誘導弾の近くでの火気の使用を禁止し、また、油脂等は近くに置かない。
3. 搭載作業時等に発射筒に乗らない。
4. 発射筒のVバンド等は、射撃準備間に取外す（88SSM）。
5. 発射筒に損傷のあるものは使用しない。

34106　受領及び集積・保管

1. ■■■■■■■■■■■■■■■■■■■■■■■■
2. ■■■■■■■■■■■■■■■■■■■■■■■■
3. ■■■■■■■■■■■■■■■■■■■■■■■■
4. ■■■■■■■■■■■■■■■■■■■■■■■■

第4章　射撃中隊

34107　記録・報告

1　射撃小隊長は、誘導弾を受領したならば、受領数量、ロット番号等を記録し中隊長に報告する。

2　射撃小隊長は、適時各班の保有する誘導弾の状況を確認し、中隊長に報告する。

34108　不良誘導弾、不発進弾及び不発射弾の処置

1　不良誘導弾

(1)　不良誘導弾とは、次の誘導弾をいう。

　ア　発射筒の外形に異常のあるもの。

　イ　発射機の自己点検機能による点検で不良と判定されたもの。

(2)　射撃小隊長は、不良誘導弾の数量、状況等を中隊長に報告した後、弾薬補給点等に返納する。

2　不発進弾及び不発射弾

(1)　不発進弾及び不発射弾を生じた場合は、特に慎重に取り扱いつつ処理する。

(2)　■■■■は、遠隔操作器等でブースタへの点火の有無等の状況を確認し、射撃小隊長に報告する。

(3)　処理等については、取扱書、訓練資料のほか関係教範類による。

34109　弾薬の事故

弾薬の事故は、爆発、暴発、過早破裂等であり、通常、大きな被害を伴う。

弾薬の事故が発生した場合、中隊長は次のように処置する。

1　負傷者を迅速に救護及び消火活動を実施する。

2　連隊長へ迅速に報告する。

3　努めて現場を保存するとともに立ち入り制限をする。

4　事故の状況を、目撃者から詳細に聞き、記録する。

5　陣地等を暴露しないように、発射機、装填機又は弾薬運搬車等を移動させる。

6　事故の発生した誘導弾と同一ロットのものは、別命あるまで使用しない。

付録第11　用語の解説

第1　態　勢

射撃準備

　器材の点検、連隊システムの構成、射撃諸元の準備及び戦闘予行等をいう。

射撃準備完了

　連隊等が、射撃準備を完了し、発射機が待機地域において直ちに射撃陣地・発射点に進入し得る態勢をいう。通常、方面特科隊が完了時間を示す。

発射準備完了

　■■■（発射機）が、発射点において射撃号令を受領し、ミサイルを発射し得る態勢をいう。

発射準備所要時間（M時間：Move and reserve time）

　待機位置から発射点までの移動時間に発射準備に要する時間で、付録9－4による。また、状況により予備時間を加算する。

発射機の整置

　発射機を発射点に導き、発射の姿勢をとらせることをいい、発射点への進入、発射用意等を総称する。

第2　射　撃

弾着時刻指定射撃（TOT：Time On Target）

　複数のミサイルが同時に敵艦船に弾着するよう時刻を指定すること

発射時刻指定射撃（TOA：Time Of Attack）

　複数の発射機が同時に発射するように時刻を指定すること

算定基準点

　射撃に関する諸元準備の基準とし、火力の指向及び目標伝達を容易にするために設けるものであり、火力集中点（以下「火集点」という。）に包括される。

　火力調整等海域において、算定基準点と火集点のどちらの名称を用いても良いが、特に水際部付近の整合を図ることに留意する。

付　録

敵攻撃準備段階の対海上射撃
　敵の主力進出に先立ち、敵戦闘艦等による艦砲等火力支援、防空網の形成及び掃海活動等敵の攻撃準備に関する諸行動時に、対海上火力戦闘を行い、その攻撃準備を妨害すること

対戦闘艦戦
　対海上火力をもって、敵戦闘艦及び群の戦闘力を弱体化させ、制海権及び制空権獲得に寄与するために行う対海上火力戦闘

中期海面飛しょう

不　発　射
　発射機の発射制御装置から発射指令が送られたが、ブースタの点火に至らず、発射筒内に飛しょう体が残った状態

不　発　進
　発射機の発射制御装置から発射指令が送られ、ブースタに点火したが、発射筒内に飛しょう体が残った状態

第3　組織・職務

地対艦ミサイル部隊
　地対艦ミサイル連隊を保有する方面特科隊から独立的に行動する地対艦ミサイル連隊内射撃中隊まで、地対艦ミサイルの運用に直接的に係るすべての部隊を指す。

略　称（参考）

名称	略称	米軍用語
火力調整者	FSC	火力支援調整者　Fire Support Coordinator
火力調整補佐者	FSO	火力支援将校　Fire Support Officer
火力調整幹部	FSCO	火力支援調整将校 Fire Support Coordination Officer

第4　名　称

陣　地

名　称	略　称	米軍用語
射撃中隊陣地	PA	Position Area
射撃陣地	FPA	Fire Position Area
発射点	FP	Fire Point
待機地域	WA	Waiting Area
待機位置（発射機）	WP	Waiting Point
（装塡機・弾薬運搬車）	MWP	Missile Waiting Point
再搭載位置	RLP	Reloading Point
待避地域	EA	Escape Area

付　録

艦　船

船舶	船に関する全般＝艦船＋民間船			
	艦　船 （艦　艇）	軍に関する全般＝戦闘艦＋補助艦		
		戦闘艦	強力な兵装を持つ艦船＝水上艦艇＋潜水艦	
			戦　艦	
			航空母艦	
			巡洋艦	▉▉▉t以上
			駆逐艦	
			イージス艦相当	艦種ではなく、イージスシステムと別同等の能力を持つ場合
		補助艦	揚陸艦・舟艇	
			輸送艦（船）	
			掃海母艦等各種支援艦	
集合の表現	船団＝あらゆる船舶の集合体、戦闘艦群＝戦闘艦の集合体			
大きさの表現（輸送艦）	大型艦▉▉▉、中型艦▉▉▉、小型艦▉▉▉、舟艇			
防空網等の名称				
艦隊防空網	Area Defence			
個艦防空網	Point Defence			
近接防空火器	Close-In Weapon System			

第5　装　備　等

弾薬運搬車（MCU：Missile Carrier Unit）（12SSM）

　　12SSMの保有する器材で、88SSMの装てん器に代わる器材

発射機構部（パレット）（12SSM）

　　発射筒を固定し、搭載・卸下・射撃等に使用

ブースタ

　　ミサイルを構成する一部で固形燃料を使用したロケットモーター、ミサイルの速度及び高度の確保のために必要

アンビリカルケーブル

　　ミサイルと発射機の間の信号授受のためのケーブル

ブースタ点火ケーブル（88SSM）

　　飛しょう体ブースタ部に点火するためのケーブル

- 273 -

付　録
　　ブースタケーブル（12SSM）
　　　88SSMのブースタ点火ケーブルに同じ
　　Vバンド（88SSM）
　　　発射筒後部の保護蓋を固定するための金属の輪
　　保護蓋（88SSM）
　　　発射筒後部のミサイル本体を保護している蓋
　　遠隔操作器（RC：リモートコントロール）
　　　発射機から離隔した位置で、データの授受を確認する器材、また、自動的に射撃ができなかった場合手動による入力を行う。
　　遠隔操作器（RC）接続ケーブル
　　　発射機と遠隔操作器材の間のケーブル

第6　そ　の　他
　個　艦
　　船団（複数艦船）に対する対比語として使用するとともに、射撃においては標定した艦船のうち射撃目標とする艦船をいう。
　　バックアップ
　　　組織・データ等の補備、代替
　　ジャマ艦
　　　電波妨害をする敵の艦船
　　ジャマ艦射撃
　　　ジャマ艦の妨害により、敵艦船の数・位置等が対艦レーダによって標定できない場合、ジャマ艦の妨害電波の方向に対してミサイルを飛しょうさせて、これを排除する射撃をいう。
　　海　　里（Nautical Mile　略:nm）
　　　1海里＝1,852mで、緯度1分の長さに相当
　　カウントダウン（C／D）
　　　発射機において、射撃統制装置から射撃号令受信後、ミサイルが発射するまでの残り時間（秒）であり、通常初弾においては1分以上である。また、カウントダウンが「0」になるとミサイルの発射処理が開始される。

付　録

自己点検
　ＢＩＴ(**Built-In Test**)、セルフテスト及びベンチテストの総称
１　ＢＩＴ
　他の器材を使用せずに、発射制御装置の良否を判断し、また、故障分離が容易に行われる。ＢＩＴは、電源投入後に１回だけ行われる「初期ＢＩＴ」と各タスクの空き時間に行われる「空き時間ＢＩＴ」から構成される。
２　セルフテスト
　遠隔操作器の表示器及びスイッチの動作確認ができる。
３　ベンチテスト
　初期ＢＩＴ及び電力制御器の主力系統の点検を行う。

防衛省統合幕僚監部

自衛隊の機動展開能力向上に係る調査研究

調査研究報告書

2014年3月13日

取扱注意

目次

1. 民間輸送船活用に関する基礎調査
   1-1. 我が国における民間輸送船市場の概況調査(P11)
     (1)旅客フェリー市場
     (2)貨物RoRo船市場
     (3)貨物船市場
     (4)運送契約・傭船契約・船舶管理契約・造船契約・売買契約
   1-2. 我が国の船舶分野への融資事業の状況調査(P22)
     (1)船舶関連融資
     (2)船舶プロジェクトファイナンス
     (3)法令上有償方式(JRTT)
   1-3. 我が国におけるPFI事業スキームに係る法令等の整理(P26)
     (1)PFI関係法令 ～PFI法
     (2)PFI関係法令 ～PFI税制特例
     (3)事業スキーム ～事業方式
     (4)事業スキーム ～事業期間
     (5)事業スキーム ～対価の支払い方法
     (6)リスク分担 ～事業類型
   1-4. 海外におけるPFI事業例の調査(P43)
     (1)英米各国等におけるPFI事業例
     (2)英国艦艇PFI事業例調査
     (3)米国緊急輸送協定事業例調査

2. 民間輸送船に関するPFI導入に向けた課題等の抽出
   2-1. PFI導入に際しての現行法令上の課題等の検討(P48)
     (1)船舶関係法令上の整理
     (2)自衛隊関係法令上の整理
     (3)法令上・ビジネス上の制約等を検討
   2-2. PFI船の仕様等の検討(P68)
     (1)民間船舶による自衛隊業務実績
     (2)自衛隊のPFI船利用ニーズの整理
     (3)南西諸島の港湾施設概要
     (4)PFI船に求められる性能規定、特殊仕様の整理
     (5)PFI船の要求性能
   2-3. PFI船の運航形態の検討(P74)
     (1)運航形態の整理
     (2)自衛隊利用に想定される運航方法
     (3)PFI船運航形態のパターン整理
   2-4. PFI事業スキームにおける官民の業務範囲の検討(PTI)
     (1)事業スキーム候補
     (2)事業スキームの絞り込み
     (3)民間事業者の業務の洗い出し
   2-5. 事業方式の検討、事業期間、事業リスク検討(P80)
     (1)事業方式の検討
     (2)事業期間の検討
     (3)契約船舶数の検討
     (4)サービス対価の更新に係るスキームの検討
     (5)主要なリスクの洗い出し、リスク分担の検討
     (6)事業内容・事業スキームまとめ
   2-6. 企業参画の可能性の検討(P95)
   2-7. 事業実施中で円滑に事業内容を変更可能とする方策(P96)
     (1)事業内容を変更した場合のシナリオ整理
     (2)本事業で想定される変更パターン整理
   2-8. 想定される資金調達方法の検討(P101)
   2-9. 事業経費積算の整理(P100)
     (1)PFI船の改修・維持管理費用
     (2)運航、維持管理費用
     (3)精算スキームに係る費用の洗い出し
   2-10. VFMの算定(P107)
     (1)主な前提条件等
     (2)想定スキームに係るVFM算定結果
     (3)本事業におけるVFMの源泉
     (4)サービス対価の推移

3. 民間輸送船に対するPFI導入に向けての総合評価
   3-1. 我が国へのPFI導入が困難と判断された事項の再検証(P113)
     (1)前提とする船舶PFI事業スキームの検証
     (2)有事における予備自衛官活用スキームの検討
     (3)定期航路事業との併用可能性の再検討
   3-2. モデルケースによる機動展開能力の評価(P118)
     (1)前提とする防衛所要
     (2)前提とする民間輸送力のスペック
     (3)発令から輸送完了までの所要時間

4. 緊急輸送協定での企業参画の可能性の検討

5. 今後の方針等(P121)
   (1)今後のスケジュール
   (2)当面の主要課題

調査の背景・目的

調査の背景

☐ 自衛隊では、島嶼防衛等の事態発生に備えて、部隊を迅速かつ確実に展開できるよう、海上における機動展開能力を向上させることが喫緊の課題となっている。

☐ 一方で、事態発生時や大規模災害時には相当量の海上輸送力を確保することが必要であり、平素からこれらの輸送力を自衛隊独自で確保するためには、厳しい財政状況の中、多大な財政負担が必要となることから、民間輸送力を効果的かつ効率的に活用する仕組みの導入が重要となる。

調査の目的

☐ 本調査では、官民連携の枠組み（PFI・PPP）により、防衛所要に民間輸送力を活用することが可能か検証するものであり、市場環境の調査、法令上・実務上の課題の整理、民間事業者等の参画意欲の把握、事業スキームの評価、PFI方式等の導入にあたっての課題、海外等の先行事例の調査等を行う。

調査のアプローチ

- ✓ 有事を含む防衛所要と民間所要に従事する船舶はこれまでなかったことから、まずは自衛隊のニーズを整理するとともに民間輸送船市場、PFI市場を発掘し、法令上・ビジネス上の制約を整理。
- ✓ 上記に基づき想定されるスキームを洗い出し、これに対して、民間企業とヒアリング等を繰り返し、民間利用ニーズや各種制約を把握、検討し、スキームを絞り込み。
- ✓ 絞り込んだスキームについて、業務範囲、要求性能、事業方式、事業期間等のPFI事業の主な事業条件を検討。

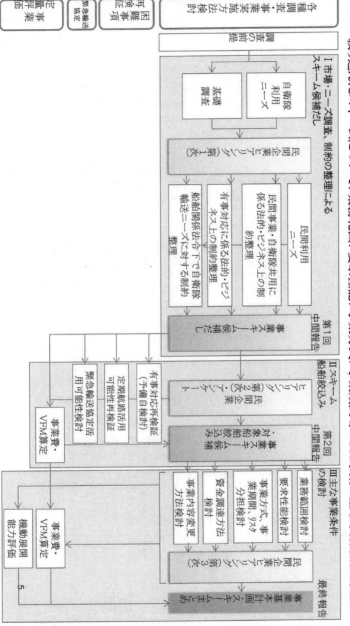

調査の前提

☐ PFI船について：

本調査で言及する「PFI船」とは、従来のように、個々の船舶をスポット的に利用する仕組みではなく、長期契約の中で民間が所有・運航する新造又は既存の船舶を指すものとする。

なお、事業スキームの検討にあたっては長期でのスポット利用契約や緊急輸送協定等、必ずしもPFI法に基づかない手法も含まれているが、広義での官民連携事業（PPP）として検討の対象に含めている。

☐ 検討の対象とする民間事業：内航海運事業

基本的には日本近海で想定される事態発生時等に際して、迅速かつ機動的に民間輸送力を活用するには、日本周辺に就航する船舶であり、かつ日本国籍を有する船員による運航が求められることから、民間輸送力としては内航海運事業を検討の対象とした。

（外航海運事業では、外国籍・外国人船員による運航が一般的であり、かつ緊急時における迅速な対応が困難したうえで、実現可能性を考慮した事業スキームを抽出することとした。）

☐ 民間輸送力を最大限活用し、財政負担額を抑制するスキームの追求：

調査の目的のとおり、本事業では、国の財政負担額を抑制する観点から、民間事業者が有する既存の定期航路や船舶等を最大限に活用することとした。ただし、民間の活用度合いや国の利用条件等の要件を緩和したうえで、実現可能性を考慮した事業スキームを抽出することとした。

☐ 防衛所要の想定とそれに対応した利用船舶：旅客Ｒフェリー、貨物RoRo船、一般貨物船、コンテナ船、タンカー

本事業で想定する防衛所要とそれらに対応した船舶の概要は次のとおりである。

隊員及び車両等については、旅客フェリーによる輸送を想定し、特に事態発生時においては、南西諸島への長距離運航が求められる場面も想定されることから、長距離航路への就航船舶・大型船舶を対象とした。

また、火器弾薬や燃料については、法令上の制約があり、旅客フェリーでの輸送が困難となる可能性があることから、南西諸島への長距離航行が可能な貨物RoRo船、一般貨物船・コンテナ船・タンカーを検討の対象とした。

調査の前提

① 防備所要の想定とそれに対応した利用船舶：
隊員、②車両（小〜特大型トラック）、③弾薬、④物資、⑤燃料（ジェット燃料等）

輸送所要	輸送可能船舶				
	旅客船	旅客フェリー	RoRo貨物船	一般貨物船・コンテナ船	タンカー
①隊員	12名以上*1	12名以上*2	12名未満に限定	同左	同左
②車両	—	RoRo方式により搭載可能	同左*3	クレーンにて搭載可能	搭載不可
③弾薬	危険物搭載不可	搭載可能（コンテナ等要）	搭載可能（コンテナ等要）	搭載可能（危険物輸送船）	同左
④物資	少量搭載可能	同左	同左	輸送可能	不可
⑤燃料	危険物搭載不可	個品（容器）輸送可能。ただし混載の制限あり。	同左	個品（容器）輸送可能。ただし混載の制限あり。	可能

*1：船舶法により12名以上の旅客を運ぶ船舶は旅客船となる。（船員は旅客に含まない）
*2：我が国最大級旅客フェリーで旅客700名、乗用車70台、トラック150台程度搭載可能
*3：内航RoRo船13000総トンクラスで、12mシャーシ150台、乗用車260台程度搭載可能

上記のうち、車両については基本的に隊員が同乗し、一体的に海上輸送することが必要なため、両方を満足する旅客フェリーを検討の対象とし、弾薬、燃料等はRoRo貨物船、一般貨物船・コンテナ船、タンカー等による輸送を検討の対象としている。

1. 民間輸送船活用に関する基礎情報の調査

本章での検討事項

- 1-1. 我が国における民間輸送船市場の概況調査
  (1)旅客フェリー市場
  (2)貨物RoRo船市場
  (3)貨物船市場
  (4)運送契約・傭船契約・船舶管理契約

- 1-2. 我が国の船舶分野への融資事業の状況調査
  (1)船舶プロジェクトファイナンス
  (2)船舶建造共有方式(JRTT)

- 1-3. 我が国におけるPFI事業スキームに係る法令等の整理
  (1)PFI関係法令 〜PFI法
  (2)PFI関係法令 〜PFIの税制特例
  (3)事業スキーム 〜事業方式
  (4)事業スキーム 〜事業期間
  (5)事業スキーム 〜対価の支払い方法
  (6)事業スキーム 〜事業類型
  (7)リスク分担 〜一般的なリスク分担

- 1-4. 海外における民間輸送活用事例の調査
  (1)英米各国調査
  (2)英国輸送艦PFI事例調査
  (3)米国緊急輸送協定事例調査

✓ 民間輸送船市場の概況把握＆融資事業等の状況
船種ごと(旅客フェリー、貨物RoRo船、一般貨物船)の市場環境(主なプレーヤー、航路・船種等)、景況動向、市場の特徴(契約形態やリスクの所在)等を概観した。
本項で把握した事実関係や市場動向等は、2章以降における事業スキームの構築やビジネス上の制約事項の整理、各プレーヤー(船社)の対応状況の考察を行う際の基礎としている。

✓ PFI法及びPFI事業特有の手続きや実施の流れ、税制特例等のPFI事業スキームに係る法令等の整理
先行PFI事業の事業スキーム等を整理しつつ、一般的なPFI事業のスキーム(事業方式、事業期間、事業類型等)を考慮した本PFI事業の原則を押さえつつ、本事業の特徴や制約事項等を考慮した本PFI事業のスキームを2-5. において検討している。

✓ 海外における民間輸送活用事例の調査
英米における各軍隊で民間輸送力を活用した事例を対象に、事業背景や事業主体、具体的な事業スキーム等を調査した。
特に、有事における民間の対応可能範囲や民間船員の位置づけ等、本事業で導入可能な仕組みや制度を検証している。

10

取扱注意

302

1-1. 我が国における民間輸送船市場の状況調査

(1) 旅客フェリー市場

1) 概要

- ✓ 国内長距離フェリーは各地域の定期航路を運航し、不定期航路での運航は限定的。
- ✓ 定期航路は地域交通及び経済・物流の基礎インフラを形成している。

項目	概要
プレーヤー	・基本的にはフェリー会社が自社船舶を所有している。(一部の船舶は長期傭船の場合もある。) ・フェリー会社は地場独立系の他、大手海運業や鉄道会社等の子会社の場合が多い。 ・右図のとおり、国内長距離フェリーは現在計8社で15航路を就航している。
就航状況	・基本的に不定期航路はなし。但し、ナッチャンWorldは不定期に運航している。 ・その他、中距離航路や離島航路等があり、地域の交通インフラを形成している。
主な輸送内容	・主な輸送物は貨物や車両等で、農林水産物や工業製品、建設資材等を輸送している。 ・その他、観光目的や地域交通として旅客を運ぶ。
利用船舶	・旅客フェリーは、旅客が使用する船室の他、トレーラーなどの車両を収納する車両甲板を有し、車両はスレーブなどに頼らず自走で搭載/掛降(=RoRo)できるのが特徴である。

旅客フェリー

出所：新日本海フェリーHPから「すずらん」

国内長距離フェリーの定期航路

出所：日本長距離フェリー協会HP

1-1. 我が国における民間輸送船市場の概況調査

(1) 旅客フェリー市場

✓ 国内の長距離フェリー及び大型フェリーを有する主な運航会社一覧

2) 長距離フェリー及び大型フェリーを有する主な運航会社は下表のとおり限定的で、各地域の定期航路をすみ分けで運航している。

会社名	定期航路	運航船舶	主な輸送物
オーシャントランス	東京・徳島・北九州間	4隻 (旅客フェリー)	運賃収入構成は貨物80%、乗用車15%、旅客5%。主な貨物はエンジニアプラスチックや建材ボードであり、貨物の約80%がダンソクローリー輸送
南海三井フェリー	大洗・苫小牧間 東京・博多間、東京・苅田間	4隻 (旅客フェリー) 4隻 (貨物RoRo船)	貨物車等
新日本海フェリー	苫小牧・敦賀間、舞鶴・小樽間、苫小牧・秋田・新潟間、小樽・新潟間	8隻 (旅客フェリー)	貨物車等
太平洋フェリー	名古屋・仙台間、名古屋・苫小牧間、仙台・苫小牧間	3隻 (旅客フェリー)	貨物輸送物は工業製品、製紙、パルプ等が主体で、定期的な顧客が8割程度を占めている
フェリーさんふらわあ	大阪・別府間、神戸・大分間、大阪・志布志間	6隻 (旅客フェリー)	関西から九州へは自動車部品や飲料関係、産業廃棄物が主で、九州から関西へはメーカーの製品、野菜、畜産物、紙製品が多い
宮崎カーフェリー	大阪・宮崎間	2隻 (旅客フェリー)	輸送物としては農産物が多く、他にタイヤ等のパルプなど
阪九フェリー	新門司・泉大津間、新門司・神戸間	4隻 (旅客フェリー)	貨物車等
名門大洋フェリー	新門司・大阪南港間	4隻 (旅客フェリー)	貨物車等
川崎近海汽船	八戸・苫小牧間	4隻 (旅客フェリー) 8隻 (貨物RoRo船)	貨物は雑貨や農産物、水産品、機械等が主体で、積載率は8割程度を確保しており、顧客は宅配業者が多い
津軽海峡フェリー	函館・青森間	貨物車等	

※津軽海峡フェリーのナッチャンWorldは不定期運航

1-4. 海外における民間輸送力活用事例の調査

(1) 英米各国軍における民間輸送力の活用

- 英米における各軍隊で民間輸送力を活用した以下の事例を中心に、事業背景や民間の事業主体、具体的な事業スキーム等、特に、有事における民間の対応可能範囲や民間船員の位置づけ等、本事業で導入可能な仕組みや制度を検証した。

  英国： Strategic Sealift RoRo Ships PFI →(2)
  米国： Maritime Security Program & Voluntary Intermodal Sealift Agreement →(3)

① 英国軍における民間輸送力活用の背景・経緯

- 英国ではフォークランド紛争等、自国の職争時においては国王の大権及び特別法に基づき、民間船舶を徴用し、民間船員に海上輸送を協力させた歴史的な経緯があるものの、基本的には、軍による民間商船のチャーター利用を原則として、海外でのPKO活動やNATO軍における軍事活動に民間商船を活用してきた。

- ただし、民間商船のチャーターは必ずしも確実に調達できるわけではないため、民間所有の船舶ではあるものの、英国軍が優先的かつ迅速に輸送船舶を利用できる仕組みの一つとしてPFI方式により「Strategic Sealift RoRo Ships」を調達した背景がある。

- その他、防衛省所有の船舶を民間船員が運航する"Royal Fleet Auxiliary"(海軍補助艦隊)と呼ばれる後方補給支援組織があるが、ここでの民間船員は正規軍には編入されていないものの、有事における従事業務もあり、実質的には軍の指揮下にある船員である。

② 米国軍における民間輸送力活用の背景・経緯

- 米海軍では"Military Sealift Command (MSC)"(軍事海上輸送部隊)が海軍艦隊の後方支援及び海上輸送等を担っている。MSC傘下の海上事前集積艦隊では、米国海軍を通じ、民間会社が業務を受託し、運航を行っている。

- また、海軍とは別に、米国船籍の確保や米国海運政策という観点から、米国運輸省海事局(MARAD)が、VISAやMSPを通じて有事の際の民間輸送力の確保を図っている。(詳細は(3)のとおり)

43

1-4. 海外における民間輸送活用事例の調査

(2) 英国輸送艦PFI事例調査

Strategic Sealift RoRo Ships PFI事業（英国）の概要

別冊資料1-4-1 即誘送還

※資金調達条件や船舶の特徴の分析は別冊資料1-4-1を参照

項目	概要
発注者	英国防衛省
事業期間	約25年（運航期間：22年間）
事業費	約950百万英ポンド（約1,615億円）
資金調達額	約175百万英ポンド（約298億円）
SPC	Foreland Shipping
出資者	Andrew Weir Shipping (25%)、The Hadley Shipping Company (75%)
事業の概要	SPCは6隻の船舶を整備・所有し、維持管理、乗組員の確保、運航を行う。6隻の船舶のうち4隻は統合即応部隊のために日々運航されている。残りの2隻については商業利用し収益を得ているが、短期間の通知（1隻は20日以内、もう1隻は30日以内）で防衛省が利用できる状態を確保している。
船員の位置付	防衛省所要の海上輸送の際は、すべて英国人の航海士と乗組員が対応するが、これらの船員は必要に応じて、予備役(Sponsored Reserves)として出動することが求められる。
船舶のスペック	船舶は艦船ベースではなく、商業ベースの貨物RoRo船に防衛省の特殊な要求仕様に合わせて変更

Foreland Shipping Ltd 保有船舶情報

船名	航路	用途	全長(m)	総トン数(GT)	載貨重量(DWT)	主機(Kw)	速力(Kt)	積載量
Anvil Point	遠洋区域	訓練船/輸送艦	193	23,235	13,274	12,600 2機2軸	17.1	Grain 37, 200/Bale29, 034
Beachy Head	遠洋区域	訓練船/輸送艦	193	23,235	13,256	16,200 2機2軸	17.1	Grain 37, 200/Bale29, 034

別冊資料1-4-2

1-4. 海外における民間輸送活用事例の調査
(3) 米国緊急輸送協定事例調査
1) 米国の緊急輸送協定

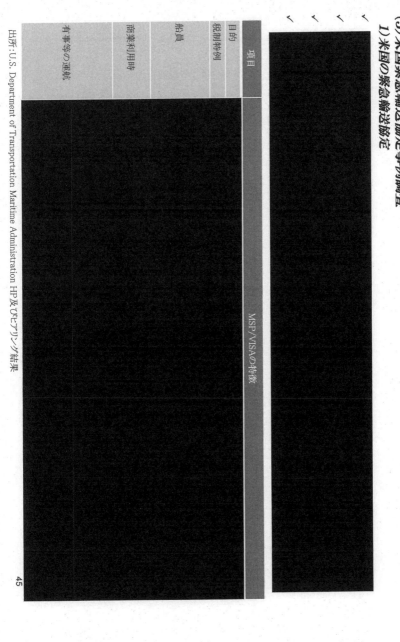

出所:U.S. Department of Transportation Maritime Administration HP及びヒアリング結果

2-2. PFI船の仕様等の検討

(1) 民間船舶による自衛隊輸送実績

訓練時・緊急時・大規模災害時における民間の海上輸送役務の実績の一例

実績	主な発注形態	輸送所要（累計）※1	期間※2	経費（百万円）	備考
平素の訓練（陸自の転地訓練）	競争入札により、フォワーダーが旅客フェリーをチャーター ※旅客フェリーの定期航路の範囲内で自衛隊が活用	人員：計約1,370名 車両：計約400台	約1ヶ月間	約260	年度末の海上輸送計画に基づき、輸送役務を発注
平素の訓練（陸自の転地訓練）	航路毎に複数船社の定期旅客フェリー・貨物RoRo船を利用	人員：計約3,816名 車両：計約1,460台	約1ヶ月間	約152	年度末の海上輸送計画に基づき、輸送役務を発注
北朝鮮ミサイル対応（平成24年4月）※3	中央一括契約に基づき、フォワーダーが複数の船社から旅客フェリーをチャーター	人員：計約70名 車両：計約290台	約2〜3週間	約317	72時間のジョイントディスクで対応
東日本大震災※4	随意契約により、複数の船社から旅客フェリー・車両をチャーター	人員：計約9,840名 車両：計約3,110台	主に震災直後の数日から1週間の期間	約300	定期航路で利用する港湾が被災するなど、緊急事態により定期航路運航が不可能となった旅客フェリー等を活用

※1 概算で算出している。
※2 往路・復路で契約のケースや、定期航路の活用もあることから、概算で算出している。
※3 一部航路では定期船も活用しているが、同実績も含んでいる。
※4 一部航路では定期船も活用しているが、同実績も含んでいる。
※5 上表は実績におけるチャーター傭船、定期船の活用などの全ての民間の海上輸送役務を網羅しているものではない。

2-2. PFI船の仕様等の検討

(2) 自衛隊のPFI船利用ニーズの整理

防衛所要等の想定

✓ 有事、災害時、緊急時、訓練等の輸送ニーズを想定すると、隊員・車両・装備・弾薬等を海上輸送できる船舶の調達が求められる。
✓ 即時性、速達性かつ大量の輸送力が求められることから、複数船舶を早期に確保することが求められる。

<平時の輸送所要>
● 年に1回程度の統合訓練
● 年に4～5回程度の基本実動演習(隊目)
● 不測の事態や緊急時等における隊員・車両・装備・弾薬等

<有事・災害時等の輸送所要>
● 有事・災害時等の部隊展開等における隊員・車両・装備・弾薬等

基本的な調達要件

項目	指標等	船舶に求められる要件等
輸送の多用途性	輸送用途	隊員、車両、装備、弾薬等を同時又は並行して輸送可能な船舶
輸送の大量性	載貨重量	1,000～5,000t程度の輸送所要(人員、車両、装備、弾薬等)を輸送するのに適した船舶
輸送の高速性	航海速度	有事等の機動展開に資する速度が必要、可能な限り高速性が高い船舶
輸送の即時性	調達時期	・有事等への対処を想定すると、できる限り早期の調達が必要 ・新造船の場合、建造期間(2～3年程度)を考慮する必要があることから、即時に運航可能な中古船を含めた船舶が対象
輸送の可動性	調達隻数	・複数航路への同時輸送や異なる輸送対象(隊員と車両・装備・弾薬等)の輸送、定期検査時におけるバックアップ等を考慮した複数船舶が必要 ・有事等を考慮した船舶隻数を計画 ・有事や緊急時等、特に重要な事態に際しても常時運航可能な体制を維持するには、複数船舶の調達が不可欠
その他の設備等	—	サイドランプ、船陸用クレーン、ヘリポート等、運航が想定される主要な港湾施設に対応した揚陸設備が必要

● PFI船は有事をはじめ多用途での活用が想定され、隊員、車両、装備、弾薬等を大量かつ同時・並行的に輸送でき、高速での運航が可能な船舶を調達する必要がある。
● 同時に異なる航路への輸送が必要となる可能性や定期検査時におけるバックアップ等の対応を想定すると、複数船舶の早期調達が不可欠である。

2-2. PFI船の仕様等の検討

(3) 南西諸島の港湾施設概要

✓ 現在、沖縄県には重要港湾6港、地方港湾35港(うち避難港2港)合わせて41港ある。
✓ 地域別では沖縄本島中南部地域4港、沖縄本島北部地域5港、沖縄本島北部離島地域6港、南部離島地域9港、都市地域5港、八重山地域12港となっている。
✓ 重要港湾は沖縄本島の那覇港、運天港、金武湾港、中城湾港、宮古地区の平良港、八重山地域の石垣港である。
✓ 宮古島、石垣島までは1万トン級の船舶が入港可能だが、与那国島は最大でも3千トン級までとなっている。

港湾名	位置	水深	岸壁長	特徴
平良港(宮古島)	沖縄本島から南西約326km、石垣島から東北東約156km	10m 7.5m 9m	第1ふ頭 連続270m ふ頭1-2,1-3 延長220m ふ頭2・1 180m	環礁の数も少なく、錨泊地も比較的広く水深が確保されている
石垣港(石垣島)		7.5～10m	物揚場1625m 1万トン級まで入港可能	石垣島の南西部に位置し、リーフ地帯に囲まれた天然の良港
祖納港(与那国島)	石垣島の西約144km	5.5m 4.5m	100m岸壁 100m岸壁 最大3000トン級	地方拠点港

別冊資料2-2-1

取扱注意

70

2-2. PFI船の仕様等の検討

(4) PFIに求める性能規定、特殊仕様の整理

前記の輸送所要に対応可能な速達性のある船舶として、旅客フェリー、高速旅客フェリー、貨物RoRo船が想定され、これら船舶を確保する必要がある。速達性については、特にフェリーの適合性が高い。
- 旅客フェリー、貨物RoRo船については、今後とも更新期を迎える船舶が定常的に出てくる見込みであり、今後対象隻数を増やし、さらに輸送力を強化できる可能性がある。

	旅客フェリー	高速旅客フェリー	貨物RoRo船	一般貨物船(499型)
船種				
総トン数	1千~2万t	1万t程度	5千~1.5万t	499 t
載貨重量	4,000~7,000 t	1,400t程度	4,000~7,000 t	1,500~1,600 t
人員輸送	500~800人程度	800人程度	12人まで	×
車両輸送	乗用車:80~150台程度 トラック:120~180台程度	乗用車:350台程度	乗用車:60~250台程度 トラック:100~160台程度	×
危険物輸送	弾薬:× 燃料:○(個品輸送) *混載制限有	弾薬:× 燃料:○(個品輸送) *混載制限有	弾薬:○(1,300~2,400t) *20ftコンテナでの簡易換算(混載無し) 燃料:○(1,700~2,900kl,混載無し) *46ロドラムでの簡易換算(混載無しのため、上記より減る可能性あり。)	弾薬:○ *一定程度の速度はあるが、弾薬輸送は大量輸送が可能 燃料:○(個品輸送) *混載制限有
輸送量の評価	隊員・車両等の同時かつ大量輸送が可能	隊員・車両等の同時かつ大量輸送が可能	隊員輸送が不可、車両・弾薬は大量輸送が可能	隊員・車両の輸送が不可、弾薬は可能
航行速力	20~30 kt	30 kt程度	20~25 kt	10~15 kt
速達性の評価	一前のフェリーでは30kt前後の高速運航が可能	30kt前後の高速運航が可能	一定程度の速度はあるが、30ktの高速運航は困難	高速性に欠ける

- 旅客フェリー、高速旅客フェリーの事業化を検討するべきである。しかし、貨物RoRo船は危険物、車両の輸送ニーズと合致するので、今後引き続き検討すべき。

取扱注意 71

2-3. PFI船の運航形態の検討

(2) 有事等に想定される運航方法

有事等での運用が伴う運航については、契約に基づく民間運航、航海命令に基づく民間運航、自衛隊員らによる運航が考えられる。

また、航海命令は手法としてはあり得るが、運用ルールが未整備で所管官庁が国交省で省庁間での調整となることから実現までには多くの時間を要すると考えられる。他方、自衛隊員らによる運航は定員、予算等の制約からこれも容易ではないと考えられる。

いずれの運航方法も困難なため、3-1.(1)で予備自衛官を活用したスキームを深堀することとなった。

対応方策	概要	留意点・今後の検討事項
I.「航海命令」に基づく民間事業者が運航	・平時の訓練所要や、NK対応と同様に、契約に基づく民間事業者が運航する。	
II. 契約に基づく民間事業者が運航	・PFI方式等の個々の契約の枠組みではなく、海上運送法の規定に基づき、民間事業者に実施させるもの。 ・民間事業者としては経営判断として有事運航の実施は困難だが、法的根拠があれば、対応せざるを得ないとの意見が多かった。	
III. 予備自衛官等が運航	・民間事業者が予備自衛官を平時より予備自衛官として雇用し、有事等に当該予備自衛官が招集し、自衛隊の運航を行う。	
IV. 自衛隊がPFI船を運航し、自ら運航	・有事等の危険が伴う運航においては自衛隊が自ら運航する。 ・PFI船を運用し、当該事態において自衛官が円滑に運航できるよう、平時において自衛隊による定期的な訓練等で利用できる条件とする。	

312

2-5. 事業内容、事業方式、事業期間、事業スキームまとめ

(6) 事業内容・事業スキーム、事業リスクの検討

対象船舶
- 旅客フェリー、高速旅客フェリーの中古船舶を調達し、平時の訓練所要並びに有事の輸送所要に対応する。
- 海自等OBをSPC側で船員として採用し、当該船員が平時の運航に当たるとともに、予備自衛官登録をしておき、有事にあっては、当該船員を自衛官として召集し、自衛隊の指揮下で当該船員により運航を行う。

対象船舶
- 旅客フェリー
- 総トン数1万トンクラス
- 日本船籍・近海資格（購入前の船籍・資格は問わない）

PFI事業

業務範囲	船舶の購入 船舶の改修 船員の雇用・養成 防衛所要に係る船舶運航 ・訓練時 ・災害時・緊急時・有事 事業終了時の船舶のスクラップ処分
事業方式	BOO方式
事業類型	高速旅客フェリー 20年間 一般旅客フェリー 提案による（中古船使用期間5〜10年程度）
事業期間	サービス購入型＋民間収益事業
防衛省支払 サービス対価	①定額払い部分 　中古船舶購入費、改修費、金利、船員費、維持管理費、諸経費 ②実績払い部分 　運航費（燃料油代、港費等） ③変更契約部分 　更新時船舶購入費

SPC、第2SPCの位置づけ

所要		自衛隊	SPC	第2SPC	船社
防衛所要	平時	荷主	オペレーター	オーナー	オペレーター
防衛所要	有事	オペレーター	オーナー	—	—
予備船		—	オーナー	—	オペレーター
不定期事業		—	オーナー	オペレーター	オペレーター

民間事業

想定する民間事業	**予備船舶事業** 定期航路事業者への予備船（繁忙期・ドック時）に活用。定期船の追加輸送の可能性もあるが、ニーズ限定的。 **不定期事業** 自主企画（自治体の災害訓練、警察警備等のチャーター、米軍輸送役務などシップ、ホテル）など限定的
民間使用時の対価	民間使用相当分として当該期間分の傭船料相当額（あるいは受益の範囲）を使用料としてSPCが防衛省に支払う。国所有の場合は船（国有財産）の貸付による
民間使用の主な制約	内航限定 ショートディスタンス時には、防衛所要に対応する事。

3-1. 我が国へのPFI導入が困難と判定された事項の再検証

(1) (民間による有事対応困難という結果を受けて)有事における予備自衛官活用スキームの検討

- ✓ PFI船による有事対応として、①民間による運航と、②通常PFI船の運航に携わっている予備自衛官を有事の際に招集し、自衛隊として運航することとの2パターンの可能性を検討
- ✓ ①民間による運航対応：
- ✓ ②予備自衛官による運航対応：予備自衛官等制度が違い、要員を確保できればワークする可能性あり。(詳細は次ページ)

対応方針	民間企業のスタンス	ヒアリング等を踏まえた実現可能性
①民間による運航対応	平時有事共に、民間の船員が運航する。	
②予備自衛官による運航対応	平時：予備自衛官船員が商用及び防衛所要の運航を行う。 有事：当該船員を自衛隊に招集し引き続き運航に関わる自衛隊として運航。	

現状注意

3-1. 我が国へのPFI導入が困難と判定された事項の再検証

(1)（民間による有事対応が困難という結果を受けて）有事における予備自衛官活用スキームの検討

- 課題：平時に民間船舶の船員として勤務する予備自衛官を確保できるかどうか。
- 対応方策：1)民間の船員が予備自衛官になる、2)自衛官OBが予備自衛官になる、の2パターンが想定される。
- 現状：1)については、海自の予備自補の制度がなく、民間船員が海自の予備自衛官になることはなく、2)についても、自衛隊OBが船社に就職し、海上職で勤務している実績がほとんどないことから、両方策共に必要数を確保できるかどうかは不透明である。

確保パターン	これまでの採用事項	制度上の制約	ビジネス上の制約	実現度
予備自衛官 確保パターン	1)民間の船員が 船員兼予備自 衛官に	✓ 無し（制度がないため） →民間船員から何人くらい予備自衛官に応募が見込まれるか不明。	✓ 民間の船員は予備自補の制度がなく、海技資格を保有している民間人が応募できない。※1 ✓ 予備自衛官補を経て予備自衛官に採用されるまで一定の期間が必要。※2	✓ 予備自衛官補への応募は民間の船員の任意であり、会社から強制はできない。	△
	2)自衛隊OBが船員兼予備自衛官に	✓ 国交省の退職海上自衛官雇用促進のための取組により、海自OBの船社へ就職実績は、一桁と極めて少ない。 ✓ 船社の海上職採用門1名のみ。 他方、陸自OBの船社兼予備自衛官の勤務実績有。（ただし、数名程度） →再就職先として魅力が少ない可能性	✓ 自衛隊OBが船社に就職時、商船法の既得者による、海自船舶機関長：1級海技士船員：3級海技士 ※3 乗船履歴のある海自OBでも、資格取得までに期間を要する。 3級海技士：最短1年5ヶ月＊ 1級海技士：最短4年程度 （3級取得までに更に3年の乗船経験が必要）	✓ 民間船員は、少人数でマルチタスクで運航しているため、自衛隊OBがなじめるか懸念を示す意見は複数あり。	△

※1：陸上自衛隊でPFIを運行する場合には、陸自の予備自衛官として採用することで、現行制度で対応可能となる。
※2：予備自衛官補から予備自衛官になるには、技能招集は最長で10日間の教育訓練を受けることが必要（陸自の場合）。
※3：陸自、空自OBの場合、乗船履歴がある海自OBと異なり、3級取得までに更に3年の乗船経験が必要。

別冊資料3-1-1 【取扱注意】

3-1. 我が国への PFI 導入が困難と判定された事項の再検証

(1)（民間による有事対応が困難という結果を受けて）有事における予備自衛官活用スキームの検討

- 有事対応時に海事法令が適用されない場合は、予備自衛官を必要数確保できれば有事対応可能。
- ✓ 有事対応時に海事法令が適用される場合は、3級・1級海技士等資格者が必要数となり、予備自衛官兼有資格者を必要数確保後に対応可能。それまでの4、5年間は、民間船員を含めた一時的又は限定的対応が必要となる。

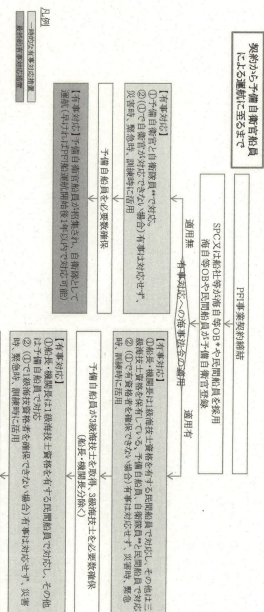

凡例
- 一時的な有事対応措置
- 最終的な有事対応措置

* より確実に予備自衛隊を確保する観点から、陸自、空自 OB も再就職支援の対象とすべき。ただし、海技士資格取得までに4年以上の期間が必要なため、早期の予備自衛官船員としてではなく、長期的な要員確保の対象として位置付けておく必要がある。
** 自衛官 OB の場合、SPC又は船社への自衛隊員の出向による要員確保も策として考えられる。
*** 予備自衛官確保のシミュレーションについては別冊資料3-1-1参照。

316

3-1. 我が国へのPFI導入が困難と判定された事項の再検証

(1) (民間による有事対応困難という結果を受けて) 有事における予備自衛官活用スキームの検討

- 民間船員が船員兼予備自衛官となるパターンの実現に向けて:
  海自予備自衛官補制度の創設、PR及びインセンティブ付与等の政策支援が必要。
- 自衛官OBが船員兼予備自衛官となるパターンの実現に向けて:
  自衛隊OBの船社への就職の積極的な斡旋及びインセンティブ付与等の政策支援が必要。また、自衛隊OBの船社への就職の斡旋クラスになるには、4、5年程度かかるため、自衛隊運航時における船長、機関長クラスの民間からの手配を求める、あるいは海自で船長・機関長候補の自衛官を育成することには不確定な要素があるため、両方の施策を推進し、できるだけ船員を確保できるようにしていくとともに、その可能性の見極めが必要がある。

課題	対応方策
予備自衛官制度の改正：海自OBが船社に転職後もスムやかに有事における運航時の船長、機関長として対応できるように、自衛隊運航時における船長、機関長クラスの一般海技士取得までの期間縮緩等の制度要求を行うことで、PFI船を早期に有事に活用できるようにする。	適用法令の整理：海自OBが船社に移籍後スムやかに有事における運航時は船長、機関長クラスの適用除外で対応できるように、艦船運航時における海事法令の適用除外や、適用除外後の検査は有資格者である海技士取得までの期間縮緩等の制度要求を行うことで、PFI船を早期に有事に活用できるようにする。
海事法令が適用されると、自衛隊OBの海技資格保持まで時間がかかる。	船社の資格取得要件を推進：海自において海自OBが就職する際に、機関長医師などを講じる必要がある。運用時や、PFI船の船長・機関長医師の育成施策を講じる必要がある。
制度がないため、海自予備自衛官補に海自資格を保持している民間人が少ない。	船社への再就職促進：自衛隊OB、特に海自OBが船社に転職するよう、機関的なPR及び特別優遇制度等の政策支援を行う必要がある。また、現役自衛隊員のニーズの把握なども必要。
海自予備自衛官補(有資格者)がいない、自衛隊OBの船社就職最要員がいない。	予備自衛官への応募促進：民間の船員が予備自衛官補に応募するよう、積極的なPR及び特別優遇制度等により、現役自衛官によるインセンティブ付与の政策支援を行う必要がある。
民間船員が海自予備自衛官補に応募するかが不透明	

316

3-2. モデルケースによる機動展開能力の評価

(1) 前提とする防衛所要

- 防衛省の通知から運航が完了するまでの所要日数を試算し、機動展開能力を評価。
- 以下のモデルケースを前提として分析を実施。

項目	内容
想定ケース	・緊急時 ・有事 ※平時の訓練所要は事前に計画されており、機動性は求められないことから、本分析では対象外
対象船舶	・旅客フェリー ・高速フェリー
航行速度	22ノット、25ノット、30ノットの各ケースを想定
防衛省の通知～発地への船舶到着	防衛省の通知から72時間以内での発地への船舶到着を想定
航路	① 苫小牧～志布志～那覇～石垣～平良(各経由地に寄港) ② 苫小牧～志布志～平良まで直行 ※上記①②は太平洋側ルートの運航を前提としており、参考として日本海側ルートを運航するケースも試算
荷役	航路①では発地及び各経由地で積み込み、最終着地で積下ろし 航路②のケースでは発地で積み込み、最終着地で積下ろし 荷役時間は各1時間を想定
給油	上記航路を前提とすると、各経由地における給油は必要ないことから、本分析では対象外
自衛隊員の派遣・乗艦	民間船社による予備自衛官の確保状況、PFI船の運用方法によっては自衛隊員の派遣・乗艦が発生することも想定されるが、本分析では対象外

3-2. モデルケースによる機動展開能力の評価

(2) 前提とするPFI船のスペック

		現仕様		旅客フェリー			高速フェリー		
	人員	507					774		
	トラック	122台					27台(12m)		
	普通乗用車	80台					180台		
	最大搭載量	5,801DWT					1,421DWT		
車両搭載能力				搭載数(台)	合計トン数	占有面積㎡		搭載数(台)	合計トン数	占有面積㎡
戦車				15	753	450.8		5	251	150.3
戦車回収車				3	150	109.0		1	50	36.3
榴弾砲等				15	600	629.4		5	200	209.8
高射砲等				15	570	448.1		5	190	149.4
96式装輪装甲車				15	217.5	310.4		5	72.5	103.5
89式装輪戦闘車				30	795	772.8		10	265	257.6
大型セミトレーラ				9	160.38	387.8		3	53.5	129.3
各種トラック				90	744.8	2,067.4		30	248.3	689.1
合計				192	3,991	5,176		64	1,330	1,725
コンテナ(20FT)				264TEU				152TEU		
弾薬 (国連番号0168-木箱)				500箱[コンテナ(合計重量21.7トン/コンテナ) 500箱×264=132,000箱 総搭載重量=6336トン(搭載量オーバー) 許容搭載重量≒4,500÷187TEU=93,500箱				500個[コンテナ(合計重量21.7トン/コンテナ) 500箱×152=76,000箱 総搭載重量=3648トン(搭載量オーバー) 許容搭載重量≒880÷37TEU=18,500箱		
燃料(t)				656MT(A重油)				900MT(軽油)		

3-2. モデルケースによる機動展開能力の評価

(3) 発令から輸送完了までの所要時間

- ✓ 防衛省の通知から最終着地への船舶到着まで5〜6日程度要する。
- ✓ 各経由地に寄港するケースと直行するケースでも半日〜1日程度の差が生じる。

ルート	太平洋側ルート						日本海側ルート(参考)		
経由の有無	各経由地に寄港			直行					
航海速度(ノット)	22	25	30	22	25	30	22	25	30
通知〜発地〜到着時間(h)				72					
所要時間(h)	77.6	68.3	56.9	59.1	52	43.4	62.4	54.9	45.7
荷役時間(h)	5			2					
合計所要時間(h)	154.6	145.3	133.9	133.1	126	117.4	136.4	128.9	119.7
合計所要日数(日)	6.44	6.05	5.57	5.54	5.25	4.89	5.68	5.37	4.98

※運航コスト(燃料費)については、各フェリー・高速船の燃費、航海速度及び航行距離に応じて変動する。
※日本海側ルートについては、太平洋側ルートに比較して6海里(約10キロ)程度航行距離は短いが、関門海峡通過の必要性や航行ルートが多いこと、事故多発地帯であることから、減速航行する必要があり、所要時間は多くかかる。

有事対応パターン整理 (1/2)

別冊資料2-1-5

有事におけるタイムライン・輸送範囲によって、危険度は異なる

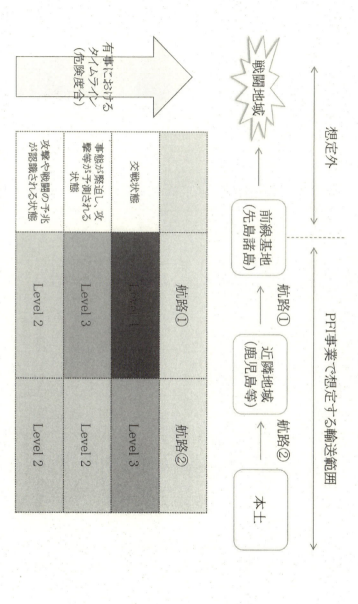

※ 危険度を低い方からLevel 1〜4に区分し、マッピング

有事対応パターン整理（2/2）

危険度に応じ、想定されるPFI船の運航用途を整理

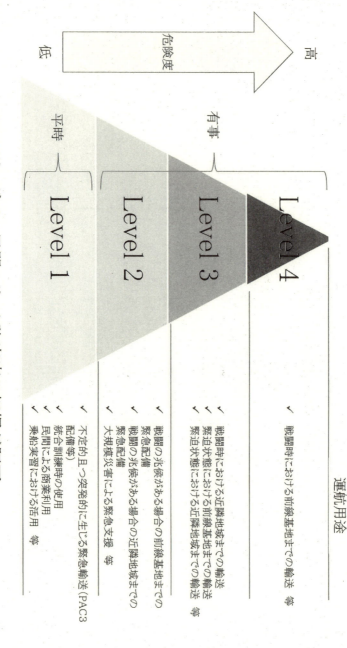

	運航用途
Level 4	✓ 戦闘時における前線基地までの輸送 等
Level 3	✓ 戦闘状態における前線基地までの輸送 ✓ 緊迫状態における近隣地域までの輸送 等
Level 2	✓ 戦闘の兆候がある場合の前線基地までの 緊急配備 ✓ 緊迫の兆候がある場合の近隣地域までの 緊急配備 ✓ 大規模災害による緊急支援 等
Level 1	✓ 不定期的且つ突発的に生じる緊急輸送（PAC3 配備等） ✓ 統合訓練時の使用 ✓ 民間による商業利用 ✓ 乗船実習における活用 等

⇒ヒアリングでの民間のリスク許容度の把握が肝要

別冊資料 2-1-6

予備自衛官等制度の整理

1．予備自衛官等制度の概要

 有事には大規模な防衛力が必要となるが、その防衛力を日頃から保持することは効率的ではない。普段は必要最小限の防衛力で対応し、有事の時に急速に人員を集めることができる予備の防衛力が必要である。

 多くの国では、普段から、いざという時に必要となる防衛力を急速かつ計画的に確保するため予備役制度を整備している。我が国においても、これに相当するものとして即応予備自衛官制度、予備自衛官制度、予備自衛官補制度という3つの制度（以下、総称して「予備自衛官等制度」）を設けている。

 予備自衛官等制度の概要[1]は、以下のとおりである。

- いずれの制度も、普段は社会人や学生としてそれぞれの職業に従事しながら、一方では自衛官として必要とされる練度を維持するために訓練に応じる。
- 即応予備自衛官と予備自衛官は、防衛招集や災害招集などに応じて出頭し、自衛官として活動する。主に、即応予備自衛官は第一線部隊での任務を担い、予備自衛官は駐屯地警備や後方地域の任務を担うこととなっている。
- 即応予備自衛官及び予備自衛官補は陸上自衛隊の制度であり、海上、航空自衛隊に同制度は存在していない。
- 2013年3月31日時点で、自衛官247,746人に対し、即応予備自衛官は8,467人、予備自衛官47,900人、予備自衛官補4,600人が登録されている。

---

[1] 出所：平成25年版防衛白書

資料86	予備自衛官などの制度の概要		
	予備自衛官	即応予備自衛官	予備自衛官補
基本構想	○防衛招集命令などを受けて自衛官となって勤務	○防衛力の基本的な枠組みの一部として、防衛招集命令などを受けて自衛官となって、あらかじめ指定された陸上自衛隊の部隊において勤務	○教育訓練修了後、予備自衛官として任用
採用対象	○元自衛官、元即応予備自衛官、元予備自衛官	○元自衛官、元予備自衛官	(一般・技能共通) ○自衛官未経験者(自衛官勤務1年未満の者を含む。)
採用年齢	○士：18歳以上37歳未満 ○幹・准・曹：定年年齢に2年を加えた年齢未満	○士：18歳以上32歳未満 ○幹・准・曹：定年年齢に3年を減じた年齢未満	○一般：18歳以上34歳未満、技能は、18歳以上で保有する技能に応じ53歳から55歳未満
採用など	○志願に基づき選考により採用 ○教育訓練を修了した予備自衛官候補は予備自衛官に任用	○志願に基づき選考により採用	○一般：志願に基づき試験により採用 ○技能：志願に基づき選考により採用
階級の指定	○元自衛官：退職時指定階級が原則 ○即応予備自衛官：現に指定されている階級 ○元予備自衛官、元即応予備自衛官：退職時指定階級が原則 ・予備自衛官補 ・一般：2士 ・技能：技能に応じ指定	○元自衛官：退職時階級が原則 ○元予備自衛官：退職時指定階級が原則	○階級は指定しない
任用期間	○3年／1任期	○3年／1任期	○一般：3年以内 ○技能：2年以内
(教育)訓練	○法律では20日／年以内。ただし、5日／年(基準)で運用	○30日／年	○一般：50日、3年以内(自衛官候補生課程に相当) ○技能：10日、2年以内(専門技能を活用し、自衛官として勤務するための教育)
昇進	○勤務期間(出頭日数)を満たした者の中から勤務成績などに基づき選考により昇進	○勤務期間(出頭日数)を満足した者の中から勤務成績などに基づき選考により昇進	○指定階級がないことから昇進はない
処遇など	○訓練招集手当： 8,100円／日 ○予備自衛官手当： 4,000円／月	○訓練招集手当： 10,400～14,200円／日 ○即応予備自衛官手当： 16,000円／月 ○勤続報奨金： 120,000円／1任期 ○雇用企業給付金： 42,500円／月	○教育訓練招集手当： 7,900円／日 ○招集招集等応招義務は課さないことから、予備自衛官手当に相当する手当は支給しない
応招義務等	○防衛招集、国民保護等招集、災害等招集、訓練招集	○防衛招集、国民保護等招集、治安等招集、災害等招集、訓練招集	○教育訓練招集

2．招集実績[2]

- 東日本大震災対処のために、即応予備自衛官及び予備自衛官に対し、制度創設以来初めてとなる災害招集命令が発令された。
- 実際に出頭した即応自衛官は 1,369 人、予備自衛官は 314 人の計 1,683 人にとどまっており、災害対処時に十分に動員する運用体制が確立されていなかったとされている。
- 現行制度では、防衛招集には予備自衛官の招集義務違反に対する罰則規定があるが、災害招集には同様の規定はないことが一因と考えられる。
- 但し、上記内容は被災地以外への派遣では招集割合が伸びなかったためであり、被災地への派遣では必要人員を確保できたとされている。

---

[2] 「予備自衛官制度の運用に係る総括調査票」(財務省)
http://www.mof.go.jp/budget/topics/budget_execution_audit/fy2012/sy2407/36.pdf

3. PFI船による有事対応方法

予備自衛官等制度を活用した、有事における海上輸送役務へのPFI船の活用方法として、以下のとおり想定される。
- 平時：予備自衛官船員が商用及び防衛所要の運航を行う。
- 有事：平時にPFI船の運航に携わっている予備自衛官船員を自衛隊が招集し、引き続き運航に関わる（自衛隊としてPFI船を運航）。

4. PFI船活用に向けた現行制度上の課題等

平時に民間船員として勤務する予備自衛官を確保できるかどうかが課題となるが、以下の2パターンの対応方策が想定される。
① 民間の船員が船員兼予備自衛官に
② 自衛隊OBが船員兼予備自衛官に
※ 船員資格等の観点から、自衛隊OBが民間の商船の運航に携わることの可能性については、別冊2で整理している。

上述のとおり、現行の予備自衛官等制度上、即応予備自衛官及び予備自衛官補は陸上自衛隊の制度であり、海上、航空自衛隊に同制度は存在していない。PFI船活用に向けた現行制度上の課題・対策について、以下で整理している。

項目		陸上自衛隊	海上自衛隊
現行制度			
	予備自衛官補制度	あり ※予備自衛官になるには、技能職で最短10日間の教育訓練を受ける必要あり	なし
	予備自衛官登録	陸自OB：29,500人程度（95%） 予備自衛官補経由：1,500人程度（5%）	海自OB：1,100人程度
	海運会社勤務者数	38人（うち、海技資格保有者は4人）	1人（調理部門）
課題・対策		陸自でPFI船を運航する運用方針となった場合には、陸自の予備自衛官補を経て予備自衛官になることで、現行制度上の対応が可能	海自OBではない民間船員が、海自の予備自衛官補を経て予備自衛官になり、PFI船を運航する道はない →海自の予備自衛官補制度を創設する必要がある

以上

別冊資料 2-2-1

宮古島、石垣島、与那国の港湾施設、機材

　現在、沖縄県には重要港湾6港、地方港湾35港（うち避難港2港）合わせて41港ある。地域別では沖縄本島中南部地域4港、沖縄本島北部地域5港、沖縄本島北部離島地域6港、沖縄本島南部離島地域9港、都地域5港、八重山地域12港となっている。重要港湾は沖縄本島の那覇港、運天港、金武湾港、中城湾港、宮古地区の平良港、八重山地域の石垣港である。

1.宮古島　平良港

　平良港は宮古島（沖縄本島から南西約326km、石垣島から東北東約156km）にある。
　港湾計画は、5千トン級船舶の利用が可能な第3ふ頭、石油や砂・砂利が主体の第1ふ頭、さらに1万トン級船舶の利用可能な第2ふ頭が整備された。昭和61年度からは、平良港の第2期整備計画というべき下崎地区の整備に着手し、下崎北防波堤、下崎西防波堤及び都市機能用地の整備が進められている。また、将来計画は下崎地区岸壁（－10m 延長340m、2バース）、（－5.5m 延長110m、1バース）水域施設用地として、下崎地区平良航路（－10m～－11m）、幅員250m～270m 等の整備が進められている。
　岸壁に専用の荷役機械はないが、港湾サービス業者がクローラクレーンを保有。また普通倉庫のみで危険品倉庫等はない。野積みは肥料等で 36,159 ㎡を確保。曳船4隻(Ps不明)港運サービスあり。

埠頭名	バース名	係船施設				荷役設備	倉庫	泊地		
		前面水深(m)	延長(m)	最大係船能力(DWT)	船隻数			区分	水深(m)	面積(m2)
第1ふ頭 日用品、佐藤、セメント、砂利、石油製品、建築資材	1-1 1-2 1-3 1-4 1-5 1-6	4.0 7.5 7.5 5.5 5.5 4.0	57 130 90 90 200	500 5,000 5,000 2,000 2,000 2,000	1 1 1 1 1 1	なし	（石油タンク)(セメントサイロ）	錨泊地	9.0 7.5 6.5 5.5 5.0 4.0	226,400 200,300 6,000 83,200 1,500 69,800
第2ふ頭 日用品、輸送機械、砂糖、農産品	2-1 2-2 2-3 2-4-1 2-4-2 2-5	9.0 7.5 6.5 5.0 4.0 4.0	185 130 105 60 66 182	10,000 5,000 3,000 500 500 500	1 1 1 1 1 1	なし 砂利等のアンローダーのみ	1×1,508 ㎡			
第3ふ頭 日用品、砂利、農産品、化学薬品	3-A 3-B 3-C 3-D	5.5 4.0 7.5 4.0	90 120 130 209	2,000 500 5,000 500	1 1 1 1	なし	1×1,514 ㎡			
第4ふ頭		4.5 4.0	80 95	500 500	1 2	なし				
下崎埠頭		10.0	170	15,000	1	まし				

平良港のアプローチは北防波堤までの航路においてもほぼ水深10mが確保されており、環礁の数も少なく、錨泊地も比較的広く水深が確保されている。第1ふ頭は1-1～1-3までが連続し270mの延長があるが、水深7.5mは1-2,1-3であり延長は220mとなる。また第2ふ頭2・1は水深9m、180mが確保されている。

2.石垣島　石垣港

石垣港は、石垣島の南西部に位置し、西に竹富島、南に大きなリーフ地帯といった自然の防波堤に囲まれた天然の良港である。本港は、わが国の最南端に位置する重要港湾として、県内外各地との交流はもとより、台湾交易の定期航路をはじめ、多数の外国船が入港する南の玄関であり、さらに、八重山郡島生活圏の中心として、重要な役割を担っている。

倉庫は普通倉庫のみ、危険品倉庫はない。野積みは16,769 ㎡を確保。曳船は3500ps級×3隻、1500ps級2隻、その他2隻がある。

埠頭名	バース名	係船施設				荷役設備	倉庫	泊地		
		前面水深(m)	延長(m)	最大係船能力(DWT)	船隻数			区分	水深(m)	面積(m2)
第1ふ頭 石油製品、日用品、雑貨	第1岸壁	5.0	102	1,000	1	なし	1 × 1,346 ㎡	錨泊地		
	第2岸壁	7.5	124	5,000	1					
	第3岸壁	6.0	110	3,000	1					
第2ふ頭 官庁船、食料品、雑貨、セメント、肥料、鋼材	A・B岸壁	5.0	160	1,000	2	なし	1 × 1,346 ㎡			
	C 岸壁	7.5	130	5,000	1					
	D 岸壁	7.5	130	5,000	1		1 × 1,800 ㎡			
	E 岸壁	9.0	185	10,000	1					
	F 岸壁	9.0	280	10,000	1					
八島ふ頭	フェリー岸壁	4.5	95	500	1	なし				
新港地区ふ頭 鋼材、砂利	H 岸壁	5.0	140	1,000	1	なし				
	J 岸壁	7.5	130	1,000	1					

石垣港の航路、港湾図を次に示す。石垣港は港内では10m以下となるが、アプローチは南防波堤までアプローチ航路においてもほぼ水深20mが確保されており、錨泊地も比較的水深が確保されている。係留施設は物揚場1625m、水域施設は－7.5～－10mが整備され、現在1万トン以上の船舶が利用可能となっている。

石垣港の定期航路は、本土及び本島（那覇港）と宮古島（平良港）を結ぶ航路、また、周辺の各離島とを結ぶ航路がある。八重山地域各離島への航路は、本港が基地港となっており、フェリーや旅客船など多くの船舶が本港を利用している。

3．与那国　祖島納港

　祖納港は、石垣島の西約144kmにある日本最西端の与那国島（人口1,796人、平成17年国勢調査）の北側に位置する地方拠点港湾であり、定期フェリーや貨物船が波浪状況を見て利用しているほか、地元小型船が利用している。本港は、昭和47年に沖縄県管理の地方港湾として指定され、昭和60年に港湾区域の変更が行われた。これまでに、防波堤、・5.5m×100m岸壁、・4.5m×100m岸壁が整備されており、港内の泊地は7.5mに改良される予定である。現在は、施設用地を防護する防波堤や護岸の改良等の整備が進められている。今後、定期船や一般貨物船等が通年利用出来るように静穏性を高めるための対策が検討されている。荷役機材、倉庫、曳船はない。

　祖納港は外洋に面しておりアプローチの航路は十分な深さを確保しているが、港内は狭く入港、転回可能な船舶は極めて限られる。また、向島の久部良漁港もあるが、水深5m延長100mに限られる。

検討対象船舶	大型旅客フェリー 全長199.5m 最大喫水7.2m 必要水深=7.2×1.1=7.9m	高速フェリー 全長112m 最大喫水3.9m 必要水深=3.9×1.1=4.3m	評価 ○ 接岸可能 △ 係留他の課題あり × 接岸不可能

入港要件　1) 喫水は必要水深を満足していること
　　　　　2) 岸壁長は係船索をとれる余裕があること
　　　　　3) その他航路条件、船舶の旋回能力等は考慮していない（備考に記述あり）

※色付番号は海上保安庁11管区資料に対応。

重要港湾

	港湾名	管理者	所在地	面積(ha)	地区名	岸壁 長さ(m)	水深(m)	対象船舶	大型	高速	備考
1	那覇	那覇港管理組合	那覇市・浦添市	3,400	那覇ふ頭	494	9.0	10,000D/W	○	○	
						93	7.5	5,000D/W	×	○	
					泊ふ頭	446	6.0	3,000D/W	×	○	
						150	4.5	500D/W	×	○	
					新港ふ頭	601	13.0	40,000D/W	○	○	
						1,185	11.0	20,000D/W	○	○	
					浦添ふ頭	910	7.5	5,000D/W	×	○	
2	運天	沖縄県	名護市・今帰仁村	1,483	上運天	170	9.0	10,000D/W	○	○	
						240	4.5	10,000G/T	×	○	
3	平良	宮古島市	宮古島市	1,493	漲水(第1ふ頭)	260	7.5	5,000D/W	×	○	
						180	5.5	2,000D/W	×	○	
					漲水(第2ふ頭)	185	9.0	10,000D/W	△	○	第2埠頭は係船可能性あり
						130	7.5	5,000D/W	×	△	
					漲水(第3ふ頭)	130	7.5	5,000D/W	×	△	
					漲水(第4ふ頭)	95	4.5	500D/W	×	○	
4	石垣	石垣市	石垣市	1,630	下崎	170	10.0	-	×	○	
					浜崎町	185	9.0	10,000G/T	△	○	新港バース9m整備中
					美崎町	390	7.5	5,000D/W	×	○	
					登野城	95	4.5	500G/T	×	○	
						130	7.5	5,000D/W	×	△	
					新港	140	5.0	1,000D/W	×	○	
						310	9.0	70,000D/W	○	○	
5	金武湾	沖縄県	宜野座村・金武町　うるま市	19,482					×	×	専用岸壁ドルフィン
6	中城湾	〃	うるま市・沖縄市　北中城村・中城	23,958	馬天	60	4.5	500D/W	×	×	
					新港	260	13.0	40,000D/W	○	○	
						185	10.0	12,000D/W	○	○	

地方港湾

	港湾名	管理者	所在地	面積(ha)	地区名	岸壁 長さ	水深	対象船舶	大型	高速	備考
1	前泊	沖縄県	伊平屋村	247		120	4.5		×	△	港湾入口狭小
						90	5.5		×	×	
2	野甫	〃	〃	19		50	2.0		×	×	
3	仲田	〃	伊是名村	188		120	4.5		×	△	
						90	5.5		×	×	
4	内花	〃	〃	67		100	2.0		×	×	内防あり
5	奥	〃	国頭村	73		65	4.5		×	×	
6	塩屋	〃	大宜味村	159					×	×	未整備
7	古宇利	〃	今帰仁村	44.4		40	3.0		×	×	
8	伊江	〃	伊江村	52		130	7.5		×	△	2岸壁使用で○
						106	5.5		×	△	
9	水納	〃	本部町	41.6					×	×	遊興船のみ
10	本部	〃	〃	1,302.20	渡久地	240	4.0		×	×	港湾前に道路橋
					旧エキスポ	90	4.5		×	△	延長ドルフィンに係船
					浜崎	50			×	×	突堤
					瀬底				×	×	砂浜
					本部(旧本港)	240	7.5		△	○	水深9mに改造中
					本部(旧塩川)	200	5.5		×	○	
11	宜野湾	〃	宜野湾市	58.2					×	×	マリーナ
12	徳仁	〃	南城市	35		90	2.0		×	×	
13	兼城	〃	久米島町	201	兼城	123	5.5		×	△	
					花咲	190	5.5		×	○	
14	粟国	〃	粟国村	19		70	4.5		×	○	
15	渡嘉敷	〃	渡嘉敷村	88		100	5.5		×	○	
16	座間味	〃	座間味村	42		120	4.5		×	△	防波堤建設予定により×
17	慶留間	〃	〃	34		120	2.0		×	×	
18	北大東	〃	北大東村	84	北地区	65	5.5		×	×	保留要検討
					西地区	100	5.5		×	△	

	港湾名	管理者	所在地	面積(ha)	地区名	岸壁 長さ	岸壁 水深	対象船舶	大型	高速	備考
19	南大東	〃	南大東村	95	江崎	90	5.5		×	×	
					北地区	65	5.5		×	×	
					西地区	90	5.5		×	×	
					亀池	100	5.5		×	×	
20	来間・前浜	〃	宮古島市	198		30	2.0		×	×	
21	長山	〃		2,237	長山口	140	4.5		×	○	小型ボート
22	多良間	〃	多良間村	479.9	渡天	170	4.5		×	△	入口狭小
					前泊	190	2.0		×	×	入口狭小
23	水納	〃		42		40	2.0		×	×	
24	竹富東	〃	竹富町	358		120	3.0		×	×	
25	小浜	〃		440		100	3.0		×	×	
26	黒島	〃		207.5		50	3.0		×	×	
27	上地	〃		50		50	3.0		×	×	
28	鳩間	〃		17		65	3.5		×	×	
29	船浦	〃		912.5		80	3.5		×	×	
30	粗納	〃		32		60	3.0		×	×	砂浜
31	白浜	〃		374		135	7.5		×	○	
32	仲間	〃		412.5		85	3.5		×	×	
33	祖納	〃	与那国町	89		200	4.5		×	△	内防あり

地方港湾（避難港）

	港湾名	管理者	所在地	面積(ha)	地区名	岸壁 長さ	岸壁 水深	対象船舶	大型	高速	備考
1	安護の浦	沖縄県	座間味村	813		50	2.0		×	×	
2	船浮	〃	竹富町	1,150		30	2.0		×	×	

沖縄県の港湾一覧（海上保安庁11管区資料）

	港名	読み	種類	所在	管理	代表電話番号	緯度 分 秒	経度 分 秒	備考	海図No.

日米の「動的防衛協力」について

平成24年7月
防衛政策局 日米防衛協力課

取扱厳重注意

日米の「動的防衛協力」とは（1／2）

今後の防衛力に関する基本的な考え方は、「静的」なものから「動的」なものへ。

参考:防衛計画の大綱（平成22年（2010年）12月17日）

今日の安全保障環境のすう勢下においては、安全保障課題に対処し得る防衛力を構築することが重要である。特に、軍事科学技術の飛躍的な発展に伴い、兆候が現れてから各種事態が発生するまでの時間が短縮化される傾向にあること等から、事態に迅速かつ実効的に対応するためには、即応性を始めとする各種事態における総合的な部隊運用能力が重要性を増してきている。また、防衛力を単に保持することではなく、平素から情報収集・警戒監視・偵察活動を含む適時・適切な運用を行い、我が国の意思と高い防衛能力を明示しておくことが、我が国周辺の安定に寄与することによって、抑止力の信頼性を高める重要な要素となってきている。このため、装備の運用に着眼した動的抑止力を重視し、その活動量を増大させることで、より大きな能力を発揮することが求められており、このような防衛力の運用水準に着眼した動的抑止力を高め、その活動量を増大させていく必要がある。

同時に、防衛力の役割も多様化しつつ増大しており、三国間・多国間の協力関係を強化し、国際平和協力活動を積極的に実施していくことなどが求められている。

以上の観点から、今後の防衛力については、防衛力の存在自体による抑止効果を重視した、従来の「基盤的防衛力構想」によることなく、各種事態に、より実効的な抑止と対処が可能とし、地域の安全保障環境の一層の安定化とグローバルな安全保障環境の改善のための活動を能動的に行い得るものとしていくことが必要である。このため、即応性、機動性、柔軟性、持続性及び多目的性を備え、軍事技術水準の動向を踏まえた高度な技術力に支えられた動的防衛力を構築する。

「動的防衛力」の考え方を日米防衛協力に適用

日米の「動的防衛協力」

＊基盤的防衛力構想：我が国に対する軍事的脅威に直接対抗するよりも、自らが力の空白となって我が国周辺地域の不安定要因とならないよう、独立国としての必要最小限の基盤的な防衛力を保有するという考え方。

日米の「動的防衛協力」とは（2/2）

- 様々な事態に対して、生じてから対応する（responsive）のではな〈能動的（proactive）に、また、平素から緊急事態に至るまで迅速かつシームレスに協力。
- これにより、平素から部隊の活動レベルを向上させ、日米の意思、能力、抑止力、プレゼンスを相乗的に強化・明示。
- 日米韓、日米豪などの三ヶ国間の防衛協力や、多国間の枠組みの中での日米協力を含む重層的な防衛協力も推進。

日米の「動的防衛協力」の一つの具体策として、共同訓練、共同の警戒監視等の拡大、その拠点となる両国施設の共同使用の拡充を進めることが重要

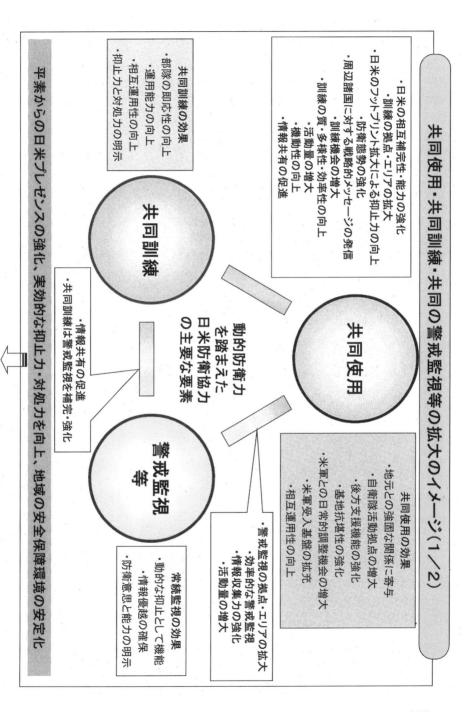

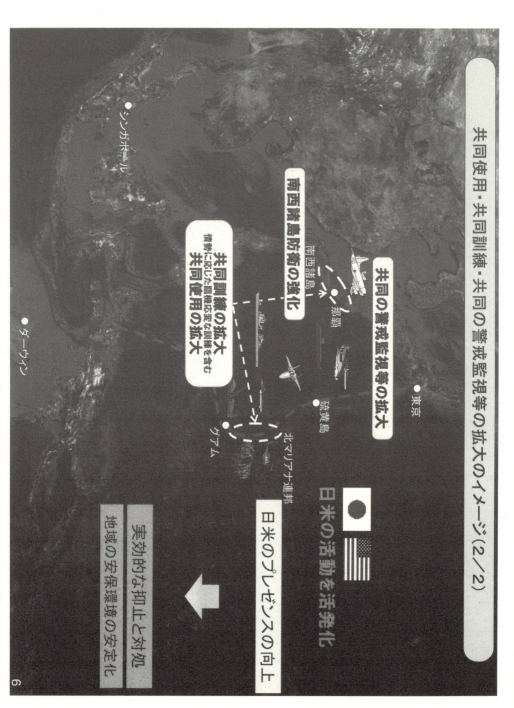

共同使用・共同訓練の拡大

共同訓練の拡大

日米共同訓練や日米豪などの三ヶ国共同訓練を実施

施設の共同使用の拡大

○ 日本国内または米国（例えばグアム）の施設（飛行場、演習場、射撃場等）の共同使用を拡大することにより、単独または共同の訓練の機会が増大。これにより即応性が向上。

○ グアム及び北マリアナ諸島連邦における自衛隊及び米軍が共同使用する施設としての訓練場整備につき協力することを検討。2012年末までにこの点に関する具体的な協力分野を特定する。

グアム及び北マリアナ連邦

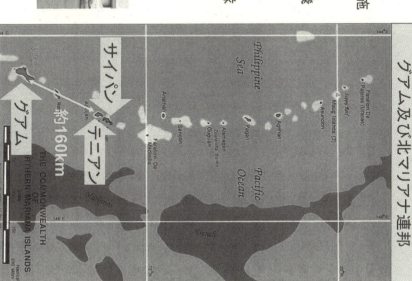

沖縄における共同使用の拡大案

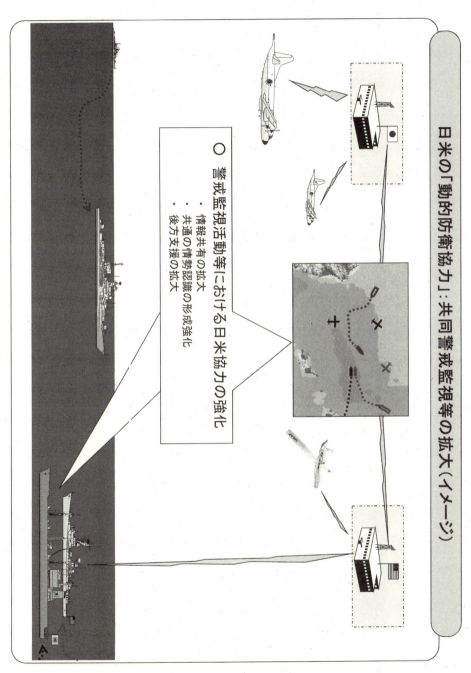

日米の「動的防衛協力」について

取扱厳重注意

☐ 別紙第1：日米の「動的防衛協力」の取組

☐ 別紙第2：沖縄本島における恒常的な共同使用に係わる新たな陸上部隊の配置

平成24年7月
統合幕僚監部　防衛計画部

日米の「動的防衛協力」の取組について

日米の「動的防衛協力」の取組の全体像

背景
我が国を取り巻く安全保障環境

大綱・構造改革委員会（中間報告）等を踏まえた検討
- 今後強化すべき機能及び課題
- 自衛隊の取り組み（中期防衛力整備計画を含む）
- 日米の「動的防衛協力」の方向性
- 「2＋2」共同発表（平成24年4月27日）

日米の「動的防衛協力」

我が国を取り巻く安全保障環境

取扱厳重注意

日米の「動的防衛協力」の取組

日米の「動的防衛協力」の方向性

取扱厳重注意

沖縄本島における恒常的な共同使用に係わる新たな陸上部隊の配置

南西地域における新たな陸上部隊の配置の考え方

取扱厳重注意

考え方

自衛隊配備の空白地帯となっている南西地域において、必要な部隊配置等により、この地域の防衛態勢を強化するとともに、

沖縄本島における共同使用の必要性

- 南西地域は、多くの島嶼（約970個）を有し、本州に匹敵する広がりを持つ地理的特性
- 本地域の主力戦闘部隊は、沖縄本島に所在する第15旅団の第51普通科連隊（約700名）のみであり、

取扱厳重注意

共同使用により期待される日米の連携

- 地元との強固な関係構築・防災対処能力の向上
  - 地元主催防災訓練等への日米共同参加
  - 地元行事への日米共同参加
  - 日米共同HA/DR訓練
- 平素からの意思疎通による相互運用性の向上

取扱注意

共同使用による米側のメリット

□ 米軍と地元との信頼構築及び関係強化における貢献

取扱厳重注意

沖縄本島における恒常的な共同使用の構想

取扱厳重注意

編著者 略歴

小西 誠（こにし まこと）
1949年、宮崎県生まれ。航空自衛隊生徒隊第10期生。
軍事ジャーナリト・社会批評社代表。2004年から「自衛官人権ホットライン」事務局長。
著書に『反戦自衛官』（合同出版）、『自衛隊の対テロ作戦』『ネコでもわかる？有事法制』『現代革命と軍隊』『自衛隊 そのトランスフォーメーション』『日米安保再編と沖縄』『自衛隊この国営ブラック企業』『オキナワ島嶼戦争』『標的の島』（以上、社会批評社）などの軍事関係書多数。
また、『サイパン＆テニアン戦跡完全ガイド』『グアム戦跡完全ガイド』『本土決戦 戦跡ガイド（part1）』『シンガポール戦跡ガイド』『フィリピン戦跡ガイド』（以上、社会批評社）の戦跡シリーズ他。

●自衛隊の島嶼（しょ）戦争
――資料集・陸自「教範」で読むその作戦

2017年11月15日　第1刷発行

　定　価　（本体2800円＋税）
　編著者　小西 誠
　装　幀　根津進司
　発　行　株式会社 社会批評社
　　　　　東京都中野区大和町1-12-10 小西ビル
　　　　　電話／03-3310-0681　FAX／03-3310-6561
　　　　　郵便振替／00160-0-161276
　URL　　http://www.maroon.dti.ne.jp/shakai/
　Facebook　https://www.facebook.com/shakaihihyo
　E-mail　shakai@mail3.alpha-net.ne.jp
　印　刷　シナノ書籍印刷株式会社

社会批評社・好評ノンフィクション

●火野葦平 戦争文学選全7巻　　　　各巻本体1500円 6・7巻1600円

アジア太平洋のほぼ全域に従軍し、「土地と農民と兵隊」そして戦争の実像を描いた壮大なルポルタージュの、その全巻が今、甦る。第1巻『土と兵隊　麦と兵隊』、第2巻『花と兵隊』、第3巻『フィリピンと兵隊』、第4巻『密林と兵隊』、第5巻『海と兵隊　悲しき兵隊』、第6巻『革命前後（上）』、第7巻『革命前後（下）』、別巻『青春の岐路』。

●オキナワ島嶼戦争　　　　小西誠著　本体1800円
―自衛隊の海峡封鎖作戦

あなたは、この恐るべき実態を知っていますか？　与那国島・石垣島・宮古島・奄美大島・馬毛島で始まっている自衛隊新配備・新基地建設―この凄まじい事実をメディアは、全く報じない。起きている事態は「尖閣危機」ではない。日米の対中抑止戦略に基づく「島嶼防衛」戦争である。それは琉球列島弧の各海峡を封鎖し、中国を東シナ海に閉じ込める「島嶼防衛」戦＝「東シナ海戦争」＝海洋限定戦争だ。この実態を現地の写真を多数掲載しバクロ。

●標的の島　　　　「標的の島」編集委員会編　本体1700円
―自衛隊配備を拒む先島・奄美の島人

メディアが報じない南西諸島の急激な要塞化―沖縄を再び「本土防衛」の捨て石にするのか？　この酷い現実に今、島の自治と平和を求めて島人たちが起ち上がる。現地で闘う住民20人がリポート。奄美では昨年、基地着工が始まり宮古島では17年から工事着工予定

●自衛隊　この国営ブラック企業　　　　小西誠著　本体1700円
―隊内からの辞めたい　死にたいという悲鳴

パワハラ・いじめが蔓延する中、多数の現役自衛官たちから届く辞めたい、死にたいという悲鳴。「自衛官人権ホットライン」事務局長として著者は、全国からの隊員たちの心の相談に耳を傾ける。この本は、その相談の記録。2014年発売。

●フィリピン戦跡ガイド―戦争犠牲者への追悼の旅　　　小西誠著　本体1800円

中国を上回る約50万人の戦死者を出したフィリピンでの戦争――ルソン島のバターン半島からリンガエン湾、中部のバレテ峠、そして南部のバタンガス州リパほか、コレヒドール島など、各地の戦争と占領・住民虐殺の現場を歩く。写真250枚掲載。2016年発売。

＊アジア太平洋戦地域の戦跡シリーズ　　　小西誠著　各巻本体1600円

・サイパン＆テニアン戦跡完全ガイド―玉砕と自決の島を歩く
・グアム戦跡完全ガイド―観光案内にない戦争の傷痕
・本土決戦戦跡ガイド（part1）　―写真で見る戦争の真実
・シンガポール戦跡ガイド―「昭南島」を知っていますか？